大 学 数 学 系 列 教 材

Mathematics

线性代数与概率统计

马丽杰 明杰秀 编

WUHAN UNIVERSITY PRESS
武汉大学出版社

图书在版编目(CIP)数据

线性代数与概率统计/马丽杰,明杰秀编.—武汉:武汉大学出版社,2011.2(2016.7 重印)
大学数学系列教材
ISBN 978-7-307-08496-4

Ⅰ.线… Ⅱ.①马… ②明… Ⅲ.①线性代数—高等学校—教材 ②概率论—高等学校—教材 ③数理统计—高等学校—教材 Ⅳ.①O151.2 ②O21

中国版本图书馆 CIP 数据核字(2011)第 009314 号

责任编辑:顾素萍　　责任校对:刘　欣　　版式设计:王　晨

出版发行:**武汉大学出版社** (430072 武昌 珞珈山)
(电子邮件:cbs22@whu.edu.cn 网址:www.wdp.com.cn)
印刷:湖北金海印务有限公司
开本:720×1000　1/16　印张:16.75　字数:300 千字　插页:1
版次:2011 年 2 月第 1 版　2016 年 7 月第 6 次印刷
ISBN 978-7-307-08496-4/O·441　定价:23.00 元

前　言

近年来，独立学院大量涌现并快速发展，已成为高等教育的一个重要组成部分. 面对迅猛发展的独立学院教育教学，无论在思想观念上、办学模式上、教材建设上，还是在师资队伍的建设上都存在许多问题需要研究解决. 特别是在教材的建设方面，目前大多沿用了本科教材的增减修补的方式，没有从根本上解决独立院校的教学需要. 因此，编写符合独立院校人才培养需求的教材，成为当前的重要任务.

基于上述考虑，我们编写了这本《线性代数与概率统计》教材. 本书从培养应用型、技能型人才的目标出发，力求将基本理论写得比较自然顺畅，更侧重实用性. 本书具有以下特点：

1. 不过分追求理论体系的完整性和运算技巧，但保持叙述的严谨性，把握基本概念的准确性，以突出数学思想和数学方法的应用为核心.

2. 在内容上精心安排，起点较低，由浅入深，循序渐进. 在引入一些抽象的概念时，我们利用直观的“模型”为载体，降低起点，化难为易，使学生易于理解，由具体到抽象，知识过渡自然，并且对一些重要的概念和定理加以注释，从多角度帮助学生正确领会概念、定理的内涵. 使学生从不同侧面理解、掌握用数学处理实际问题的方法，提高他们分析问题、处理问题的能力和素质.

3. 本书配有大量例题，除每节配有紧扣该节内容的习题外，每章还配有该章内容的综合练习. 习题的配置注意到难度上循序渐进、知识点覆盖面广及题型多样性.

本教材由武汉大学东湖分校组织编写，其中线性代数部分由马丽杰编写，概率统计部分由明杰秀编写，全书由马丽杰统稿.

陈桂兴、魏克让、黄象鼎三位教授仔细阅读了书稿，提出了很多宝贵的意见和建议，同时武汉大学东湖分校的领导、教务处、武汉大学出版社也给予了大力支持与帮助，在此一并表示衷心的感谢.

限于编者水平，难免会有很多缺点、错误和不足之处，恳请广大读者批评指正.

编　者

2010 年 10 月

目　录

第一章
行　列　式

行列式的理论起源于线性方程组，是线性代数中的重要概念之一，在数学的许多分支和工程技术中有广泛的应用. 本章主要介绍 n 阶行列式的概念、性质、计算方法及用行列式解 n 元线性方程组的克莱姆(Cramer)法则.

1.1　n 阶行列式

1.1.1　二阶、三阶行列式

在许多实际问题中，人们常常会遇到求解线性方程组的问题，我们在初等数学中曾学过如何求解二元一次线性方程组和三元一次线性方程组.

例如，对于以 x_1, x_2 为未知元的二元一次线性方程组

$$\begin{cases} a_{11}x_1 + a_{12}x_2 = b_1, \\ a_{21}x_1 + a_{22}x_2 = b_2, \end{cases} \tag{1.1}$$

利用消元法，得

$$(a_{11}a_{22} - a_{12}a_{21})x_1 = b_1a_{22} - a_{12}b_2,$$

$$(a_{11}a_{22} - a_{12}a_{21})x_2 = a_{11}b_2 - b_1a_{21}.$$

当 $a_{11}a_{22} - a_{12}a_{21} \neq 0$ 时，方程组(1.1)有唯一解

$$x_1 = \frac{b_1a_{22} - a_{12}b_2}{a_{11}a_{22} - a_{12}a_{21}}, \quad x_2 = \frac{a_{11}b_2 - b_1a_{21}}{a_{11}a_{22} - a_{12}a_{21}}. \tag{1.2}$$

由这个解的特点得到启发，为了简明地表达这个解，引入了二阶行列式的概念.

定义 1.1　记号$\begin{vmatrix} a_{11} & a_{12} \\ a_{21} & a_{22} \end{vmatrix}$表示代数和 $a_{11}a_{22} - a_{12}a_{21}$，称为**二阶行列式**，即

$$\begin{vmatrix} a_{11} & a_{12} \\ a_{21} & a_{22} \end{vmatrix} = a_{11}a_{22} - a_{12}a_{21}.$$

其中,数 $a_{11}, a_{12}, a_{21}, a_{22}$ 叫做行列式的**元素**，横排叫**行**，竖排叫**列**. 元素 a_{ij} 的第一个下标 i 叫做**行标**，表明该元素位于第 i 行，第二个下标 j 叫做**列标**，表明该元素位于第 j 列.

由上述定义可知，二阶行列式是由 4 个数按一定的规律运算所得的代数和. 这个规律性表现在行列式的记号中就是"对角线法则". 如图 1-1，把 a_{11} 到 a_{22} 的实连线称为**主对角线**，把 a_{12} 到 a_{21} 的虚连线称为**副对角线**，于是，二阶行列式等于主对角线上两元素的乘积减去副对角线上两元素的乘积.

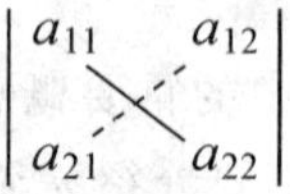

图 1-1

由上述定义，得

$$\begin{vmatrix} b_1 & a_{12} \\ b_2 & a_{22} \end{vmatrix} = b_1a_{22} - a_{12}b_2, \quad \begin{vmatrix} a_{11} & b_1 \\ a_{21} & b_2 \end{vmatrix} = a_{11}b_2 - b_1a_{21}.$$

若记

$$D = \begin{vmatrix} a_{11} & a_{12} \\ a_{21} & a_{22} \end{vmatrix}, \quad D_1 = \begin{vmatrix} b_1 & a_{12} \\ b_2 & a_{22} \end{vmatrix}, \quad D_2 = \begin{vmatrix} a_{11} & b_1 \\ a_{21} & b_2 \end{vmatrix},$$

则方程组(1.1) 的解可用二阶行列式表示为

$$x_1 = \frac{D_1}{D}, \quad x_2 = \frac{D_2}{D}. \tag{1.3}$$

注 从形式上看，这里分母 D 是由方程组(1.1) 的系数所确定的二阶行列式(称为**系数行列式**)，x_1 的分子 D_1 是用常数项 b_1, b_2 替换 D 中的第一列所得的行列式，x_2 的分子 D_2 是用常数项 b_1, b_2 替换 D 中的第二列所得的行列式. 本节后面讨论的三元一次线性方程组的解也有类似的特点，请读者学习时注意比较. 总之，当(1.1) 中未知量的系数排成的行列式 $D \neq 0$ 时，方程组(1.1) 的解可由(1.3) 给出.

例 1.1 解线性方程组

$$\begin{cases} 2x_1 + 3x_2 = 13, \\ 5x_1 - 4x_2 = -2. \end{cases}$$

解 因为

$$D = \begin{vmatrix} 2 & 3 \\ 5 & -4 \end{vmatrix} = 2 \times (-4) - 3 \times 5 = -23 \neq 0,$$

$$D_1=\begin{vmatrix}13 & 3\\ -2 & -4\end{vmatrix}=13\times(-4)-3\times(-2)=-46,$$

$$D_2=\begin{vmatrix}2 & 13\\ 5 & -2\end{vmatrix}=2\times(-2)-13\times 5=-69,$$

所以

$$x_1=\frac{D_1}{D}=\frac{-46}{-23}=2,\quad x_2=\frac{D_2}{D}=\frac{-69}{-23}=3.$$

例 1.2　设 $D=\begin{vmatrix}\lambda^2 & \lambda\\ 3 & 1\end{vmatrix}$，问：

(1)　当 λ 为何值时，$D=0$？

(2)　当 λ 为何值时，$D\neq 0$？

解　因为

$$D=\begin{vmatrix}\lambda^2 & \lambda\\ 3 & 1\end{vmatrix}=\lambda^2-3\lambda,$$

若 $\lambda^2-3\lambda=0$，则 $\lambda=0$，$\lambda=3$. 因此可得：

(1)　当 $\lambda=0$ 或 $\lambda=3$ 时，$D=0$；

(2)　当 $\lambda\neq 0$ 且 $\lambda\neq 3$ 时，$D\neq 0$.

现在来看三元一次线性方程组：

$$\begin{cases}a_{11}x_1+a_{12}x_2+a_{13}x_3=b_1,\\ a_{21}x_1+a_{22}x_2+a_{23}x_3=b_2,\\ a_{31}x_1+a_{32}x_2+a_{33}x_3=b_3.\end{cases}\tag{1.4}$$

同样，由消元法可得，当

$$\begin{aligned}D=&a_{11}a_{22}a_{33}+a_{12}a_{23}a_{31}+a_{13}a_{21}a_{32}\\ &-a_{13}a_{22}a_{31}-a_{12}a_{21}a_{33}-a_{11}a_{23}a_{32}\\ \neq&\ 0\end{aligned}$$

时，(1.4) 的解为

$$\begin{cases}x_1=\dfrac{1}{D}(b_1a_{22}a_{33}+a_{12}a_{23}b_3+a_{13}b_2a_{32}-a_{13}a_{22}b_3-a_{12}b_2a_{33}-b_1a_{23}a_{32}),\\ x_2=\dfrac{1}{D}(a_{11}b_2a_{33}+b_1a_{23}a_{31}+a_{13}a_{21}b_3-a_{13}b_2a_{31}-b_1a_{21}a_{33}-a_{11}a_{23}b_3),\\ x_3=\dfrac{1}{D}(a_{11}a_{22}b_3+a_{12}b_2a_{31}+b_1a_{21}a_{32}-b_1a_{22}a_{31}-a_{12}a_{21}b_3-a_{11}b_2a_{32}).\end{cases}\tag{1.5}$$

同前面一样，为方便记忆，我们引入三阶行列式的概念：

定义 1.2 记号 $\begin{vmatrix} a_{11} & a_{12} & a_{13} \\ a_{21} & a_{22} & a_{23} \\ a_{31} & a_{32} & a_{33} \end{vmatrix}$ 表示代数和

$$a_{11}a_{22}a_{33}+a_{12}a_{23}a_{31}+a_{13}a_{21}a_{32}-a_{13}a_{22}a_{31}-a_{12}a_{21}a_{33}-a_{11}a_{23}a_{32},$$

称为**三阶行列式**，即

$$\begin{vmatrix} a_{11} & a_{12} & a_{13} \\ a_{21} & a_{22} & a_{23} \\ a_{31} & a_{32} & a_{33} \end{vmatrix}=a_{11}a_{22}a_{33}+a_{12}a_{23}a_{31}+a_{13}a_{21}a_{32}$$
$$-a_{13}a_{22}a_{31}-a_{12}a_{21}a_{33}-a_{11}a_{23}a_{32}.$$

注 这个行列式含有三行、三列，其展开式是6个项的代数和.这6个项中的每一项都是由不同行、不同列的三个元素的乘积再冠以正号或负号构成的.我们可用一个简单的规律来记忆，这就是所谓三阶行列式的对角线规则，如图1-2所示，即实线上三个元的乘积构成的三项都冠以正号，虚线上三个元的乘积都冠以负号.

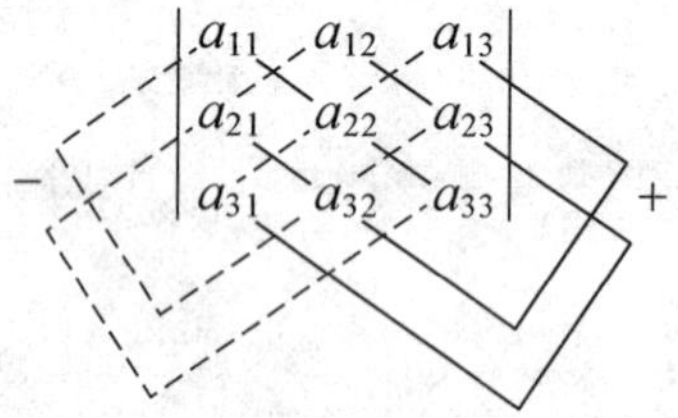

图 1-2

例 1.3 计算三阶行列式 $\begin{vmatrix} 2 & 1 & 2 \\ -4 & 3 & 1 \\ 2 & 3 & 5 \end{vmatrix}$.

解 按对角线法则，有

$$\begin{aligned}\begin{vmatrix} 2 & 1 & 2 \\ -4 & 3 & 1 \\ 2 & 3 & 5 \end{vmatrix}&=2\times3\times5+1\times1\times2+2\times(-4)\times3\\&\quad-2\times3\times2-1\times(-4)\times5-2\times3\times1\\&=30+2-24-12+20-6\\&=10.\end{aligned}$$

例 1.4 展开行列式 $\begin{vmatrix} b_1 & a_{12} & a_{13} \\ b_2 & a_{22} & a_{23} \\ b_3 & a_{32} & a_{33} \end{vmatrix}$.

解 按对角线法则，有

$$\begin{vmatrix} b_1 & a_{12} & a_{13} \\ b_2 & a_{22} & a_{23} \\ b_3 & a_{32} & a_{33} \end{vmatrix}=b_1a_{22}a_{33}+a_{12}a_{23}b_3+a_{13}b_2a_{32}$$
$$-a_{13}a_{22}b_3-a_{12}b_2a_{33}-b_1a_{23}a_{32}.$$

有了三阶行列式后，(1.5) 可以很有规律地表示为

$$\begin{cases} x_1=\dfrac{\begin{vmatrix} b_1 & a_{12} & a_{13} \\ b_2 & a_{22} & a_{23} \\ b_3 & a_{32} & a_{33} \end{vmatrix}}{D}, \\ x_2=\dfrac{\begin{vmatrix} a_{11} & b_1 & a_{13} \\ a_{21} & b_2 & a_{23} \\ a_{31} & b_3 & a_{33} \end{vmatrix}}{D}, \\ x_3=\dfrac{\begin{vmatrix} a_{11} & a_{12} & b_1 \\ a_{21} & a_{22} & b_2 \\ a_{31} & a_{32} & b_3 \end{vmatrix}}{D}. \end{cases}$$

上面三式右边居分母位置的三个行列式都是 D，它是线性方程组(1.4)的系数按原有相对位置而排成的三阶行列式，也称为方程组(1.4) 的**系数行列式**，而在 x_1,x_2,x_3 的表达式中的分子分别是把系数行列式 D 中第 1,2,3 列换成常数项 b_1,b_2,b_3 而得到的三阶行列式，依次记为 D_1,D_2,D_3. 这与二元线性方程组的解具有相同的规律. 不仅如此，以后我们还可以看到：n 元线性方程组的解也同样可以用“n 阶行列式”来表达，其情况与二元、三元线性方程组解的表达式完全类似. 于是三元线性方程组的解可以表示为

$$x_1=\frac{D_1}{D},\quad x_2=\frac{D_2}{D},\quad x_3=\frac{D_3}{D}.$$

例 1.5 解线性方程组

$$\begin{cases} 2x_1-4x_2+x_3=1, \\ x_1-5x_2+3x_3=2, \\ x_1-x_2+x_3=-1. \end{cases}$$

解 因为

$$\begin{vmatrix} 2 & -4 & 1 \\ 1 & -5 & 3 \\ 1 & -1 & 1 \end{vmatrix}=-8\neq 0,$$

$$D_1=\begin{vmatrix} 1 & -4 & 1 \\ 2 & -5 & 3 \\ -1 & -1 & 1 \end{vmatrix}=11,\ D_2=\begin{vmatrix} 2 & 1 & 1 \\ 1 & 2 & 3 \\ 1 & -1 & 1 \end{vmatrix}=9,\ D_3=\begin{vmatrix} 2 & -4 & 1 \\ 1 & -5 & 2 \\ 1 & -1 & -1 \end{vmatrix}=6,$$

故有

$$x_1=\frac{D_1}{D}=-\frac{11}{8},\quad x_2=\frac{D_2}{D}=-\frac{9}{8},\quad x_3=\frac{D_3}{D}=-\frac{3}{4}.$$

例 1.6 求解方程 $D=\begin{vmatrix}1&1&1\\2&3&x\\4&9&x^2\end{vmatrix}=0.$

解 方程左端

$$D=\begin{vmatrix}1&1&1\\2&3&x\\4&9&x^2\end{vmatrix}=x^2-5x+6,$$

由 $x^2-5x+6=0$，解得 $x=2$ 或 $x=3$.

1.1.2 n 阶行列式

通过前面的讨论，对于二阶、三阶行列式可用对角线法则定义，但是对于 n 阶行列式如果用对角线法则来定义，当 $n>3$ 时，它将与二阶、三阶行列式没有统一的运算性质，因此，对一般的 n 阶行列式要用其他的方法来定义. 在线性代数中有不同的定义方式，我们在本书中采用下面的递推法来定义.

从二阶、三阶行列式的展开式中，可发现它们都遵循着相同的规律——可按第一行展开，即

$$D_1=\begin{vmatrix}a_{11}&a_{12}\\a_{21}&a_{22}\end{vmatrix}=a_{11}a_{22}-a_{12}a_{21},$$

$$\begin{aligned}D_2&=\begin{vmatrix}a_{11}&a_{12}&a_{13}\\a_{21}&a_{22}&a_{23}\\a_{31}&a_{32}&a_{33}\end{vmatrix}\\&=a_{11}\begin{vmatrix}a_{22}&a_{23}\\a_{32}&a_{33}\end{vmatrix}-a_{12}\begin{vmatrix}a_{21}&a_{23}\\a_{31}&a_{33}\end{vmatrix}+a_{13}\begin{vmatrix}a_{21}&a_{22}\\a_{31}&a_{32}\end{vmatrix}\\&=a_{11}M_{11}-a_{12}M_{12}+a_{13}M_{13},\end{aligned}\tag{1.6}$$

其中

$$M_{11}=\begin{vmatrix}a_{22}&a_{23}\\a_{32}&a_{33}\end{vmatrix},\quad M_{12}=\begin{vmatrix}a_{21}&a_{23}\\a_{31}&a_{33}\end{vmatrix},\quad M_{13}=\begin{vmatrix}a_{21}&a_{22}\\a_{31}&a_{32}\end{vmatrix}.$$

M_{11} 是原来三阶行列式 D_2 中划掉元素 a_{11} 所在的第 1 行和第 1 列的所有元素后剩下的元素按原来的次序排成的低一阶的行列式. 称 M_{11} 为元素 a_{11} 的**余子式**. 同理，M_{12} 和 M_{13} 分别是 a_{12} 和 a_{13} 的**余子式**. 为了使三阶行列式的表达式更加规范化，令

$$A_{11}=(-1)^{1+1}M_{11},\quad A_{12}=(-1)^{1+2}M_{12},\quad A_{13}=(-1)^{1+3}M_{13},$$

A_{11},A_{12},A_{13} 分别称为元素 a_{11},a_{12},a_{13} 的**代数余子式**.

因此，(1.6) 即为

$$D_2=a_{11}A_{11}+a_{12}A_{12}+a_{13}A_{13}. \tag{1.7}$$

同样，

$$D_1=\begin{vmatrix} a_{11} & a_{12} \\ a_{21} & a_{22} \end{vmatrix}=a_{11}a_{22}-a_{12}a_{21}=a_{11}A_{11}+a_{12}A_{12}, \tag{1.8}$$

其中

$$A_{11}=(-1)^{1+1}|a_{22}|=a_{22},\quad A_{12}=(-1)^{1+2}|a_{21}|=-a_{21}.$$

注 定义一阶行列式 $|a_{11}|=a_{11}$（不要把一阶行列式 $|a_{11}|$ 与 a_{11} 的绝对值相混淆).

如果把(1.8) 和(1.7) 作为二阶、三阶行列式的定义，那么这种定义的方法是统一的，它们都是利用低一阶的行列式来定义高一阶的行列式. 因此，我们自然而然地会想到，用这种递推的方式来定义一般的 n 阶行列式，这样定义的各阶行列式就会有统一的运算性质. 下面具体给出 n 阶行列式的递推法定义.

定义 1.3 n **阶行列式** D 是由 n^2 个数组成的一个计算式，记为

$$D=\begin{vmatrix} a_{11} & a_{12} & \cdots & a_{1n} \\ a_{21} & a_{22} & \cdots & a_{2n} \\ \vdots & \vdots & & \vdots \\ a_{n1} & a_{n2} & \cdots & a_{nn} \end{vmatrix},$$

当 $n=1$ 时，定义 $D=|a_{11}|=a_{11}$；当 $n\geqslant 2$ 时，定义

$$D=a_{11}A_{11}+a_{12}A_{12}+\cdots+a_{1n}A_{1n}=\sum_{j=1}^{n}a_{1j}A_{1j}, \tag{1.9}$$

其中 $A_{1j}=(-1)^{1+j}M_{1j}$，M_{1j} 是原来 n 阶行列式 D 中划掉元素 a_{1j} 所在的第 1 行和第 j 列的所有元素后剩下的元素按原来的次序排成的低一阶的行列式，即

$$M_{1j}=\begin{vmatrix} a_{21} & \cdots & a_{2,j-1} & a_{2,j+1} & \cdots & a_{2n} \\ a_{31} & \cdots & a_{3,j-1} & a_{3,j+1} & \cdots & a_{3n} \\ \vdots & & \vdots & \vdots & & \vdots \\ a_{n1} & \cdots & a_{n,j-1} & a_{n,j+1} & \cdots & a_{nn} \end{vmatrix},\quad j=1,2,\cdots,n.$$

在 D 中，$a_{11},a_{22},\cdots,a_{nn}$ 所在的对角线称为行列式的**主对角线**，另外一条对角线称为行列式的**副对角线**.

由定义可见，二阶行列式的展开项共有 2! 项，三阶行列式的展开项共

有 3! 项，n 阶行列式的展开项共有 n! 项，其中每一项都是不同行、不同列的 n 个元素的乘积，在 n! 项中，带正号的项和带负号的项各占一半.

例 1.7 计算下三角形行列式（主对角线以上所有的元素全为零的行列式称为**下三角形行列式**）

$$D=\begin{vmatrix} a_{11} & 0 & \cdots & 0 \\ a_{21} & a_{22} & \cdots & 0 \\ \vdots & \vdots & & \vdots \\ a_{n1} & a_{n2} & \cdots & a_{nn} \end{vmatrix}.$$

解 行列式第一行的元素 $a_{12}=a_{13}=\cdots=a_{1n}=0$，由定义得 $D=a_{11}A_{11}$. A_{11} 是 $n-1$ 阶下三角形行列式，于是

$$A_{11}=a_{22}\begin{vmatrix} a_{33} & 0 & \cdots & 0 \\ a_{43} & a_{44} & \cdots & 0 \\ \vdots & \vdots & & \vdots \\ a_{n3} & a_{n4} & \cdots & a_{nn} \end{vmatrix}.$$

依次类推，不难求出 $D=a_{11}a_{22}\cdots a_{nn}$，即下三角形行列式等于主对角线上各元素的乘积.

注 主对角线下方所有的元素全为零的行列式称为**上三角形行列式**，除了主对角线上元素之外其余元素全为零的行列式称为**主对角行列式**.

特别地，有

$$D=\begin{vmatrix} a_{11} & 0 & \cdots & 0 \\ 0 & a_{22} & \cdots & 0 \\ \vdots & \vdots & & \vdots \\ 0 & 0 & \cdots & a_{nn} \end{vmatrix}=a_{11}a_{22}\cdots a_{nn}.$$

例 1.8 证明：

$$D=\begin{vmatrix} 0 & \cdots & 0 & a_{1n} \\ 0 & \cdots & a_{2,n-1} & a_{2n} \\ \vdots & & \vdots & \vdots \\ a_{n1} & \cdots & a_{n,n-1} & a_{nn} \end{vmatrix}=(-1)^{\frac{n(n-1)}{2}}a_{1n}a_{2,n-1}\cdots a_{n1}.$$

证 行列式第一行的元素 $a_{11}=a_{12}=\cdots=a_{1,n-1}=0$，由定义得

$$D=\begin{vmatrix} 0 & \cdots & 0 & a_{1n} \\ 0 & \cdots & a_{2,n-1} & a_{2n} \\ \vdots & & \vdots & \vdots \\ a_{n1} & \cdots & a_{n,n-1} & a_{nn} \end{vmatrix}=a_{1n}A_{1n}$$

$$=(-1)^{n+1}a_{1n}\begin{vmatrix}0 & \cdots & 0 & a_{2,n-1}\\ 0 & \cdots & a_{3,n-2} & a_{3,n-1}\\ \vdots & & \vdots & \vdots\\ a_{n1} & \cdots & a_{n,n-2} & a_{n,n-1}\end{vmatrix}.$$

依次类推，不难求出 $D=(-1)^{\frac{n(n-1)}{2}}a_{1n}a_{2,n-1}\cdots a_{n1}$.

特别地，有

$$D=\begin{vmatrix}0 & \cdots & 0 & a_{1n}\\ 0 & \cdots & a_{2,n-1} & 0\\ \vdots & & \vdots & \vdots\\ a_{n1} & \cdots & 0 & 0\end{vmatrix}=(-1)^{\frac{n(n-1)}{2}}a_{1n}a_{2,n-1}\cdots a_{n1}.$$

例 1.9 计算 4 阶行列式

$$D=\begin{vmatrix}0 & 0 & 0 & 4\\ 0 & 0 & 4 & 3\\ 0 & 4 & 3 & 3\\ 4 & 3 & 3 & 3\end{vmatrix}.$$

解 由例 1.8 知

$$D=\begin{vmatrix}0 & 0 & 0 & 4\\ 0 & 0 & 4 & 3\\ 0 & 4 & 3 & 3\\ 4 & 3 & 3 & 3\end{vmatrix}=(-1)^{\frac{4\times 3}{2}}\times 4\times 4\times 4\times 4=256.$$

习 题 1.1

1. 计算下列二阶行列式：

(1) $\begin{vmatrix}1 & 3\\ 1 & 4\end{vmatrix}$； (2) $\begin{vmatrix}a & b\\ a^2 & b^2\end{vmatrix}$； (3) $\begin{vmatrix}x-1 & 1\\ x^2 & x^2+x+1\end{vmatrix}$.

2. 计算下列三阶行列式：

(1) $\begin{vmatrix}1 & 2 & 3\\ 3 & 1 & 2\\ 2 & 3 & 1\end{vmatrix}$； (2) $\begin{vmatrix}1 & 1 & 1\\ 3 & 1 & 4\\ 8 & 9 & 5\end{vmatrix}$； (3) $\begin{vmatrix}x & y & x+y\\ y & x+y & x\\ x+y & x & y\end{vmatrix}$.

3. 用行列式的定义计算下列行列式：

(1) $\begin{vmatrix}0 & 0 & 1 & 0\\ 0 & 1 & 0 & 0\\ 0 & 0 & 0 & 1\\ 1 & 0 & 0 & 0\end{vmatrix}$； (2) $D=\begin{vmatrix}a_{11} & \cdots & a_{1,n-1} & a_{1n}\\ a_{21} & \cdots & a_{2,n-1} & 0\\ \vdots & & \vdots & \vdots\\ a_{n1} & \cdots & 0 & 0\end{vmatrix}$.

4. 当 x 为何值时，$\begin{vmatrix} 3 & 1 & x \\ 4 & x & 0 \\ 1 & 0 & x \end{vmatrix}=0$.

1.2 行列式的性质

上一节已经介绍了行列式的定义，从中我们可以看出一个 n 阶行列式的展开式共有 $n!$ 项，而且每一项都是 n 个元素的乘积. 因此直接用定义来计算行列式一般是比较困难的. 为了简便地计算行列式的值，我们给出行列式的性质，利用这些性质可简化行列式的计算.

1.2.1 行列式的性质

定义 1.4 设

$$D=\begin{vmatrix} a_{11} & a_{12} & \cdots & a_{1n} \\ a_{21} & a_{22} & \cdots & a_{2n} \\ \vdots & \vdots & & \vdots \\ a_{n1} & a_{n2} & \cdots & a_{nn} \end{vmatrix}.$$

如果把 D 的行变成列，就得到一个新的行列式

$$\begin{vmatrix} a_{11} & a_{21} & \cdots & a_{n1} \\ a_{12} & a_{22} & \cdots & a_{n2} \\ \vdots & \vdots & & \vdots \\ a_{1n} & a_{2n} & \cdots & a_{nn} \end{vmatrix},$$

称它为 D 的**转置行列式**，记为 D^{T}(或 D').

例如，令 $D=\begin{vmatrix} 3 & 2 & 1 \\ 1 & 2 & 4 \\ 2 & 3 & 6 \end{vmatrix}$，那么 D 的转置行列式就是 $D^{\mathrm{T}}=\begin{vmatrix} 3 & 1 & 2 \\ 2 & 2 & 3 \\ 1 & 4 & 6 \end{vmatrix}$.

性质 1 行列式与它的转置行列式相等，即 $D=D^{\mathrm{T}}$.

注 由性质 1 知，行列式中行和列具有相同的地位，行列式的行具有的性质，它的列也同样具有. 反之亦然.

性质 2 互换行列式的两行(列)，行列式变号.

推论 1 行列式中如果有两行(列)的对应元素相等，则此行列式的值为零.

证 互换行列式中具有相同元素的两行(列)，有 $D=-D$，故 $D=0$. □

性质 3 用数 k 乘行列式的某一行(列)，等于用数 k 乘此行列式，即

$$D_1=\begin{vmatrix} a_{11} & a_{12} & \cdots & a_{1n} \\ \vdots & \vdots & & \vdots \\ ka_{i1} & ka_{i2} & \cdots & ka_{in} \\ \vdots & \vdots & & \vdots \\ a_{n1} & a_{n2} & \cdots & a_{nn} \end{vmatrix}=k\begin{vmatrix} a_{11} & a_{12} & \cdots & a_{1n} \\ \vdots & \vdots & & \vdots \\ a_{i1} & a_{i2} & \cdots & a_{in} \\ \vdots & \vdots & & \vdots \\ a_{n1} & a_{n2} & \cdots & a_{nn} \end{vmatrix}=kD.$$

推论 2 行列式某一行(列)的所有元素的公因子可以提到行列式记号的外面.

推论 3 如果行列式的某一行(列)的元素全为零，则此行列式的值为零.

性质 4 行列式中如果有两行(列)的元素对应成比例，则此行列式的值为零.

例 1.10 设 $D=\begin{vmatrix} a_{11} & a_{12} & a_{13} \\ a_{21} & a_{22} & a_{23} \\ a_{31} & a_{32} & a_{33} \end{vmatrix}=1$，求

$$\begin{vmatrix} 6a_{11} & -2a_{12} & -2a_{13} \\ -3a_{21} & a_{22} & a_{23} \\ -3a_{31} & a_{32} & a_{33} \end{vmatrix}.$$

解

$$\begin{vmatrix} 6a_{11} & -2a_{12} & -2a_{13} \\ -3a_{21} & a_{22} & a_{23} \\ -3a_{31} & a_{32} & a_{33} \end{vmatrix}=(-2)\begin{vmatrix} -3a_{11} & a_{12} & a_{13} \\ -3a_{21} & a_{22} & a_{23} \\ -3a_{31} & a_{32} & a_{33} \end{vmatrix}$$

$$=(-2)(-3)\begin{vmatrix} a_{11} & a_{12} & a_{13} \\ a_{21} & a_{22} & a_{23} \\ a_{31} & a_{32} & a_{33} \end{vmatrix}$$

$$=6.$$

一般地，形如

$$\begin{vmatrix} 0 & a_{12} & a_{13} & \cdots & a_{1n} \\ -a_{12} & 0 & a_{23} & \cdots & a_{2n} \\ -a_{13} & -a_{23} & 0 & \cdots & a_{3n} \\ \vdots & \vdots & \vdots & & \vdots \\ -a_{1n} & -a_{2n} & -a_{3n} & \cdots & 0 \end{vmatrix}$$

的行列式称为**反对称行列式**，它具有如下特征：

$$a_{ij}=-a_{ji}\quad(i\neq j),\quad a_{ij}=0\quad(i=j).$$

例 1.11 证明奇数阶反对称行列式的值为零.

证 设

$$D=\begin{vmatrix} 0 & a_{12} & a_{13} & \cdots & a_{1n} \\ -a_{12} & 0 & a_{23} & \cdots & a_{2n} \\ -a_{13} & -a_{23} & 0 & \cdots & a_{3n} \\ \vdots & \vdots & \vdots & & \vdots \\ -a_{1n} & -a_{2n} & -a_{3n} & \cdots & 0 \end{vmatrix}.$$

利用行列式的性质 1 及推论 2，有

$$D=D^{\mathrm{T}}=(-1)^n\begin{vmatrix} 0 & a_{12} & a_{13} & \cdots & a_{1n} \\ -a_{12} & 0 & a_{23} & \cdots & a_{2n} \\ -a_{13} & -a_{23} & 0 & \cdots & a_{3n} \\ \vdots & \vdots & \vdots & & \vdots \\ -a_{1n} & -a_{2n} & -a_{3n} & \cdots & 0 \end{vmatrix}=(-1)^nD.$$

故当 n 为奇数时，有 $D=-D$，即 $D=0$.

性质 5 若行列式的某一行(列)的元素都是两数之和，设

$$D=\begin{vmatrix} a_{11} & a_{12} & \cdots & a_{1n} \\ \vdots & \vdots & & \vdots \\ b_{i1}+c_{i1} & b_{i2}+c_{i2} & \cdots & b_{in}+c_{in} \\ \vdots & \vdots & & \vdots \\ a_{n1} & a_{n2} & \cdots & a_{nn} \end{vmatrix},$$

则 D 等于两个行列式之和：

$$D=\begin{vmatrix} a_{11} & a_{12} & \cdots & a_{1n} \\ \vdots & \vdots & & \vdots \\ b_{i1} & b_{i2} & \cdots & b_{in} \\ \vdots & \vdots & & \vdots \\ a_{n1} & a_{n2} & \cdots & a_{nn} \end{vmatrix}+\begin{vmatrix} a_{11} & a_{12} & \cdots & a_{1n} \\ \vdots & \vdots & & \vdots \\ c_{i1} & c_{i2} & \cdots & c_{in} \\ \vdots & \vdots & & \vdots \\ a_{n1} & a_{n2} & \cdots & a_{nn} \end{vmatrix}=D_1+D_2.$$

注 (ⅰ) 上述结论可推广到有限个行列式的情形.

(ⅱ) 行列式 D_1, D_2 的第 i 行是把 D 的第 i 行拆成两行，其他的 $n-1$ 行与 D 的各对应的行完全一样.

(ⅲ) 当行列式的某一行(列)的元素为两数之和时，行列式关于该行(列)可分解成两个行列式. 若 n 阶行列式的每个元素都表示成两数之和，则它可分解成 2^n 个行列式.

性质 6 把行列式的某一行(列)的各元素乘以同一个数然后加到另外一行(列)对应的元素上去，则行列式的值保持不变.

例如，以数 k 乘第 j 列加到第 i 列上，有

$$D=\begin{vmatrix} a_{11} & \cdots & a_{1i} & \cdots & a_{1j} & \cdots & a_{1n} \\ a_{21} & \cdots & a_{2i} & \cdots & a_{2j} & \cdots & a_{2n} \\ \vdots & & \vdots & & \vdots & & \vdots \\ a_{n1} & \cdots & a_{ni} & \cdots & a_{nj} & \cdots & a_{nn} \end{vmatrix}$$

$$=\begin{vmatrix} a_{11} & \cdots & a_{1i}+ka_{1j} & \cdots & a_{1j} & \cdots & a_{1n} \\ a_{21} & \cdots & a_{2i}+ka_{2j} & \cdots & a_{2j} & \cdots & a_{2n} \\ \vdots & & \vdots & & \vdots & & \vdots \\ a_{n1} & \cdots & a_{ni}+ka_{nj} & \cdots & a_{nj} & \cdots & a_{nn} \end{vmatrix}=D_1.$$

证 $$D_1 \xlongequal{\text{性质 5}} \begin{vmatrix} a_{11} & \cdots & a_{1i} & \cdots & a_{1j} & \cdots & a_{1n} \\ a_{21} & \cdots & a_{2i} & \cdots & a_{2j} & \cdots & a_{2n} \\ \vdots & & \vdots & & \vdots & & \vdots \\ a_{n1} & \cdots & a_{ni} & \cdots & a_{nj} & \cdots & a_{nn} \end{vmatrix} + \begin{vmatrix} a_{11} & \cdots & ka_{1j} & \cdots & a_{1j} & \cdots & a_{1n} \\ a_{21} & \cdots & ka_{2j} & \cdots & a_{2j} & \cdots & a_{2n} \\ \vdots & & \vdots & & \vdots & & \vdots \\ a_{n1} & \cdots & ka_{nj} & \cdots & a_{nj} & \cdots & a_{nn} \end{vmatrix}$$

$$\xlongequal{\text{性质 4}} D+0=D.$$ □

1.2.2 行列式的计算

利用前面行列式几个关于行和列的性质，我们可以把行列式化为上三角形行列式，从而计算行列式的值. 今后为了表示方便，记 r_i 表示第 i 行，c_i 表示第 i 列；$r_i \leftrightarrow r_j$ $(c_i \leftrightarrow c_j)$ 表示互换第 i 行(列)和第 j 行(列)的元素；

$r_i+kr_j(c_i+kc_j)$ 表示第 j 行(列)的元素乘以 k 加到第 i 行(列)上去.

例 1.12 计算行列式 $D=\begin{vmatrix}0&1&1&3\\1&-1&0&2\\1&-2&3&0\\2&1&1&0\end{vmatrix}$.

解 $D\xlongequal{r_1\leftrightarrow r_2}(-1)\begin{vmatrix}1&-1&0&2\\0&1&1&3\\1&-2&3&0\\2&1&1&0\end{vmatrix}\xlongequal[r_4-2r_1]{r_3-r_1}(-1)\begin{vmatrix}1&-1&0&2\\0&1&1&3\\0&-1&3&-2\\0&3&1&-4\end{vmatrix}$

$$\xlongequal[r_4-3r_2]{r_3+r_2}(-1)\begin{vmatrix}1&-1&0&2\\0&1&1&3\\0&0&4&1\\0&0&-2&-13\end{vmatrix}\xlongequal{r_3\leftrightarrow r_4}\begin{vmatrix}1&-1&0&2\\0&1&1&3\\0&0&-2&-13\\0&0&4&1\end{vmatrix}$$

$$\xlongequal{r_4+2r_3}\begin{vmatrix}1&-1&0&2\\0&1&1&3\\0&0&-2&-13\\0&0&0&-25\end{vmatrix}=50.$$

例 1.13 计算行列式 $D=\begin{vmatrix}3&1&1&1\\1&3&1&1\\1&1&3&1\\1&1&1&3\end{vmatrix}$.

解 注意到行列式各行(列)的元素之和为 6，故可把第 2 行、第 3 行、第 4 行的元素同时加到第一行，提出公因子 6，然后每一行减去第一行化为上三角形行列式来计算.

$$D\xlongequal{r_1+r_2+r_3+r_4}\begin{vmatrix}6&6&6&6\\1&3&1&1\\1&1&3&1\\1&1&1&3\end{vmatrix}=6\begin{vmatrix}1&1&1&1\\1&3&1&1\\1&1&3&1\\1&1&1&3\end{vmatrix}$$

$$\xlongequal[\substack{r_3-r_1\\r_4-r_1}]{r_2-r_1}6\begin{vmatrix}1&1&1&1\\0&2&0&0\\0&0&2&0\\0&0&0&2\end{vmatrix}=48.$$

注 仿照上述方法，可得到更一般的结果：

$$\begin{vmatrix} a & b & b & \cdots & b \\ b & a & b & \cdots & b \\ b & b & a & \cdots & b \\ \vdots & \vdots & \vdots & & \vdots \\ b & b & b & \cdots & a \end{vmatrix}=[a+(n-1)b](a-b)^{n-1}.$$

例 1.14 计算行列式 $D=\begin{vmatrix} a_1 & -a_1 & 0 & 0 \\ 0 & a_2 & -a_2 & 0 \\ 0 & 0 & a_3 & -a_3 \\ 1 & 1 & 1 & 1 \end{vmatrix}$.

解 根据行列式的特点，可把第 1 列加到第 2 列，然后第 2 列加到第 3 列，再将第 3 列加到第 4 列，使行列式中的零元素增多.

$$D \xlongequal{c_2+c_1} \begin{vmatrix} a_1 & 0 & 0 & 0 \\ 0 & a_2 & -a_2 & 0 \\ 0 & 0 & a_3 & -a_3 \\ 1 & 2 & 1 & 1 \end{vmatrix} \xlongequal{c_3+c_2} \begin{vmatrix} a_1 & 0 & 0 & 0 \\ 0 & a_2 & 0 & 0 \\ 0 & 0 & a_3 & -a_3 \\ 1 & 2 & 3 & 1 \end{vmatrix}$$

$$\xlongequal{c_4+c_3} \begin{vmatrix} a_1 & 0 & 0 & 0 \\ 0 & a_2 & 0 & 0 \\ 0 & 0 & a_3 & 0 \\ 1 & 2 & 3 & 4 \end{vmatrix}=4a_1a_2a_3.$$

例 1.15 解方程

$$\begin{vmatrix} a_1 & a_2 & a_3 & \cdots & a_n \\ a_1 & a_1+a_2-x & a_3 & \cdots & a_n \\ a_1 & a_2 & a_2+a_3-x & \cdots & a_n \\ \vdots & \vdots & \vdots & & \vdots \\ a_1 & a_2 & a_3 & \cdots & a_{n-1}+a_n-x \end{vmatrix}=0,$$

其中 $a_1 \neq 0$.

解 对左端的行列式，从第二行开始每一行都减去第一行，得

$$\begin{vmatrix} a_1 & a_2 & a_3 & \cdots & a_n \\ 0 & a_1-x & 0 & \cdots & 0 \\ 0 & 0 & a_2-x & \cdots & 0 \\ \vdots & \vdots & \vdots & & \vdots \\ 0 & 0 & 0 & \cdots & a_{n-1}-x \end{vmatrix}=a_1(a_1-x)(a_2-x)\cdots(a_{n-1}-x),$$

即

$$a_1(a_1-x)(a_2-x)\cdots(a_{n-1}-x)=0.$$

解得方程的 $n-1$ 个根为 $x_1=a_1$，$x_2=a_2$，…，$x_{n-1}=a_{n-1}$.

例 1.16 计算 5 阶行列式

$$D_5=\begin{vmatrix} 2 & -1 & & & \\ 1 & 2 & -1 & & \\ & 1 & 2 & -1 & \\ & & 1 & 2 & -1 \\ & & & 1 & 2 \end{vmatrix}.$$

解 方法 1 把 D_5 化为上三角形行列式，

$$D_5 \xlongequal{r_2-\frac{1}{2}r_1} \begin{vmatrix} 2 & -1 & & & \\ & \frac{5}{2} & -1 & & \\ & 1 & 2 & -1 & \\ & & 1 & 2 & -1 \\ & & & 1 & 2 \end{vmatrix} \xlongequal{r_3-\frac{2}{5}r_2} \begin{vmatrix} 2 & -1 & & & \\ & \frac{5}{2} & -1 & & \\ & & \frac{12}{5} & -1 & \\ & & 1 & 2 & -1 \\ & & & 1 & 2 \end{vmatrix}$$

$$\xlongequal{r_4-\frac{5}{12}r_3} \begin{vmatrix} 2 & -1 & & & \\ & \frac{5}{2} & -1 & & \\ & & \frac{12}{5} & -1 & \\ & & & \frac{29}{12} & -1 \\ & & & 1 & 2 \end{vmatrix} \xlongequal{r_5-\frac{12}{29}r_4} \begin{vmatrix} 2 & -1 & & & \\ & \frac{5}{2} & -1 & & \\ & & \frac{12}{5} & -1 & \\ & & & \frac{29}{12} & -1 \\ & & & & \frac{70}{29} \end{vmatrix}$$

$$=2\times\frac{5}{2}\times\frac{12}{5}\times\frac{29}{12}\times\frac{70}{29}=70.$$

方法 2 把 D_5 按第 1 行展开，建立递推关系.

$$D_5=2D_4+\begin{vmatrix} 1 & -1 & & \\ & 2 & -1 & \\ & 1 & 2 & -1 \\ & & 1 & 2 \end{vmatrix}=2D_4+D_3.$$

继续用递推关系，得

$$\begin{aligned} D_5&=2D_4+D_3=2(2D_3+D_2)+D_3=5D_3+2D_2 \\ &=5(2D_2+D_1)+2D_2=12D_2+5D_1. \end{aligned}$$

而 $D_2=\begin{vmatrix}2 & -1\\1 & 2\end{vmatrix}=5$，$D_1=|2|=2$，故 $D_5=12\times5+5\times2=70$.

习 题 1.2

1. 用行列式的性质计算下列行列式：

(1) $\begin{vmatrix}34\,215 & 35\,215\\28\,092 & 29\,092\end{vmatrix}$；　　(2) $\begin{vmatrix}1 & 1 & 1 & 1\\-1 & 1 & 1 & 1\\-1 & -1 & 1 & 1\\-1 & -1 & -1 & 1\end{vmatrix}$；

(3) $\begin{vmatrix}-ab & ac & ae\\bd & -cd & de\\bf & cf & -ef\end{vmatrix}$.

2. 把下列行列式化为上三角形行列式，并计算其值：

(1) $\begin{vmatrix}1 & 2 & 3 & 4\\2 & 3 & 4 & 1\\3 & 4 & 1 & 2\\4 & 1 & 2 & 3\end{vmatrix}$；　　(2) $\begin{vmatrix}-2 & 2 & -4 & 0\\4 & -1 & 3 & 5\\3 & 1 & -2 & -3\\2 & 0 & 5 & 1\end{vmatrix}$.

3. 用行列式的性质证明下列行列式：

(1) $\begin{vmatrix}a_1+kb_1 & b_1+c_1 & c_1\\a_2+kb_2 & b_2+c_2 & c_2\\a_3+kb_3 & b_3+c_3 & c_3\end{vmatrix}=\begin{vmatrix}a_1 & b_1 & c_1\\a_2 & b_2 & c_2\\a_3 & b_3 & c_3\end{vmatrix}$；

(2) $\begin{vmatrix}y+z & z+x & x+y\\x+y & y+z & z+x\\z+x & x+y & y+z\end{vmatrix}=2\begin{vmatrix}x & y & z\\z & x & y\\y & z & x\end{vmatrix}$.

4. 解方程 $\begin{vmatrix}1 & 1 & 2 & 3\\1 & 2-x^2 & 2 & 3\\2 & 3 & 1 & 5\\2 & 3 & 1 & 9-x^2\end{vmatrix}=0$.

1.3 行列式按行(列)展开

行列式的计算是一个重要问题，也是一个复杂的问题. 若按定义计算，在一般情况下很麻烦. 上节我们给出了行列式的基本性质，利用这些性质可以使计算简化，但通常要把行列式化为三角形行列式，这样计算还比较呆板. 本节我们继续研究行列式的展开，使行列式的计算更加灵活、方便.

高阶行列式计算比较复杂，因此我们考虑是否将其化为较低阶的行列式进行计算. 在1.1节 n 阶行列式的定义中，已经包含了这一思想，相当于按第一行展开.

例如，对于三阶行列式来说，我们容易验证

$$\begin{aligned} D=&\begin{vmatrix} a_{11} & a_{12} & a_{13} \\ a_{21} & a_{22} & a_{23} \\ a_{31} & a_{32} & a_{33} \end{vmatrix} \\ =&a_{31}(a_{12}a_{23}-a_{13}a_{22})-a_{32}(a_{11}a_{23}-a_{13}a_{21}) \\ &+a_{33}(a_{11}a_{22}-a_{12}a_{21}) \\ =&a_{31}\begin{vmatrix} a_{12} & a_{13} \\ a_{22} & a_{23} \end{vmatrix}-a_{32}\begin{vmatrix} a_{11} & a_{13} \\ a_{21} & a_{23} \end{vmatrix}+a_{33}\begin{vmatrix} a_{11} & a_{12} \\ a_{21} & a_{22} \end{vmatrix}. \end{aligned}$$

这说明三阶行列式可以化为二阶行列式来计算，相当于按第三行展开. 那么类似的 n 阶行列式是否也可以按其他行展开来计算呢？ 为此我们先引入余子式与代数余子式的概念.

定义 1.5 在 n 阶行列式 D 中，去掉元素 a_{ij} 所在的第 i 行和第 j 列后，余下的元素按原来的次序排成的 $n-1$ 阶行列式称为 D 中元素 a_{ij} 的**余子式**，记为 M_{ij}. 再记 $A_{ij}=(-1)^{i+j}M_{ij}$，称 A_{ij} 为元素 a_{ij} 的**代数余子式**.

例如，在4阶行列式

$$D=\begin{vmatrix} a_{11} & a_{12} & a_{13} & a_{14} \\ a_{21} & a_{22} & a_{23} & a_{24} \\ a_{31} & a_{32} & a_{33} & a_{34} \\ a_{41} & a_{42} & a_{43} & a_{44} \end{vmatrix}$$

中元素 a_{23} 的余子式和代数余子式分别为

$$M_{23}=\begin{vmatrix} a_{11} & a_{12} & a_{14} \\ a_{31} & a_{32} & a_{34} \\ a_{41} & a_{42} & a_{44} \end{vmatrix},\quad A_{23}=(-1)^{2+3}M_{23}=-M_{23}.$$

例 1.17 求行列式 $D=\begin{vmatrix} 1 & 0 & -1 \\ 1 & 2 & 0 \\ -1 & 3 & 2 \end{vmatrix}$ 的余子式 M_{12}，M_{22} 及代数余子式 A_{12}，A_{22}.

解 $M_{12}=\begin{vmatrix}1 & 0\\ -1 & 2\end{vmatrix}=2$，$M_{22}=\begin{vmatrix}1 & -1\\ -1 & 2\end{vmatrix}=1$，

$$A_{12}=(-1)^{1+2}M_{12}=-2,\quad A_{22}=(-1)^{2+2}M_{22}=1.$$

引理 一个 n 阶行列式，如果其中第 i 行所有元素除 a_{ij} 外都为零，那么这个行列式等于 a_{ij} 与它的代数余子式的乘积，即 $D=a_{ij}A_{ij}$.

证明从略.

定理 1.1 行列式等于它的任一行(列)的各元素与其对应的代数余子式的乘积之和，即

$$D=a_{i1}A_{i1}+a_{i2}A_{i2}+\cdots+a_{in}A_{in}\quad(i=1,2,\cdots,n),$$

或

$$D=a_{1j}A_{1j}+a_{2j}A_{2j}+\cdots+a_{nj}A_{nj}\quad(j=1,2,\cdots,n).$$

证 $$D=\begin{vmatrix}a_{11} & a_{12} & \cdots & a_{1n}\\ \vdots & \vdots & & \vdots\\ a_{i1}+0+\cdots+0 & 0+a_{i2}+\cdots+0 & \cdots & 0+0+\cdots+a_{in}\\ \vdots & \vdots & & \vdots\\ a_{n1} & a_{n2} & \cdots & a_{nn}\end{vmatrix}$$

$$=\begin{vmatrix}a_{11} & a_{12} & \cdots & a_{in}\\ \vdots & \vdots & & \vdots\\ a_{i1} & 0 & \cdots & 0\\ \vdots & \vdots & & \vdots\\ a_{n1} & a_{n2} & \cdots & a_{nn}\end{vmatrix}+\begin{vmatrix}a_{11} & a_{12} & \cdots & a_{in}\\ \vdots & \vdots & & \vdots\\ 0 & a_{i2} & \cdots & 0\\ \vdots & \vdots & & \vdots\\ a_{n1} & a_{n2} & \cdots & a_{nn}\end{vmatrix}+\cdots$$

$$+\begin{vmatrix}a_{11} & a_{12} & \cdots & a_{in}\\ \vdots & \vdots & & \vdots\\ 0 & 0 & \cdots & a_{in}\\ \vdots & \vdots & & \vdots\\ a_{n1} & a_{n2} & \cdots & a_{nn}\end{vmatrix}.$$

根据引理即得

$$D=a_{i1}A_{i1}+a_{i2}A_{i2}+\cdots+a_{in}A_{in}\quad(i=1,2,\cdots,n).$$

类似地，若按列证明，可得

$$D=a_{1j}A_{1j}+a_{2j}A_{2j}+\cdots+a_{nj}A_{nj}\quad(j=1,2,\cdots,n).\qquad\square$$

这个定理叫做**行列式按行(列)展开法则**. 利用这一法则并结合行列式的

性质，可以简化行列式的计算. 特别地，当行列式中某一行或某一列中含有较多零时比较实用.

例 1.18 计算行列式

$$D=\begin{vmatrix}5 & 3 & -1 & 2 & 0\\ 1 & 7 & 2 & 5 & 2\\ 0 & -2 & 3 & 1 & 0\\ 0 & -4 & -1 & 4 & 0\\ 0 & 2 & 3 & 5 & 0\end{vmatrix}.$$

解 $D=2\times(-1)^{2+5}\begin{vmatrix}5 & 3 & -1 & 2\\ 0 & -2 & 3 & 1\\ 0 & -4 & -1 & 4\\ 0 & 2 & 3 & 5\end{vmatrix}$

$$=(-2)\times 5\times(-1)^{1+1}\begin{vmatrix}-2 & 3 & 1\\ -4 & -1 & 4\\ 2 & 3 & 5\end{vmatrix}=-10\begin{vmatrix}-2 & 3 & 1\\ 0 & -7 & 2\\ 0 & 6 & 6\end{vmatrix}$$

$$=(-10)\times(-2)\times(-1)^{1+1}\begin{vmatrix}-7 & 2\\ 6 & 6\end{vmatrix}$$

$$=-1\,080.$$

例 1.19 计算 n 阶行列式

$$D=\begin{vmatrix}a & b & \cdots & 0 & 0\\ 0 & a & \cdots & 0 & 0\\ \vdots & \vdots & & \vdots & \vdots\\ 0 & 0 & \cdots & a & b\\ b & 0 & \cdots & 0 & a\end{vmatrix}.$$

解 将 D 按第一列展开，得

$$D=a\begin{vmatrix}a & b & \cdots & 0 & 0\\ 0 & a & \cdots & 0 & 0\\ \vdots & \vdots & & \vdots & \vdots\\ 0 & 0 & \cdots & a & b\\ 0 & 0 & \cdots & 0 & a\end{vmatrix}+b(-1)^{n+1}\begin{vmatrix}b & 0 & \cdots & 0 & 0\\ a & b & \cdots & 0 & 0\\ \vdots & \vdots & & \vdots & \vdots\\ 0 & 0 & \cdots & b & 0\\ 0 & 0 & \cdots & a & b\end{vmatrix}$$

$$=a\cdot a^{n-1}+b(-1)^{n+1}\cdot b^{n-1}=a^n+(-1)^{n+1}b^n.$$

推论 行列式某一行(列)的元素与另一行(列)的对应元素的代数余子式乘积之和等于零，即

$$a_{i1}A_{j1}+a_{i2}A_{j2}+\cdots+a_{in}A_{jn}=0\quad(i\neq j),$$

或

$$a_{1i}A_{1j}+a_{2i}A_{2j}+\cdots+a_{ni}A_{nj}=0\quad(i\neq j).$$

例 1.20　计算 n 阶范德蒙德(Vandermonde) 行列式

$$D=\begin{vmatrix}1 & 1 & \cdots & 1 & 1\\ a_1 & a_2 & \cdots & a_{n-1} & a_n\\ \vdots & \vdots & & \vdots & \vdots\\ a_1^{n-2} & a_2^{n-2} & \cdots & a_{n-1}^{n-2} & a_n^{n-2}\\ a_1^{n-1} & a_2^{n-1} & \cdots & a_{n-1}^{n-1} & a_n^{n-1}\end{vmatrix}.$$

解　从第 $n-1$ 行开始依次乘 $-a_n$ 加到相邻的后一行上，得

$$D=\begin{vmatrix}1 & 1 & \cdots & 1 & 1\\ a_1-a_n & a_2-a_n & \cdots & a_{n-1}-a_n & 0\\ \vdots & \vdots & & \vdots & \vdots\\ a_1^{n-3}(a_1-a_n) & a_2^{n-3}(a_2-a_n) & \cdots & a_{n-1}^{n-3}(a_{n-1}-a_n) & 0\\ a_1^{n-2}(a_1-a_n) & a_2^{n-2}(a_2-a_n) & \cdots & a_{n-1}^{n-2}(a_{n-1}-a_n) & 0\end{vmatrix}.$$

再按第 n 列展开，得

$$\begin{aligned}D_n&=(-1)^{n+1}(a_1-a_n)(a_2-a_n)\cdots(a_{n-1}-a_n)D_{n-1}\\&=(a_n-a_1)(a_n-a_2)\cdots(a_n-a_{n-1})D_{n-1}.\end{aligned}$$

由此递推，可得

$$\begin{aligned}D_n=&(a_n-a_1)(a_n-a_2)\cdots(a_n-a_{n-1})\\&(a_{n-1}-a_1)(a_{n-1}-a_2)\cdots(a_{n-1}-a_{n-2})\\&\cdots\\&(a_2-a_1)\\=&\prod_{1\leqslant i<j\leqslant n}(a_j-a_i).\end{aligned}$$

例 1.21　设

$$D=\begin{vmatrix}3 & -5 & 2 & 1\\ 1 & 1 & 0 & -5\\ -1 & 3 & 1 & 3\\ 2 & -4 & -1 & -3\end{vmatrix},$$

求 $A_{11}+A_{12}+A_{13}+A_{14}$ 及 $M_{11}+M_{21}+M_{31}+M_{41}$.

解　由推论知，$A_{11}+A_{12}+A_{13}+A_{14}$ 等于用 1,1,1,1 代替 D 的第一行所得的行列式，即

$$A_{11}+A_{12}+A_{13}+A_{14}=\begin{vmatrix}1&1&1&1\\1&1&0&-5\\-1&3&1&3\\2&-4&-1&-3\end{vmatrix}=\begin{vmatrix}1&1&1&1\\1&1&0&-5\\-2&2&0&2\\1&-1&0&0\end{vmatrix}$$

$$=\begin{vmatrix}1&1&-5\\-2&2&2\\1&-1&0\end{vmatrix}=\begin{vmatrix}1&2&-5\\-2&0&2\\1&0&0\end{vmatrix}$$

$$=\begin{vmatrix}2&-5\\0&2\end{vmatrix}=4.$$

因为 $M_{11}+M_{21}+M_{31}+M_{41}=A_{11}-A_{21}+A_{31}-A_{41}$ 等于用 $1,-1,1,-1$ 代替 D 的第一列所得的行列式，所以

$$M_{11}+M_{21}+M_{31}+M_{41}=A_{11}-A_{21}+A_{31}-A_{41}=\begin{vmatrix}1&-5&2&1\\-1&1&0&-5\\1&3&1&3\\-1&-4&-1&-3\end{vmatrix}$$

$$=\begin{vmatrix}1&-5&2&1\\-1&1&0&-5\\1&3&1&3\\0&-1&0&0\end{vmatrix}=(-1)\begin{vmatrix}1&2&1\\-1&0&-5\\1&1&3\end{vmatrix}$$

$$=-\begin{vmatrix}-1&0&-5\\-1&0&-5\\1&1&3\end{vmatrix}=0.$$

习 题 1.3

1. 求行列式 $\begin{vmatrix}-3&0&4\\5&0&3\\2&-2&1\end{vmatrix}$ 中元素 2 和 −2 的代数余子式.

2. 证明：$\begin{vmatrix}a^2&ab&b^2\\2a&a+b&2b\\1&1&1\end{vmatrix}=(a-b)^3$.

3. 计算下列行列式：

(1) $\begin{vmatrix}1+x&1&1&1\\1&1-x&1&1\\1&1&1+y&1\\1&1&1&1-y\end{vmatrix}$；

（2）$D=\begin{vmatrix}1&2&0&0\\3&4&0&0\\0&0&5&1\\1&1&1&1\end{vmatrix}$.

1.4　克莱姆法则

本节将应用行列式讨论一类线性方程组的求解问题，这里只讨论未知量个数和方程的个数相等的情形，至于一般情形留到第三章讨论.

在 1.1 节中我们给出了二阶行列式求解二元线性方程组的方法，把这个方法推广到利用 n 阶行列式求解 n 元线性方程组，这个法则就是著名的**克莱姆**(Cramer) **法则**.

设含有 n 个未知量、n 个方程的线性方程组为

$$\begin{cases}a_{11}x_1+a_{12}x_2+\cdots+a_{1n}x_n=b_1,\\a_{21}x_1+a_{22}x_2+\cdots+a_{2n}x_n=b_2,\\\cdots\cdots\cdots\cdots\cdots\cdots\cdots\cdots\cdots\cdots\\a_{n1}x_1+a_{n2}x_2+\cdots+a_{nn}x_n=b_n,\end{cases}\tag{1.10}$$

称为 n **元线性方程组**，当其右端的常数项 $b_1,b_2,\cdots,b_n$ 不全为零时，线性方程组(1.10) 称为**非齐次线性方程组**；当其右端的常数项 $b_1,b_2,\cdots,b_n$ 全为零时，称为**齐次线性方程组**，即

$$\begin{cases}a_{11}x_1+a_{12}x_2+\cdots+a_{1n}x_n=0,\\a_{21}x_1+a_{22}x_2+\cdots+a_{2n}x_n=0,\\\cdots\cdots\cdots\cdots\cdots\cdots\cdots\cdots\cdots\cdots\\a_{n1}x_1+a_{n2}x_2+\cdots+a_{nn}x_n=0.\end{cases}\tag{1.11}$$

线性方程组(1.10) 的系数 a_{ij} 构成的行列式，称为该方程组的**系数行列式**，记为 D，即

$$D=\begin{vmatrix}a_{11}&a_{12}&\cdots&a_{1n}\\a_{21}&a_{22}&\cdots&a_{2n}\\\vdots&\vdots&&\vdots\\a_{n1}&a_{n2}&\cdots&a_{nn}\end{vmatrix}.$$

定理(克莱姆法则) 若线性方程组(1.10)的系数行列式 $D\neq 0$，则线性方程组(1.10)有唯一解，其解为

$$x_j=\frac{D_j}{D}\quad (j=1,2,\cdots,n),$$

其中 $D_j\,(j=1,2,\cdots,n)$ 是把 D 中第 j 列元素 $a_{1j},a_{2j},\cdots,a_{nj}$ 对应地换成常数列 $b_1,b_2,\cdots,b_n$，而其余的各列保持不变所得到的行列式，即

$$D_j=\begin{vmatrix} a_{11} & \cdots & a_{1,j-1} & b_1 & a_{1,j+1} & \cdots & a_{1n}\\ a_{21} & \cdots & a_{2,j-1} & b_2 & a_{2,j+1} & \cdots & a_{2n}\\ \vdots & & \vdots & \vdots & \vdots & & \vdots\\ a_{n1} & \cdots & a_{n,j-1} & b_n & a_{n,j+1} & \cdots & a_{nn}\end{vmatrix}.$$

证明从略.

推论 如果线性方程组(1.10)无解或有两个不同的解，则它的系数行列式必为零.

例 1.22 解线性方程组

$$\begin{cases}2x_1+x_2-5x_3+x_4=8,\\ x_1-3x_2-6x_4=9,\\ 2x_2-x_3+2x_4=-5,\\ x_1+4x_2-7x_3+6x_4=0.\end{cases}$$

解 该线性方程组的系数行列式为

$$D=\begin{vmatrix} 2 & 1 & -5 & 1\\ 1 & -3 & 0 & -6\\ 0 & 2 & -1 & 2\\ 1 & 4 & -7 & 6\end{vmatrix}=\begin{vmatrix} 0 & 7 & -5 & 13\\ 1 & -3 & 0 & -6\\ 0 & 2 & -1 & 2\\ 0 & 7 & -7 & 12\end{vmatrix}$$

$$=-\begin{vmatrix} 7 & -5 & 13\\ 2 & -1 & 2\\ 7 & -7 & 12\end{vmatrix}=-\begin{vmatrix} -3 & -5 & 3\\ 0 & -1 & 0\\ -7 & -7 & -2\end{vmatrix}$$

$$=\begin{vmatrix} -3 & 3\\ -7 & -2\end{vmatrix}=27\neq 0.$$

由克莱姆法则知，方程组有唯一解. 而

$$D_1=\begin{vmatrix} 8 & 1 & -5 & 1\\ 9 & -3 & 0 & -6\\ -5 & 2 & -1 & 2\\ 0 & 4 & -7 & 6\end{vmatrix}=81,$$

$$D_2=\begin{vmatrix}2 & 8 & -5 & 1\\1 & 9 & 0 & -6\\0 & -5 & -1 & 2\\1 & 0 & -7 & 6\end{vmatrix}=-108,$$

$$D_3=\begin{vmatrix}2 & 1 & 8 & 1\\1 & -3 & 9 & -6\\0 & 2 & -5 & 2\\1 & 4 & 0 & 6\end{vmatrix}=-27,$$

$$D_4=\begin{vmatrix}2 & 1 & -5 & 8\\1 & -3 & 0 & 9\\0 & 2 & -1 & -5\\1 & 4 & -7 & 0\end{vmatrix}=27,$$

于是得

$$x_1=\frac{D_1}{D}=3,\quad x_2=\frac{D_2}{D}=-4,$$

$$x_3=\frac{D_3}{D}=-1,\quad x_4=\frac{D_4}{D}=1.$$

对于齐次线性方程组(1.11)，易见 $x_1=x_2=\cdots=x_n=0$ 一定是该方程组的解，称其为齐次线性方程组的**零解**. 如果一组不全为零的数是齐次线性方程组(1.11) 的解，则称这组解为齐次线性方程组的**非零解**.

定理 1.2 如果齐次线性方程组(1.11) 的系数行列式 $D\neq 0$，则它仅有零解.

定理 1.3 如果齐次线性方程组(1.11) 有非零解，则它的系数行列式必为零.

注 定理 1.3 说明系数行列式 $D=0$ 是齐次线性方程组有非零解的必要条件，在后面我们还会证明这个条件还是充分的.

例 1.23 问 λ 为何值时齐次线性方程组

$$\begin{cases}(1-\lambda)x_1-2x_2+4x_3=0,\\2x_1+(3-\lambda)x_2+x_3=0,\\x_1+x_2+(1-\lambda)x_3=0\end{cases}$$

有非零解？

解 由定理 1.2 知，若所给齐次线性方程组有非零解，则其系数行列式

$D=0$. 而

$$D=\begin{vmatrix}1-\lambda & -2 & 4\\ 2 & 3-\lambda & 1\\ 1 & 1 & 1-\lambda\end{vmatrix}=\lambda(\lambda-2)(3-\lambda),$$

如果齐次线性方程组有非零解，则

$$D=\lambda(\lambda-2)(3-\lambda)=0,$$

即 $\lambda=0$ 或 $\lambda=2$ 或 $\lambda=3$ 时，齐次线性方程组有非零解.

习 题 1.4

1. 用克莱姆法则解下列线性方程组：

(1) $\begin{cases}2x+5y=1,\\ 3x+7y=2;\end{cases}$

(2) $\begin{cases}bx-ay+2ab=0,\\ -2cy+3bz-bc=0,\\ cx+az=0;\end{cases}$

(3) $\begin{cases}2x_1+x_2-5x_3+x_4=8,\\ x_1-3x_2-6x_4=9,\\ 2x_2-x_3+2x_4=-5,\\ x_1+4x_2-7x_3+6x_4=0.\end{cases}$

2. 判断齐次线性方程组 $\begin{cases}2x_1+2x_2-x_3=0,\\ x_1+2x_2+4x_3=0,\\ 5x_1+8x_2-2x_3=0\end{cases}$ 是否只有零解.

3. 问 λ,μ 取何值时，齐次线性方程组 $\begin{cases}\lambda x_1+x_2+x_3=0,\\ x_1+\mu x_2+x_3=0,\\ x_1+2\mu x_2+x_3=0\end{cases}$ 有非零解？

总习题一

1. 填空题

(1) $\begin{vmatrix}\sin x & -\cos x\\ \cos x & \sin x\end{vmatrix}=$__________.

(2) $\begin{vmatrix}2 & 1 & 0\\ 3 & 4 & -1\\ 1 & 0 & 2\end{vmatrix}=$__________.

(3) $\begin{vmatrix} 2 & 1 & 2^2 & 2^3 \\ 3 & 1 & 3^2 & 3^3 \\ 4 & 1 & 4^2 & 4^3 \\ 5 & 1 & 5^2 & 5^3 \end{vmatrix} =$________.

(4) 已知 $\begin{vmatrix} a_{11} & a_{12} & a_{13} \\ a_{21} & a_{22} & a_{23} \\ a_{31} & a_{32} & a_{33} \end{vmatrix}=2$，则

$$\begin{vmatrix} 2a_{21} & 2a_{22} & 2a_{23} \\ a_{11} & a_{12} & a_{13} \\ a_{31}+3a_{11} & a_{32}+3a_{12} & a_{33}+3a_{13} \end{vmatrix} = \_\_\_\_\_\_\_\_.$$

(5) 多项式 $f(x)=\begin{vmatrix} 2 & x & 3 & x \\ 3 & 4 & 2x & 3 \\ 1 & x & 5 & 1 \\ 5x & 2 & x & 4 \end{vmatrix}$ 中 x^4 的系数是________.

(6) 当 $k=$________时，方程组 $\begin{cases} 3x_1-x_2+kx_3=0, \\ 2kx_1+x_2+3x_3=0, \\ x_1+kx_2+x_3=0 \end{cases}$ 有非零解.

2. 选择题

(1) $\begin{vmatrix} 1 & \lambda & 2 \\ \lambda & 4 & -1 \\ 1 & -2 & 1 \end{vmatrix}=0$，则 $\lambda=$(　　).

(A) $\lambda=-3$　　(B) $\lambda=-2$

(C) $\lambda=-3$ 或 $\lambda=2$　　(D) $\lambda=-3$ 或 $\lambda=-2$

(2) 4 阶行列式 $\begin{vmatrix} a_1 & 0 & 0 & b_1 \\ 0 & a_2 & b_2 & 0 \\ 0 & b_3 & a_3 & 0 \\ b_4 & 0 & 0 & a_4 \end{vmatrix}$ 的值等于(　　).

(A) $a_1a_2a_3a_4-b_1b_2b_3b_4$

(B) $a_1a_2a_3a_4+b_1b_2b_3b_4$

(C) $(a_1a_2-b_1b_2)(a_3a_4-b_3b_4)$

(D) $(a_2a_3-b_2b_3)(a_1a_4-b_1b_4)$

(3) 已知 n 阶行列式 D_n，则 $D_n=0$ 的必要条件是(　　).

(A) D_n 中有一行(或列)的元素全为零

(B) D_n 中有两行(或列)的元素对应成比例

(C) D_n 中至少有一行的元素可用行列式的性质全化为零

(D) D_n 中各列的元素之和为零

(4) 已知线性方程组

$$\begin{cases} bx_1 - ax_2 = -2ab, \\ -2cx_2 + 3bx_3 = bc, \\ cx_1 + ax_3 = 0, \end{cases}$$

则(　　).

(A) 当 $a=0$ 时，方程组无解

(B) 当 $b=0$ 时，方程组无解

(C) 当 $c=0$ 时，方程组无解

(D) 当 a,b,c 取任意实数时，方程组均有解

3. 计算下列二阶、三阶行列式的值：

(1) $\begin{vmatrix} a+b & a-b \\ a-b & a+b \end{vmatrix}$；　(2) $\begin{vmatrix} 1+x & y & z \\ x & 1+y & z \\ x & y & 1+z \end{vmatrix}$；

(3) $\begin{vmatrix} 1 & 1 & 1 \\ a & b & c \\ b+c & a+c & a+b \end{vmatrix}$.

4. 计算下列行列式：

(1) $\begin{vmatrix} 1 & x & y & z \\ x & 1 & 0 & 0 \\ y & 0 & 2 & 0 \\ z & 0 & 0 & 3 \end{vmatrix}$；　(2) $\begin{vmatrix} 4 & 1 & 1 & 1 \\ 1 & 4 & 1 & 1 \\ 1 & 1 & 4 & 1 \\ 1 & 1 & 1 & 4 \end{vmatrix}$；

(3) $\begin{vmatrix} a & 1 & 0 & 0 \\ -1 & b & 1 & 0 \\ 0 & -1 & c & 1 \\ 0 & 0 & -1 & d \end{vmatrix}$.

5. 解下列方程：

(1) $\begin{vmatrix} x+1 & 2 & -1 \\ 2 & x+1 & 1 \\ -1 & 1 & x+1 \end{vmatrix}=0$；

(2) $\begin{vmatrix} 1 & 1 & 1 & 1 \\ x & a & b & c \\ x^2 & a^2 & b^2 & c^2 \\ x^3 & a^3 & b^3 & c^3 \end{vmatrix}=0$.

6. 证明下列各式：

(1) $\begin{vmatrix} a_0 & 1 & 1 & \cdots & 1 \\ 1 & a_1 & 0 & \cdots & 0 \\ 1 & 0 & a_2 & \cdots & 0 \\ \vdots & \vdots & \vdots & & \vdots \\ 1 & 0 & 0 & \cdots & a_n \end{vmatrix}=a_1a_2\cdots a_n\left(a_0-\sum_{i=1}^{n}\frac{1}{a_i}\right)$，其中$a_1a_2\cdots a_n\neq 0$；

(2) $\begin{vmatrix} 1+x & 1 & 1 & 1 \\ 1 & 1-x & 1 & 1 \\ 1 & 1 & 1+y & 1 \\ 1 & 1 & 1 & 1-y \end{vmatrix}=x^2y^2$.

7. 计算下列 n 阶行列式：

(1) $D_n=\begin{vmatrix} 1+a_1 & 1 & \cdots & 1 \\ 1 & 1+a_2 & \cdots & 1 \\ \vdots & \vdots & & \vdots \\ 1 & 1 & \cdots & 1+a_n \end{vmatrix}$，其中 $a_1a_2\cdots a_n\neq 0$；

(2) $D_n=\begin{vmatrix} 5 & 3 & 0 & \cdots & 0 & 0 \\ 2 & 5 & 3 & \cdots & 0 & 0 \\ 0 & 2 & 5 & \cdots & 0 & 0 \\ \vdots & \vdots & \vdots & & \vdots & \vdots \\ 0 & 0 & 0 & \cdots & 5 & 3 \\ 0 & 0 & 0 & \cdots & 2 & 5 \end{vmatrix}$；

(3) $D_n=\begin{vmatrix} \cos\alpha & 1 & 0 & \cdots & 0 & 0 \\ 1 & 2\cos\alpha & 1 & \cdots & 0 & 0 \\ 0 & 1 & 2\cos\alpha & \cdots & 0 & 0 \\ \vdots & \vdots & \vdots & & \vdots & \vdots \\ 0 & 0 & 0 & \cdots & 2\cos\alpha & 1 \\ 0 & 0 & 0 & \cdots & 1 & 2\cos\alpha \end{vmatrix}$.

8. 用克莱姆法则解下列线性方程组：

(1) $\begin{cases} x_1+x_2+x_3+x_4=0, \\ x_2+x_3+x_4+x_5=0, \\ x_1+2x_2+3x_3=2, \\ x_2+2x_3+3x_4=-2, \\ x_3+2x_4+3x_5=2; \end{cases}$

(2) $\begin{cases} x_1-2x_2+3x_3-4x_4=3, \\ x_2-x_3+x_4=-3, \\ x_1+3x_2+x_4=0, \\ -7x_2+3x_3+x_4=5. \end{cases}$

9. 已知非齐次线性方程组$\begin{cases} x_1-x_2+3x_3=4, \\ 2x_1+3x_2+x_3=1, \\ 3x_1+2x_2+\mu x_3=5 \end{cases}$有多个解，求 μ 的值.

10. 问 λ 为何值时，齐次线性方程组$\begin{cases} (1-\lambda)x_1-2x_2+4x_3=0, \\ 2x_1+(3-\lambda)x_2+x_3=0, \\ x_1+x_2+(1-\lambda)x_3=0 \end{cases}$有非零解？

11. 已知齐次线性方程组$\begin{cases} 2x_1-x_2+2x_3=tx_1, \\ 5x_1-3x_2+3x_3=tx_2, \\ x_1+2x_3=-tx_3 \end{cases}$只有零解，求参数 t.

第二章 矩阵

矩阵是线性代数中一个重要概念，是线性代数研究的主要对象. 其内容贯穿线性代数理论的各个部分，它在数学其他分支以及自然科学、现代经济学等领域有广泛的应用. 本章主要介绍矩阵的概念、性质、运算等内容.

2.1 矩阵的概念

2.1.1 矩阵的基本概念

例 2.1 在研究线性方程组

$$\begin{cases} a_{11}x_1+a_{12}x_2+\cdots+a_{1n}x_n=b_1, \\ a_{21}x_1+a_{22}x_2+\cdots+a_{2n}x_n=b_2, \\ \cdots\cdots\cdots\cdots\cdots\cdots\cdots\cdots\cdots\cdots \\ a_{m1}x_1+a_{m2}x_2+\cdots+a_{mn}x_n=b_m \end{cases}$$

的过程中，我们发现方程组的解实际上是由它的系数和常数项确定的，用来求解方程组的消元法过程实际上是对系数和常数项构成的一个数表，即

$$\begin{matrix} a_{11} & a_{12} & \cdots & a_{1n} & b_1 \\ a_{21} & a_{22} & \cdots & a_{2n} & b_2 \\ \vdots & \vdots & & \vdots & \vdots \\ a_{m1} & a_{m2} & \cdots & a_{mn} & b_m \end{matrix}$$

进行相应变化的过程. 从而这张数表决定着该方程组是否有解，以及如果有解，解是什么的问题. 因此，对线性方程组的研究可转化为对这张数表的研究.

例 2.2 某生产电视机的工厂向三个不同的销售家电的商场发送 4 种不同规格的电视机，其数量可列成数表为

$$\begin{matrix} a_{11} & a_{12} & a_{13} & a_{14} \\ a_{21} & a_{22} & a_{23} & a_{24} \\ a_{31} & a_{32} & a_{33} & a_{34} \end{matrix}$$

其中 a_{ij} $(i=1,2,3,\ j=1,2,3,4)$ 表示该厂向第 i 家商场发送的第 j 种规格的电视机数量.

例 2.3 某企业生产 4 种产品，各产品的季度产值(单位：万元) 如下表：

产值 季度 \ 产品	A	B	C	D
1	80	75	75	78
2	98	70	85	84
3	90	75	90	90
4	88	70	82	80

数表

$$\begin{matrix} 80 & 75 & 75 & 78 \\ 98 & 70 & 85 & 84 \\ 90 & 75 & 90 & 90 \\ 88 & 70 & 82 & 80 \end{matrix}$$

具体描述了这家企业各种产品的季度产值，同时也揭示了产值随季度变化的规律、季增长率和年产量的情况.

从上述三个例子中我们可以发现，这些问题都可以用一张数表表示，这种数表我们称为矩阵. 下面我们给出矩阵具体的定义.

定义 2.1 由 $m\times n$ 个数 a_{ij} $(i=1,2,\cdots,m,\ j=1,2,\cdots,n)$，排列成 m 行 n 列的数表如下：

$$\begin{pmatrix} a_{11} & a_{12} & \cdots & a_{1n} \\ a_{21} & a_{22} & \cdots & a_{2n} \\ \vdots & \vdots & & \vdots \\ a_{m1} & a_{m2} & \cdots & a_{mn} \end{pmatrix},$$

称之为 m **行** n **列矩阵**，简称为 $m\times n$ **矩阵**，简记为 $\boldsymbol{A}=(a_{ij})_{m\times n}$ 或 $\boldsymbol{A}_{m\times n}$，其中，这 mn 个数 a_{ij} 称为矩阵的**元素**，a_{ij} 称为矩阵的第 i 行、第 j 列的元素.

一般情况下，用大写的黑体字母 $\boldsymbol{A},\boldsymbol{B},\boldsymbol{C}$ 等表示矩阵，当元素都是实数时，称 $\boldsymbol{A}$ 为**实矩阵**；当元素是复数时，称 $\boldsymbol{A}$ 为**复矩阵**. 本书中的矩阵，除了特别说明外，都是实矩阵.

2.1.2 几种常用的矩阵

所有元素均为零的矩阵，称为**零矩阵**，记为 $\boldsymbol{O}$.

行数与列数相等的矩阵称为**方阵**；行数和列数都等于 n 的方阵称为 **n 阶方阵**或 **n 阶矩阵**，记为 $\boldsymbol{A}_n$ 或 $\boldsymbol{A}$.

注 n 阶矩阵仅仅是由 n^2 个元素排成的一张数表，而 n 阶行列式是一个数，请读者注意两者之间的区别.

一个由 n 阶矩阵 $\boldsymbol{A}$ 的元素按原来的排列形式构成的 n 阶行列式，称为**矩阵 $\boldsymbol{A}$ 的行列式**，记为 $|\boldsymbol{A}|$ 或 $\det\boldsymbol{A}$.

只有一行的矩阵 $\boldsymbol{A}=(a_1 \quad a_2 \quad \cdots \quad a_n)$ 称为**行矩阵**或**行向量**. 为了避免元素间的混淆，行矩阵也可记为 $\boldsymbol{A}=(a_1,a_2,\cdots,a_n)$. 同样只有一列的矩阵

$$\boldsymbol{B}=\begin{pmatrix} a_1 \\ a_2 \\ \vdots \\ a_m \end{pmatrix}$$

称为**列矩阵**或**列向量**. 通常，行向量或列向量用小写的黑体字母 $\boldsymbol{a},\boldsymbol{b},\boldsymbol{c}$ 等表示.

主对角线以下(上)的元素全为零的 n 阶方阵

$$\begin{pmatrix} a_{11} & a_{12} & \cdots & a_{1n} \\ 0 & a_{22} & \cdots & a_{2n} \\ \vdots & \vdots & & \vdots \\ 0 & 0 & \cdots & a_{nn} \end{pmatrix},\quad \begin{pmatrix} a_{11} & 0 & \cdots & 0 \\ a_{21} & a_{22} & \cdots & 0 \\ \vdots & \vdots & & \vdots \\ a_{n1} & a_{n2} & \cdots & a_{nn} \end{pmatrix}$$

称为 **n 阶上(下)三角形矩阵**.

n 阶方阵

$$\boldsymbol{\Lambda}=\begin{pmatrix} a_1 & 0 & \cdots & 0 \\ 0 & a_2 & \cdots & 0 \\ \vdots & \vdots & & \vdots \\ 0 & 0 & \cdots & a_n \end{pmatrix}$$

称为 **n 阶对角矩阵**，对角矩阵也可记为 $\boldsymbol{\Lambda}=\mathrm{diag}(a_1,a_2,\cdots,a_n)$. 特别地，$n$ 阶方阵

$$\boldsymbol{\Lambda}=\begin{pmatrix} 1 & 0 & \cdots & 0 \\ 0 & 1 & \cdots & 0 \\ \vdots & \vdots & & \vdots \\ 0 & 0 & \cdots & 1 \end{pmatrix}$$

称为 n **阶单位矩阵**. 记为 $\boldsymbol{I}=\boldsymbol{I}_n$（或 $\boldsymbol{E}=\boldsymbol{E}_n$）. 当一个 n 阶矩阵 $\boldsymbol{A}$ 的对角元素全部相等且等于某一常数 a 时，称为 n 阶**数量矩阵**，即

$$\boldsymbol{A}=\begin{pmatrix} a & 0 & \cdots & 0 \\ 0 & a & \cdots & 0 \\ \vdots & \vdots & & \vdots \\ 0 & 0 & \cdots & a \end{pmatrix}.$$

定义 2.2 若 $\boldsymbol{A}=(a_{ij})_{m\times n}$，$\boldsymbol{B}=(b_{ij})_{m\times n}$，则称 $\boldsymbol{A}$ 与 $\boldsymbol{B}$ 是**同型矩阵**. 若还满足 $a_{ij}=b_{ij}$ $(i=1,2,\cdots,m,\ j=1,2,\cdots,n)$（即同型矩阵 $\boldsymbol{A}$ 与 $\boldsymbol{B}$ 所有对应元素均相等），则称矩阵 $\boldsymbol{A}$ 与 $\boldsymbol{B}$ **相等**，记为 $\boldsymbol{A}=\boldsymbol{B}$.

例 2.4 设

$$\boldsymbol{A}=\begin{pmatrix} 1 & 2-x & 3 \\ 2 & 6 & 5z \end{pmatrix},\quad \boldsymbol{B}=\begin{pmatrix} 1 & x & 3 \\ 2y & 6 & z+4 \end{pmatrix},$$

若 $\boldsymbol{A}=\boldsymbol{B}$，求 x,y,z.

解 由 $\boldsymbol{A}=\boldsymbol{B}$ 知

$$2-x=x,\quad 2=2y,\quad 5z=z+4,$$

于是解得 $x=1$，$y=1$，$z=1$.

习　题　2.1

（二人零和对策问题）　两个儿童玩石头 — 剪子 — 布的游戏，每人的出法只能在{石头,剪子,布}中任意选择一种，当他们各自选定一种出法（亦称策略）时，就确定了一个"局势"，也就得出了各自的输赢. 若规定胜者得 1 分，负者得 −1 分，平手各得 0 分，则对于各种可能出现的局势（每一局势得分之和为零，即零和），试用矩阵表示他们的输赢情况.

2.2 矩阵的运算

矩阵的意义不仅仅在于将一些数据排列成数表的形式，而在于它定义了一些有理论意义和实际意义的运算，从而使它成为进行理论研究或解决实际问题的有力工具.

2.2.1 矩阵的线性运算

定义 2.3 设有两个 $m\times n$ 矩阵 $\boldsymbol{A}=(a_{ij})_{m\times n}$ 和 $\boldsymbol{B}=(b_{ij})_{m\times n}$，**矩阵 $\boldsymbol{A}$ 与**

$\boldsymbol{B}$ 的和，记为 $\boldsymbol{C}=\boldsymbol{A}+\boldsymbol{B}$，规定为

$$\boldsymbol{C}=\boldsymbol{A}+\boldsymbol{B}=(a_{ij}+b_{ij})_{m\times n}$$

$$=\begin{pmatrix} a_{11}+b_{11} & a_{12}+b_{12} & \cdots & a_{1n}+b_{1n} \\ a_{21}+b_{21} & a_{22}+b_{22} & \cdots & a_{2n}+b_{2n} \\ \vdots & \vdots & & \vdots \\ a_{m1}+b_{m1} & a_{m2}+b_{m2} & \cdots & a_{mn}+b_{mn} \end{pmatrix}.$$

可见只有两个矩阵是同型矩阵时，才能进行加法运算，两个同型矩阵的和即为两个矩阵对应元素相加得到的矩阵.

设矩阵 $\boldsymbol{A}=(a_{ij})_{m\times n}$，记 $-\boldsymbol{A}=(-a_{ij})_{m\times n}$，称 $-\boldsymbol{A}$ 为矩阵 $\boldsymbol{A}$ 的**负矩阵**.

显然有 $\boldsymbol{A}+(-\boldsymbol{A})=\boldsymbol{O}$.

由此规定矩阵的减法为

$$\boldsymbol{A}-\boldsymbol{B}=\boldsymbol{A}+(-\boldsymbol{B}).$$

定义 2.4　数 λ 与矩阵 $\boldsymbol{A}$ 的乘积记为 $\lambda\boldsymbol{A}$ 或 $\boldsymbol{A}\lambda$，规定为

$$\lambda\boldsymbol{A}=\boldsymbol{A}\lambda=\begin{pmatrix} \lambda a_{11} & \lambda a_{12} & \cdots & \lambda a_{1n} \\ \lambda a_{21} & \lambda a_{22} & \cdots & \lambda a_{2n} \\ \vdots & \vdots & & \vdots \\ \lambda a_{m1} & \lambda a_{m2} & \cdots & \lambda a_{mn} \end{pmatrix}.$$

数与矩阵的乘法运算称为矩阵的**数乘运算**.

矩阵的加法与矩阵的数乘运算统称为矩阵的**线性运算**. 它满足下列运算规律：

设 $\boldsymbol{A},\boldsymbol{B},\boldsymbol{C},\boldsymbol{O}$ 都是同型矩阵，k,l 是常数，则

(1) $\boldsymbol{A}+\boldsymbol{B}=\boldsymbol{B}+\boldsymbol{A}$；

(2) $(\boldsymbol{A}+\boldsymbol{B})+\boldsymbol{C}=\boldsymbol{A}+(\boldsymbol{B}+\boldsymbol{C})$；

(3) $\boldsymbol{A}+\boldsymbol{O}=\boldsymbol{A}$；

(4) $\boldsymbol{A}+(-\boldsymbol{A})=\boldsymbol{O}$；

(5) $1\cdot\boldsymbol{A}=\boldsymbol{A}$；

(6) $k(l\boldsymbol{A})=(kl)\boldsymbol{A}$；

(7) $(k+l)\boldsymbol{A}=k\boldsymbol{A}+l\boldsymbol{A}$；

(8) $k(\boldsymbol{A}+\boldsymbol{B})=k\boldsymbol{A}+k\boldsymbol{B}$.

注　在数学中把满足上述 8 条规律的运算称为线性运算.

例 2.5　已知

$$\boldsymbol{A}=\begin{pmatrix} 1 & 2 & 3 \\ 3 & -1 & 0 \end{pmatrix},\quad \boldsymbol{B}=\begin{pmatrix} 5 & 4 & 3 \\ -2 & 0 & -5 \end{pmatrix},$$

求 $4\boldsymbol{A}-3\boldsymbol{B}$.

解 $$4\boldsymbol{A}-3\boldsymbol{B}=4\begin{pmatrix}1&2&3\\3&-1&0\end{pmatrix}-3\begin{pmatrix}5&4&3\\-2&0&-5\end{pmatrix}$$
$$=\begin{pmatrix}4-15&8-12&12-9\\12+6&-4-0&0+15\end{pmatrix}$$
$$=\begin{pmatrix}-11&-4&3\\18&-4&15\end{pmatrix}.$$

例 2.6 已知

$$\boldsymbol{A}=\begin{pmatrix}-1&2&0\\1&3&5\\2&4&6\end{pmatrix},\quad \boldsymbol{B}=\begin{pmatrix}2&3&1\\4&-1&0\\3&-2&0\end{pmatrix},$$

且 $2\boldsymbol{A}-\boldsymbol{X}=-\boldsymbol{B}$，求 $\boldsymbol{X}$.

解 $$\boldsymbol{X}=2\boldsymbol{A}+\boldsymbol{B}=2\begin{pmatrix}-1&2&0\\1&3&5\\2&4&6\end{pmatrix}+\begin{pmatrix}2&3&1\\4&-1&0\\3&-2&0\end{pmatrix}=\begin{pmatrix}0&7&1\\6&5&10\\7&6&12\end{pmatrix}.$$

2.2.2 矩阵的乘法

定义 2.5 设 $\boldsymbol{A}=(a_{ij})_{m\times s}$ 是一个 m 行 s 列的矩阵，$\boldsymbol{B}=(b_{ij})_{s\times n}$ 是一个 s 行 n 列的矩阵，则规定矩阵 $\boldsymbol{A}$ 与矩阵 $\boldsymbol{B}$ 的**乘积**是一个 m 行 n 列的矩阵 $\boldsymbol{C}=\boldsymbol{AB}=(c_{ij})_{m\times n}$，其中

$$c_{ij}=a_{i1}b_{1j}+a_{i2}b_{2j}+\cdots+a_{is}b_{sj}$$
$$=\sum_{k=1}^{s}a_{ik}b_{kj}\quad(i=1,2,\cdots,m,\ j=1,2,\cdots,n),$$

即 $\boldsymbol{AB}$ 的第 i 行第 j 列的元素为 $\boldsymbol{A}$ 的第 i 行各元素分别与 $\boldsymbol{B}$ 的第 j 列对应的元素乘积之和. 记号 $\boldsymbol{AB}$ 常读做 $\boldsymbol{A}$ 左乘 $\boldsymbol{B}$，或 $\boldsymbol{B}$ 右乘 $\boldsymbol{A}$.

注 只有当左边的矩阵的列数与右边矩阵的行数相等时，两个矩阵才可以进行乘法运算.

矩阵的乘法满足以下运算规律：

(1) 结合律 $(\boldsymbol{AB})\boldsymbol{C}=\boldsymbol{A}(\boldsymbol{BC})$；

(2) 分配律 $\boldsymbol{A}(\boldsymbol{B}+\boldsymbol{C})=\boldsymbol{AB}+\boldsymbol{AC}$，$(\boldsymbol{B}+\boldsymbol{C})\boldsymbol{A}=\boldsymbol{BA}+\boldsymbol{CA}$；

(3) $\lambda(\boldsymbol{AB})=(\lambda\boldsymbol{A})\boldsymbol{B}=\boldsymbol{A}(\lambda\boldsymbol{B})$，其中 λ 为实数；特别地，$0\boldsymbol{A}=\boldsymbol{A}0=\boldsymbol{O}$；

(4) 对于 m 阶单位矩阵 $\boldsymbol{I}_m$ 和 n 阶单位矩阵 $\boldsymbol{I}_n$，有

$$\boldsymbol{I}_m\boldsymbol{A}_{m\times n}=\boldsymbol{A}_{m\times n},\quad \boldsymbol{A}_{m\times n}\boldsymbol{I}_n=\boldsymbol{A}_{m\times n}.$$

例 2.7　求矩阵 $\boldsymbol{A}=\begin{pmatrix}1&-1&3&4\\2&1&4&0\end{pmatrix}$ 与 $\boldsymbol{B}=\begin{pmatrix}1&1&3\\2&0&-1\\1&1&-3\\-2&4&0\end{pmatrix}$ 的乘积.

解　因为 $\boldsymbol{A}$ 是 2×4 矩阵，$\boldsymbol{B}$ 是 4×3 矩阵，$\boldsymbol{A}$ 的列数等于 $\boldsymbol{B}$ 的行数，所以矩阵 $\boldsymbol{A}$ 与 $\boldsymbol{B}$ 可以相乘，其乘积是一个 2×3 矩阵. 由公式知

$$\boldsymbol{C}=\boldsymbol{AB}=\begin{pmatrix}1&-1&3&4\\2&1&4&0\end{pmatrix}\begin{pmatrix}1&1&3\\2&0&-1\\1&1&-3\\-2&4&0\end{pmatrix}$$

$$=\begin{pmatrix}1+(-2)+3+(-8)&1+0+3+16&3+1+(-9)+0\\2+2+4+0&2+0+4+0&6+(-1)+(-12)+0\end{pmatrix}$$

$$=\begin{pmatrix}-6&20&-5\\8&6&-7\end{pmatrix}.$$

此例中，$\boldsymbol{B}$ 与 $\boldsymbol{A}$ 不能相乘，因为 $\boldsymbol{B}$ 的列数不等于 $\boldsymbol{A}$ 的行数.

例 2.8　已知 $\boldsymbol{a}=(a_1,a_2,a_3)$，$\boldsymbol{b}=\begin{pmatrix}b_1\\b_2\\b_3\end{pmatrix}$，求 $\boldsymbol{ab}$ 与 $\boldsymbol{ba}$.

解　$\boldsymbol{ab}=(a_1,a_2,a_3)\begin{pmatrix}b_1\\b_2\\b_3\end{pmatrix}=a_1b_1+a_2b_2+a_3b_3$，

$$\boldsymbol{ba}=\begin{pmatrix}b_1\\b_2\\b_3\end{pmatrix}(a_1,a_2,a_3)=\begin{pmatrix}b_1a_1&b_1a_2&b_1a_3\\b_2a_1&b_2a_2&b_2a_3\\b_3a_1&b_3a_2&b_3a_3\end{pmatrix}.$$

此例中，$\boldsymbol{ab}$ 与 $\boldsymbol{ba}$ 都可以运算，但两者不是同型的，不相等.

例 2.9　求矩阵 $\boldsymbol{A}=\begin{pmatrix}-2&4\\1&-2\end{pmatrix}$ 与 $\boldsymbol{B}=\begin{pmatrix}2&4\\-3&-6\end{pmatrix}$ 的乘积 $\boldsymbol{AB}$ 与 $\boldsymbol{BA}$.

解　$\boldsymbol{AB}=\begin{pmatrix}-2&4\\1&-2\end{pmatrix}\begin{pmatrix}2&4\\-3&-6\end{pmatrix}=\begin{pmatrix}-16&-32\\8&16\end{pmatrix}$，

$$\boldsymbol{BA}=\begin{pmatrix}2&4\\-3&-6\end{pmatrix}\begin{pmatrix}-2&4\\1&-2\end{pmatrix}=\begin{pmatrix}0&0\\0&0\end{pmatrix}.$$

从上面的三个例子中，我们发现在矩阵的乘法中，我们必须注意矩阵相乘的顺序. 若 $\boldsymbol{A}$ 是 $m\times n$ 矩阵，$\boldsymbol{B}$ 是 $n\times m$ 矩阵，则 $\boldsymbol{AB}$ 与 $\boldsymbol{BA}$ 都有意义，但

$\boldsymbol{AB}$ 是 m 阶方阵，$\boldsymbol{BA}$ 是 n 阶方阵，当 $m \neq n$ 时，$\boldsymbol{AB} \neq \boldsymbol{BA}$，即使 $m=n$，即 $\boldsymbol{AB}$ 与 $\boldsymbol{BA}$ 是同型矩阵，但有时 $\boldsymbol{AB} \neq \boldsymbol{BA}$. 总之，**矩阵的乘法不满足交换律**，即在一般情况下 $\boldsymbol{AB} \neq \boldsymbol{BA}$.

对于两个 n 阶方阵 $\boldsymbol{A}$ 与 $\boldsymbol{B}$，若满足 $\boldsymbol{AB}=\boldsymbol{BA}$，则称方阵 $\boldsymbol{A}$ 与 $\boldsymbol{B}$ 是**可交换**的.

从例 2.9 中我们还可以看出，矩阵 $\boldsymbol{A} \neq \boldsymbol{O}$，矩阵 $\boldsymbol{B} \neq \boldsymbol{O}$，但却有 $\boldsymbol{BA}=\boldsymbol{O}$. 这就提醒我们注意，若有两个矩阵 $\boldsymbol{A}$ 与 $\boldsymbol{B}$ 满足 $\boldsymbol{AB}=\boldsymbol{O}$，不能得出 $\boldsymbol{A}=\boldsymbol{O}$ 或 $\boldsymbol{B}=\boldsymbol{O}$. 因此，若 $\boldsymbol{A} \neq \boldsymbol{O}$ 且 $\boldsymbol{AX}=\boldsymbol{AY}$，也不能得出 $\boldsymbol{X}=\boldsymbol{Y}$，这就表明**矩阵的乘法不满足消去率**.

例如，取 $\boldsymbol{A}=\begin{pmatrix}1 & 2\\0 & 3\end{pmatrix}$，$\boldsymbol{B}=\begin{pmatrix}1 & 0\\0 & 4\end{pmatrix}$，$\boldsymbol{C}=\begin{pmatrix}1 & 1\\0 & 0\end{pmatrix}$，显然 $\boldsymbol{A} \neq \boldsymbol{B}$，但却有

$$\boldsymbol{AC}=\begin{pmatrix}1 & 2\\0 & 3\end{pmatrix}\begin{pmatrix}1 & 1\\0 & 0\end{pmatrix}=\begin{pmatrix}1 & 1\\0 & 0\end{pmatrix}=\begin{pmatrix}1 & 0\\0 & 4\end{pmatrix}\begin{pmatrix}1 & 1\\0 & 0\end{pmatrix}=\boldsymbol{BC}.$$

由上节例 2.2 中一个电视机厂家向三个不同的商场发送 4 种产品的数量可构成一个矩阵 $\boldsymbol{A}$，若 4 种产品的单价与单件重量构成一个矩阵

$$\boldsymbol{B}=\begin{pmatrix}b_{11} & b_{12}\\b_{21} & b_{22}\\b_{31} & b_{32}\\b_{41} & b_{42}\end{pmatrix},$$

按矩阵相乘的定义，可知 $\boldsymbol{A}$ 与 $\boldsymbol{B}$ 的乘积矩阵 $\boldsymbol{C}=\boldsymbol{AB}=(c_{ij})_{3\times 2}$ 为向三个商场所发产品的总值以及总重量所构成的矩阵，即 c_{i1} 为向第 i 个店所发电视机的总价值，c_{i2} 为向第 i 个店所发电视机的总重量.

对于线性方程组

$$\begin{cases}a_{11}x_1+a_{12}x_2+\cdots+a_{1n}x_n=b_1,\\a_{21}x_1+a_{22}x_2+\cdots+a_{2n}x_n=b_2,\\\cdots\cdots\cdots\cdots\cdots\cdots\cdots\cdots\cdots\cdots\\a_{m1}x_1+a_{m2}x_2+\cdots+a_{mn}x_n=b_m,\end{cases}\tag{2.1}$$

若记

$$\boldsymbol{A}=\begin{pmatrix}a_{11} & a_{12} & \cdots & a_{1n}\\a_{21} & a_{22} & \cdots & a_{2n}\\\vdots & \vdots & & \vdots\\a_{m1} & a_{m2} & \cdots & a_{mn}\end{pmatrix},\quad \boldsymbol{x}=\begin{pmatrix}x_1\\x_2\\\vdots\\x_n\end{pmatrix},\quad \boldsymbol{b}=\begin{pmatrix}b_1\\b_2\\\vdots\\b_m\end{pmatrix},$$

利用矩阵乘法，线性方程组(2.1) 可以表示成矩阵形式

$$\boldsymbol{Ax}=\boldsymbol{b}, \tag{2.2}$$

其中，$\boldsymbol{A}$ 称为线性方程组(2.1)的**系数矩阵**，方程组(2.2)称为**矩阵方程**. 特别地，齐次线性方程组可以表示为

$$\boldsymbol{Ax}=\boldsymbol{0}.$$

例 2.10　证明：如果 $\boldsymbol{AC}=\boldsymbol{CA}$，$\boldsymbol{BC}=\boldsymbol{CB}$，则有

$$(\boldsymbol{A}+\boldsymbol{B})\boldsymbol{C}=\boldsymbol{C}(\boldsymbol{A}+\boldsymbol{B}),\quad (\boldsymbol{AB})\boldsymbol{C}=\boldsymbol{C}(\boldsymbol{AB}).$$

证　因为 $\boldsymbol{AC}=\boldsymbol{CA}$，$\boldsymbol{BC}=\boldsymbol{CB}$，所以

$$(\boldsymbol{A}+\boldsymbol{B})\boldsymbol{C}=\boldsymbol{AC}+\boldsymbol{BC}=\boldsymbol{CA}+\boldsymbol{CB}=\boldsymbol{C}(\boldsymbol{A}+\boldsymbol{B}),$$

$$(\boldsymbol{AB})\boldsymbol{C}=\boldsymbol{A}(\boldsymbol{BC})=\boldsymbol{A}(\boldsymbol{CB})=(\boldsymbol{AC})\boldsymbol{B}=(\boldsymbol{CA})\boldsymbol{B}=\boldsymbol{C}(\boldsymbol{AB}).$$

2.2.3　矩阵的转置

定义 2.6　把矩阵 $\boldsymbol{A}$ 的行换成相同序数的列得到的新矩阵，称为 $\boldsymbol{A}$ 的**转置矩阵**，记为 $\boldsymbol{A}^{\mathrm{T}}$(或 $\boldsymbol{A}'$)，即若

$$\boldsymbol{A}=(a_{ij})_{m\times n}=\begin{pmatrix} a_{11} & a_{12} & \cdots & a_{1n} \\ a_{21} & a_{22} & \cdots & a_{2n} \\ \vdots & \vdots & & \vdots \\ a_{m1} & a_{m2} & \cdots & a_{mn} \end{pmatrix},$$

则 $\boldsymbol{A}$ 的转置矩阵为

$$\boldsymbol{A}^{\mathrm{T}}=(a_{ji})_{n\times m}=\begin{pmatrix} a_{11} & a_{21} & \cdots & a_{m1} \\ a_{12} & a_{22} & \cdots & a_{m2} \\ \vdots & \vdots & & \vdots \\ a_{1n} & a_{2n} & \cdots & a_{mn} \end{pmatrix}.$$

矩阵的转置有如下运算规律(假如运算都是可行的)：

(1)　$(\boldsymbol{A}^{\mathrm{T}})^{\mathrm{T}}=\boldsymbol{A}$；

(2)　$(\boldsymbol{A}+\boldsymbol{B})^{\mathrm{T}}=\boldsymbol{A}^{\mathrm{T}}+\boldsymbol{B}^{\mathrm{T}}$；

(3)　$(k\boldsymbol{A})^{\mathrm{T}}=k\boldsymbol{A}^{\mathrm{T}}$；

(4)　$(\boldsymbol{AB})^{\mathrm{T}}=\boldsymbol{B}^{\mathrm{T}}\boldsymbol{A}^{\mathrm{T}}$.

证　(1)，(2)，(3)显然成立，现证(4)成立. 设 $\boldsymbol{A}=(a_{ij})_{m\times s}$，$\boldsymbol{B}=(b_{ij})_{s\times n}$，易知$(\boldsymbol{AB})^{\mathrm{T}}$ 与 $\boldsymbol{B}^{\mathrm{T}}\boldsymbol{A}^{\mathrm{T}}$ 均为 $n\times m$ 矩阵. 矩阵$(\boldsymbol{AB})^{\mathrm{T}}$ 第 j 行第 i 列的元素是矩阵 $\boldsymbol{AB}$ 的第 i 行第 j 列元素

$$\sum_{k=1}^{s}a_{ik}b_{kj}=a_{i1}b_{1j}+a_{i2}b_{2j}+\cdots+a_{is}b_{sj}.$$

而矩阵 $\boldsymbol{B}^{\mathrm{T}}\boldsymbol{A}^{\mathrm{T}}$ 第 j 行第 i 列的元素是矩阵 $\boldsymbol{B}^{\mathrm{T}}$ 的第 j 行元素与 $\boldsymbol{A}^{\mathrm{T}}$ 的第 i 列对应

元素的乘积之和，也就是 $\boldsymbol{B}$ 的第 j 列元素与 $\boldsymbol{A}$ 的第 i 行对应元素的乘积之和：

$$\sum_{k=1}^{s} b_{kj}a_{ik} = b_{1j}a_{i1} + b_{2j}a_{i2} + \cdots + b_{sj}a_{is}.$$

所以有$(\boldsymbol{AB})^{\mathrm{T}} = \boldsymbol{B}^{\mathrm{T}}\boldsymbol{A}^{\mathrm{T}}$. □

注 规律(4)可以推广为

$$(\boldsymbol{A}_1\boldsymbol{A}_2\cdots\boldsymbol{A}_m)^{\mathrm{T}} = \boldsymbol{A}_m^{\mathrm{T}}\cdots\boldsymbol{A}_2^{\mathrm{T}}\boldsymbol{A}_1^{\mathrm{T}}.$$

例 2.11 已知 $\boldsymbol{A} = \begin{pmatrix} 2 & 0 & -1 \\ 1 & 3 & 2 \end{pmatrix}$，$\boldsymbol{B} = \begin{pmatrix} 1 & 7 & -1 \\ 4 & 2 & 3 \\ 2 & 0 & 1 \end{pmatrix}$，求$(\boldsymbol{AB})^{\mathrm{T}}$.

解 方法1 因为

$$\boldsymbol{AB} = \begin{pmatrix} 2 & 0 & -1 \\ 1 & 3 & 2 \end{pmatrix}\begin{pmatrix} 1 & 7 & -1 \\ 4 & 2 & 3 \\ 2 & 0 & 1 \end{pmatrix} = \begin{pmatrix} 0 & 14 & -3 \\ 17 & 13 & 10 \end{pmatrix},$$

所以$(\boldsymbol{AB})^{\mathrm{T}} = \begin{pmatrix} 0 & 17 \\ 14 & 13 \\ -3 & 10 \end{pmatrix}$.

方法2 $(\boldsymbol{AB})^{\mathrm{T}} = \boldsymbol{B}^{\mathrm{T}}\boldsymbol{A}^{\mathrm{T}} = \begin{pmatrix} 1 & 4 & 2 \\ 7 & 2 & 0 \\ -1 & 3 & 1 \end{pmatrix}\begin{pmatrix} 2 & 1 \\ 0 & 3 \\ -1 & 2 \end{pmatrix} = \begin{pmatrix} 0 & 17 \\ 14 & 13 \\ -3 & 10 \end{pmatrix}$.

定义 2.7 设 $\boldsymbol{A}$ 为 n 阶方阵，如果满足 $\boldsymbol{A}^{\mathrm{T}} = \boldsymbol{A}$，即

$$a_{ij} = a_{ji} \quad (i, j = 1, 2, \cdots, n),$$

那么 $\boldsymbol{A}$ 称为**对称矩阵**，显然 $\boldsymbol{A}$ 的元素关于主对角线对称. 如果 $\boldsymbol{A}^{\mathrm{T}} = -\boldsymbol{A}$，即

$$a_{ij} = -a_{ji} \quad (i, j = 1, 2, \cdots, n),$$

则称 $\boldsymbol{A}$ 为**反对称矩阵**. 反对称矩阵的主对角线上的元素全为零.

例如，$\begin{pmatrix} 0 & -1 \\ -1 & 0 \end{pmatrix}$，$\begin{pmatrix} 1 & -1 & 4 \\ -1 & 2 & 6 \\ 4 & 6 & 3 \end{pmatrix}$ 均为对称矩阵，而

$$\begin{pmatrix} 0 & -1 \\ 1 & 0 \end{pmatrix}, \begin{pmatrix} 0 & 3 & 2 \\ -3 & 0 & -4 \\ -2 & 4 & 0 \end{pmatrix}$$

均为反对称矩阵.

例 2.12 证明：

(1) 设 $\boldsymbol{A}$ 是 $m \times n$ 矩阵，则 $\boldsymbol{AA}^{\mathrm{T}}, \boldsymbol{A}^{\mathrm{T}}\boldsymbol{A}$ 都是对称矩阵；

(2) 设 $\boldsymbol{A}$ 是 n 阶对称矩阵，$\boldsymbol{B}$ 是 n 阶反对称矩阵，则 $\boldsymbol{AB} + \boldsymbol{BA}$ 是 n 阶反

对称矩阵.

证　(1) 因为 $\boldsymbol{AA}^{\mathrm{T}}$ 是 m 阶方阵，则

$$(\boldsymbol{AA}^{\mathrm{T}})^{\mathrm{T}}=(\boldsymbol{A}^{\mathrm{T}})^{\mathrm{T}}\boldsymbol{A}^{\mathrm{T}}=\boldsymbol{AA}^{\mathrm{T}}.$$

所以 $\boldsymbol{AA}^{\mathrm{T}}$ 是对称矩阵. 同理可证 $\boldsymbol{A}^{\mathrm{T}}\boldsymbol{A}$ 也是对称矩阵.

(2) 因为 $\boldsymbol{A}^{\mathrm{T}}=\boldsymbol{A}$，$\boldsymbol{B}^{\mathrm{T}}=-\boldsymbol{B}$，所以

$$\begin{aligned}(\boldsymbol{AB}+\boldsymbol{BA})^{\mathrm{T}}&=(\boldsymbol{AB})^{\mathrm{T}}+(\boldsymbol{BA})^{\mathrm{T}}=\boldsymbol{B}^{\mathrm{T}}\boldsymbol{A}^{\mathrm{T}}+\boldsymbol{A}^{\mathrm{T}}\boldsymbol{B}^{\mathrm{T}}\\&=-\boldsymbol{BA}-\boldsymbol{AB}=-(\boldsymbol{BA}+\boldsymbol{AB})\\&=-(\boldsymbol{AB}+\boldsymbol{BA}).\end{aligned}$$

所以 $\boldsymbol{AB}+\boldsymbol{BA}$ 是 n 阶反对称矩阵.

2.2.4　方阵的幂

定义 2.8　设 $\boldsymbol{A}$ 为 n 阶方阵，k 个 $\boldsymbol{A}$ 的连乘积称为 **$\boldsymbol{A}$ 的 k 次幂**，记为 $\boldsymbol{A}^k$，即

$$\boldsymbol{A}^k=\underbrace{\boldsymbol{A}\cdot\boldsymbol{A}\cdot\cdots\cdot\boldsymbol{A}}_{k\text{个}}.$$

特别地，若存在正整数 m，使 $\boldsymbol{A}^m=\boldsymbol{O}$，则称 $\boldsymbol{A}$ 为**幂零矩阵**.

方阵的幂满足如下规律：

(1) $\boldsymbol{A}^m\boldsymbol{A}^n=\boldsymbol{A}^{m+n}$；

(2) $(\boldsymbol{A}^m)^n=\boldsymbol{A}^{mn}$.

注　一般地，$(\boldsymbol{AB})^m\neq\boldsymbol{A}^m\boldsymbol{B}^m$. 但如果 $\boldsymbol{A},\boldsymbol{B}$ 均为 n 阶方阵，且 $\boldsymbol{AB}=\boldsymbol{BA}$，则有 $(\boldsymbol{AB})^m=\boldsymbol{A}^m\boldsymbol{B}^m$.

例 2.13　设 $\boldsymbol{A}=\begin{pmatrix}\lambda&1&0\\0&\lambda&1\\0&0&\lambda\end{pmatrix}$，求 $\boldsymbol{A}^3$.

解　$\boldsymbol{A}^2=\begin{pmatrix}\lambda&1&0\\0&\lambda&1\\0&0&\lambda\end{pmatrix}\begin{pmatrix}\lambda&1&0\\0&\lambda&1\\0&0&\lambda\end{pmatrix}=\begin{pmatrix}\lambda^2&2\lambda&1\\0&\lambda^2&2\lambda\\0&0&\lambda^2\end{pmatrix}$；

$$\boldsymbol{A}^3=\boldsymbol{A}^2\boldsymbol{A}=\begin{pmatrix}\lambda^2&2\lambda&1\\0&\lambda^2&2\lambda\\0&0&\lambda^2\end{pmatrix}\begin{pmatrix}\lambda&1&0\\0&\lambda&1\\0&0&\lambda\end{pmatrix}=\begin{pmatrix}\lambda^3&3\lambda^2&3\lambda\\0&\lambda^3&3\lambda^2\\0&0&\lambda^3\end{pmatrix}.$$

设 $f(x)=a_nx^n+a_{n-1}x^{n-1}+\cdots+a_1x+a_0$，则称

$$f(\boldsymbol{A})=a_n\boldsymbol{A}^n+a_{n-1}\boldsymbol{A}^{n-1}+\cdots+a_1\boldsymbol{A}+a_0\boldsymbol{I}$$

为**矩阵多项式**，其中 $\boldsymbol{A}$ 是方阵，$\boldsymbol{I}$ 是与 $\boldsymbol{A}$ 同阶的单位矩阵.

2.2.5 方阵的行列式

方阵的行列式$|\boldsymbol{A}|$满足如下规律($\boldsymbol{A}$ 为 n 阶方阵，$\boldsymbol{B}$ 为 n 阶方阵，k 为常数)：

(1) $|\boldsymbol{A}^{\mathrm{T}}|=|\boldsymbol{A}|$ (行列式的性质 1)；

(2) $|k\boldsymbol{A}|=k^n|\boldsymbol{A}|$；

(3) $|\boldsymbol{AB}|=|\boldsymbol{A}||\boldsymbol{B}|=|\boldsymbol{BA}|$.

注 性质(3)表明，对于 n 阶方阵 $\boldsymbol{A},\boldsymbol{B}$，虽然一般有 $\boldsymbol{AB}\neq\boldsymbol{BA}$，但却有$|\boldsymbol{AB}|=|\boldsymbol{BA}|$成立.

性质(3)还可以推广为：若 $\boldsymbol{A}_1,\boldsymbol{A}_2,\cdots,\boldsymbol{A}_n$ 为 n 阶方阵，则

$$|\boldsymbol{A}_1\boldsymbol{A}_2\cdots\boldsymbol{A}_n|=|\boldsymbol{A}_1||\boldsymbol{A}_2|\cdots|\boldsymbol{A}_n|.$$

习 题 2.2

1. 判断题

下列各题中的大写字母均表示矩阵，$\boldsymbol{I}$ 表示单位矩阵，假设下列所提到的运算均能进行.

(1) 若 $\boldsymbol{A}^2=\boldsymbol{O}$，则 $\boldsymbol{A}=\boldsymbol{O}$. ( )

(2) 若 $\boldsymbol{A}^2=\boldsymbol{A}$，则 $\boldsymbol{A}=\boldsymbol{O}$ 或 $\boldsymbol{A}=\boldsymbol{I}$. ( )

(3) 若 $\boldsymbol{AB}=\boldsymbol{AC}$，且 $\boldsymbol{A}\neq\boldsymbol{O}$，则 $\boldsymbol{B}=\boldsymbol{C}$. ( )

(4) 若方阵 $\boldsymbol{A}\neq\boldsymbol{O}$，则$|\boldsymbol{A}|\neq 0$. ( )

(5) 若方阵 $\boldsymbol{A}$ 和 $\boldsymbol{B}$ 满足 $\boldsymbol{AB}=\boldsymbol{O}$，则$|\boldsymbol{A}|=0$ 或$|\boldsymbol{B}|=0$. ( )

(6) $|k\boldsymbol{A}|=k|\boldsymbol{A}|$，其中 k 为非零常数，$\boldsymbol{A}$ 为方阵. ( )

(7) 若实对称矩阵 $\boldsymbol{A}$ 满足 $\boldsymbol{A}^2=\boldsymbol{O}$，则 $\boldsymbol{A}=\boldsymbol{O}$. ( )

2. 计算下列各题：

(1) $3\begin{pmatrix}1&2\\-1&3\\5&-2\end{pmatrix}+2\begin{pmatrix}2&3\\7&-1\\-6&4\end{pmatrix}$；

(2) $\begin{pmatrix}1&2&3\\2&4&6\\3&6&9\end{pmatrix}\begin{pmatrix}-1&-2&-4\\-1&-2&-4\\1&2&4\end{pmatrix}$；

(3) $(x_1,x_2,x_3)\begin{pmatrix}a_{11}&a_{12}&a_{13}\\a_{12}&a_{22}&a_{23}\\a_{13}&a_{23}&a_{33}\end{pmatrix}\begin{pmatrix}x_1\\x_2\\x_2\end{pmatrix}$.

3. 设 $\boldsymbol{A}=\begin{pmatrix}1&1&1\\1&1&-1\\1&-1&1\end{pmatrix}$，$\boldsymbol{B}=\begin{pmatrix}1&2&3\\-1&-2&4\\0&5&1\end{pmatrix}$，求 $3\boldsymbol{AB}-2\boldsymbol{A}$ 及 $\boldsymbol{A}^{\mathrm{T}}\boldsymbol{B}$.

4. 计算下列矩阵：

(1) $\begin{pmatrix}1&0\\\lambda&1\end{pmatrix}^n$；　(2) $\begin{pmatrix}a&0&0\\0&b&0\\0&0&c\end{pmatrix}^n$；　(3) $\begin{pmatrix}\lambda&1&0\\0&\lambda&1\\0&0&\lambda\end{pmatrix}^n$.

5. 设 $\boldsymbol{A}$，$\boldsymbol{B}$ 都是 n 阶对称矩阵，证明：$\boldsymbol{AB}$ 是对称矩阵的充分必要条件是

$$\boldsymbol{AB}=\boldsymbol{BA}.$$

6. 设矩阵 $\boldsymbol{A}$ 为三阶矩阵，且已知 $|\boldsymbol{A}|=m$，求 $|-m\boldsymbol{A}|$.

2.3 逆矩阵

在数的运算中，对于数 $a\neq 0$，总存在唯一一个数 a^{-1}，使得

$$aa^{-1}=a^{-1}a=1.$$

数的倒数在解方程中会起到重要作用. 例如，解一元线性方程 $ax=b$ 中，当 $a\neq 0$ 时，其解为 $x=a^{-1}b$. 对于一个矩阵 $\boldsymbol{A}$ 是否也存在类似的运算？ 在回答这个问题之前，我们先引入可逆矩阵与逆矩阵的概念.

2.3.1 逆矩阵的定义

定义 2.9 对于 n 阶方阵 $\boldsymbol{A}$，如果存在一个 n 阶方阵 $\boldsymbol{B}$，使

$$\boldsymbol{AB}=\boldsymbol{BA}=\boldsymbol{I},$$

则称矩阵 $\boldsymbol{A}$ 为**可逆矩阵**，而矩阵 $\boldsymbol{B}$ 称为矩阵 $\boldsymbol{A}$ 的**逆矩阵**，记为 $\boldsymbol{A}^{-1}=\boldsymbol{B}$.

注 在上式中，$\boldsymbol{A}$ 与 $\boldsymbol{B}$ 是对称的，故 $\boldsymbol{B}$ 也可逆，且 $\boldsymbol{B}^{-1}=\boldsymbol{A}$，即 $\boldsymbol{A}$ 与 $\boldsymbol{B}$ 互为逆矩阵.

例如，n 阶单位矩阵 $\boldsymbol{I}$ 是可逆矩阵，且 $\boldsymbol{I}^{-1}=\boldsymbol{I}$.

定理 2.1 若矩阵 $\boldsymbol{A}$ 是可逆矩阵，则 $\boldsymbol{A}$ 的逆矩阵是唯一的.

证 设 $\boldsymbol{B}$ 和 $\boldsymbol{C}$ 都是 $\boldsymbol{A}$ 的逆矩阵，则有

$$\boldsymbol{AB}=\boldsymbol{BA}=\boldsymbol{I},\quad \boldsymbol{AC}=\boldsymbol{CA}=\boldsymbol{I}.$$

从而

$$\boldsymbol{B}=\boldsymbol{BI}=\boldsymbol{B}(\boldsymbol{AC})=(\boldsymbol{BA})\boldsymbol{C}=\boldsymbol{IC}=\boldsymbol{C},$$

所以 $\boldsymbol{A}$ 的逆矩阵是唯一的，记为 $\boldsymbol{A}^{-1}$. □

定理 2.2 设 $\boldsymbol{A}$ 与 $\boldsymbol{B}$ 均是 n 阶方阵，则有下列性质成立：

(1) 若 $\boldsymbol{A}$ 可逆，则 $\boldsymbol{A}^{-1}$ 也可逆，且 $(\boldsymbol{A}^{-1})^{-1}=\boldsymbol{A}$；

(2) 若 $\boldsymbol{A}$ 可逆，$k\neq 0$，则 $k\boldsymbol{A}$ 也可逆，且 $(k\boldsymbol{A})^{-1}=\frac{1}{k}\boldsymbol{A}^{-1}$；

(3) 若 $\boldsymbol{A}$ 与 $\boldsymbol{B}$ 均可逆，则 $\boldsymbol{AB}$ 也可逆，且 $(\boldsymbol{AB})^{-1}=\boldsymbol{B}^{-1}\boldsymbol{A}^{-1}$；

(4) 若 $\boldsymbol{A}$ 可逆，则 $\boldsymbol{A}^{\mathrm{T}}$ 也可逆，且 $(\boldsymbol{A}^{\mathrm{T}})^{-1}=(\boldsymbol{A}^{-1})^{\mathrm{T}}$；

(5) 若 $\boldsymbol{A}$ 可逆，则 $|\boldsymbol{A}||\boldsymbol{A}^{-1}|=1$.

证 (1) 对于 $\boldsymbol{A}^{-1}$，取 $\boldsymbol{B}=\boldsymbol{A}$，有

$$\boldsymbol{A}^{-1}\boldsymbol{B}=\boldsymbol{A}^{-1}\boldsymbol{A}=\boldsymbol{A}\boldsymbol{A}^{-1}=\boldsymbol{B}\boldsymbol{A}^{-1}=\boldsymbol{I},$$

故 $(\boldsymbol{A}^{-1})^{-1}=\boldsymbol{A}$.

(2) 对于 $k\boldsymbol{A}$，取 $\boldsymbol{B}=\frac{1}{k}\boldsymbol{A}^{-1}$，有

$$k\boldsymbol{A}\cdot\boldsymbol{B}=k\boldsymbol{A}\cdot\frac{1}{k}\boldsymbol{A}^{-1}=\boldsymbol{I}=\frac{1}{k}\boldsymbol{A}^{-1}\cdot k\boldsymbol{A}=\boldsymbol{B}\cdot k\boldsymbol{A},$$

故 $(k\boldsymbol{A})^{-1}=\frac{1}{k}\boldsymbol{A}^{-1}$.

(3) 对于 $\boldsymbol{AB}$，取 $\boldsymbol{C}=\boldsymbol{B}^{-1}\boldsymbol{A}^{-1}$，有

$$(\boldsymbol{AB})\boldsymbol{C}=(\boldsymbol{AB})(\boldsymbol{B}^{-1}\boldsymbol{A}^{-1})=\boldsymbol{A}(\boldsymbol{B}^{-1}\boldsymbol{B})\boldsymbol{A}^{-1}=\boldsymbol{AIA}^{-1}=\boldsymbol{AA}^{-1}=\boldsymbol{I},$$

$$\boldsymbol{C}(\boldsymbol{AB})=(\boldsymbol{B}^{-1}\boldsymbol{A}^{-1})(\boldsymbol{AB})=\boldsymbol{B}(\boldsymbol{A}^{-1}\boldsymbol{A})\boldsymbol{B}^{-1}=\boldsymbol{BIB}^{-1}=\boldsymbol{BB}^{-1}=\boldsymbol{I},$$

从而 $(\boldsymbol{AB})^{-1}=\boldsymbol{B}^{-1}\boldsymbol{A}^{-1}$.

性质(3)可推广到有限个方阵乘积的情形，即

$$(\boldsymbol{A}_1\boldsymbol{A}_2\cdots\boldsymbol{A}_m)^{-1}=\boldsymbol{A}_m{}^{-1}\cdots\boldsymbol{A}_2{}^{-1}\boldsymbol{A}_1{}^{-1},$$

其中 $\boldsymbol{A}_i\,(i=1,2,\cdots,m)$ 均为 n 阶可逆矩阵.

(4) 对于 $\boldsymbol{A}^{\mathrm{T}}$，取 $\boldsymbol{B}=(\boldsymbol{A}^{-1})^{\mathrm{T}}$，则

$$\boldsymbol{A}^{\mathrm{T}}\boldsymbol{B}=\boldsymbol{A}^{\mathrm{T}}(\boldsymbol{A}^{-1})^{\mathrm{T}}=(\boldsymbol{A}^{-1}\boldsymbol{A})^{\mathrm{T}}=\boldsymbol{I}^{\mathrm{T}}=\boldsymbol{I},$$

$$\boldsymbol{B}\boldsymbol{A}^{\mathrm{T}}=(\boldsymbol{A}^{-1})^{\mathrm{T}}\boldsymbol{A}^{\mathrm{T}}=(\boldsymbol{A}\boldsymbol{A}^{-1})^{\mathrm{T}}=\boldsymbol{I}^{\mathrm{T}}=\boldsymbol{I},$$

从而 $(\boldsymbol{A}^{\mathrm{T}})^{-1}=(\boldsymbol{A}^{-1})^{\mathrm{T}}$.

(5) 若 $\boldsymbol{A}$ 可逆，则 $\boldsymbol{AA}^{-1}=\boldsymbol{A}^{-1}\boldsymbol{A}=\boldsymbol{I}$，所以

$$|\boldsymbol{AA}^{-1}|=|\boldsymbol{A}^{-1}\boldsymbol{A}|=|\boldsymbol{A}||\boldsymbol{A}^{-1}|=|\boldsymbol{I}|=1,$$

从而 $|\boldsymbol{A}||\boldsymbol{A}^{-1}|=1$.

例 2.14 设

$$\boldsymbol{A}=\begin{pmatrix}\lambda_1 & & & \\ & \lambda_2 & & \\ & & \ddots & \\ & & & \lambda_n\end{pmatrix},$$

其中 $\lambda_i \neq 0\ (i=1,2,\cdots,n)$，试验证

$$A^{-1}=\begin{pmatrix}\frac{1}{\lambda_1} & & & \\ & \frac{1}{\lambda_2} & & \\ & & \ddots & \\ & & & \frac{1}{\lambda_n}\end{pmatrix}.$$

证 因为

$$\begin{pmatrix}\lambda_1 & & & \\ & \lambda_2 & & \\ & & \ddots & \\ & & & \lambda_n\end{pmatrix}\begin{pmatrix}\frac{1}{\lambda_1} & & & \\ & \frac{1}{\lambda_2} & & \\ & & \ddots & \\ & & & \frac{1}{\lambda_n}\end{pmatrix}=\begin{pmatrix}\frac{1}{\lambda_1} & & & \\ & \frac{1}{\lambda_2} & & \\ & & \ddots & \\ & & & \frac{1}{\lambda_n}\end{pmatrix}\begin{pmatrix}\lambda_1 & & & \\ & \lambda_2 & & \\ & & \ddots & \\ & & & \lambda_n\end{pmatrix}$$

$$=\begin{pmatrix}1 & & & \\ & 1 & & \\ & & \ddots & \\ & & & 1\end{pmatrix}=\boldsymbol{I},$$

由定义知，$A^{-1}=\begin{pmatrix}\frac{1}{\lambda_1} & & & \\ & \frac{1}{\lambda_2} & & \\ & & \ddots & \\ & & & \frac{1}{\lambda_n}\end{pmatrix}$.

2.3.2 可逆矩阵的条件

定义 2.10 设 $A=(a_{ij})_{n\times n}$，令 A_{ij} 为 A 的行列式中元素 a_{ij} 的代数余子式. 将这 n^2 个数 $A_{ij}\ (i,j=1,2,\cdots,n)$ 排列成一个 n 阶方阵，记为 A^*，即

$$A^*=\begin{pmatrix}A_{11} & A_{21} & \cdots & A_{n1}\\ A_{12} & A_{2n} & \cdots & A_{n2}\\ \vdots & \vdots & & \vdots\\ A_{1n} & A_{2n} & \cdots & A_{nn}\end{pmatrix},$$

称 A^* 为 A 的伴随矩阵，即 $A^*=(A_{ji})_{n\times n}=(A_{ij})^{\mathrm{T}}_{n\times n}$.

由行列式的展开定理，有

$$AA^* = A^*A = \begin{pmatrix} |A| & & & \\ & |A| & & \\ & & \ddots & \\ & & & |A| \end{pmatrix} = |A|I. \tag{2.3}$$

定理 2.3 n 阶方阵 A 可逆的充分必要条件是 $|A| \neq 0$.

证 先证必要性. 若 A 可逆，则 $|A||A^{-1}|=1$，所以 $|A|\neq 0$.

再证充分性. 若 $|A|\neq 0$，则 $AA^* = A^*A = |A|I$，所以

$$A\left(\frac{A^*}{|A|}\right) = \left(\frac{A^*}{|A|}\right)A = I,$$

故而由可逆的定义知 A 可逆，且 $A^{-1} = \dfrac{A^*}{|A|}$. □

注 （ⅰ）当 $|A|=0$ 时，A 称为**奇异矩阵**，否则称为**非奇异矩阵**. 可逆矩阵均是**非奇异矩阵**.

（ⅱ）(2.3) 反映了 A 与 A^* 的基本关系.

（ⅲ）如果 $AB=I$，则 $|A|\neq 0$，$|B|\neq 0$，于是 A,B 均可逆. 又因为 A^{-1},B^{-1} 是唯一的，所以

$$BA = (A^{-1}A)BA = A^{-1}(AB)A = A^{-1}IA = A^{-1}A = I.$$

即由 $AB=I$ 必得 $BA=I$，反之也一样，因此有 $B=A^{-1}$. 于是，今后用定义证明 $B=A^{-1}$ 时，只需验证 $AB=I$ 或 $BA=I$ 之一成立就可以了.

例 2.15 设 $A=\begin{pmatrix} 1 & -1 \\ 0 & 2 \end{pmatrix}$，判断 A 是否可逆. 若可逆，求 A^{-1}.

解 $|A| = \begin{vmatrix} 1 & -1 \\ 0 & 2 \end{vmatrix} = 2 \neq 0$，从而 A 可逆. 又

$$A_{11}=2,\quad A_{12}=0,\quad A_{21}=1,\quad A_{22}=1,$$

故

$$A^{-1} = \frac{A^*}{|A|} = \frac{1}{2}\begin{pmatrix} 2 & 1 \\ 0 & 1 \end{pmatrix} = \begin{pmatrix} 1 & \frac{1}{2} \\ 0 & \frac{1}{2} \end{pmatrix}.$$

一般地，若 $A=\begin{pmatrix} a & b \\ c & d \end{pmatrix}$，且 $ad-bc\neq 0$，则有

$$A^{-1} = \frac{1}{ad-bc}\begin{pmatrix} d & -b \\ -c & a \end{pmatrix}.$$

例 2.16　设 $\boldsymbol{A}=\begin{pmatrix}1 & -1 & 1\\ 1 & 1 & 0\\ 2 & 1 & 1\end{pmatrix}$，判断 $\boldsymbol{A}$ 是否可逆. 若可逆，求 $\boldsymbol{A}^{-1}$.

解　因为 $|\boldsymbol{A}|=\begin{vmatrix}1 & -1 & 1\\ 1 & 1 & 0\\ 2 & 1 & 1\end{vmatrix}=1\neq 0$，所以 $\boldsymbol{A}$ 可逆. 又

$$A_{11}=\begin{vmatrix}1 & 0\\ 1 & 1\end{vmatrix}=1,\ A_{12}=-\begin{vmatrix}1 & 0\\ 2 & 1\end{vmatrix}=-1,\ A_{13}=\begin{vmatrix}1 & 1\\ 2 & 1\end{vmatrix}=-1,$$

$$A_{21}=-\begin{vmatrix}-1 & 1\\ 1 & 1\end{vmatrix}=2,\ A_{22}=\begin{vmatrix}1 & 1\\ 2 & 1\end{vmatrix}=-1,\ A_{23}=-\begin{vmatrix}1 & -1\\ 2 & 1\end{vmatrix}=-3,$$

$$A_{31}=\begin{vmatrix}-1 & 1\\ 1 & 0\end{vmatrix}=-1,\ A_{32}=-\begin{vmatrix}1 & 1\\ 1 & 0\end{vmatrix}=1,\ A_{33}=\begin{vmatrix}1 & -1\\ 1 & 1\end{vmatrix}=2,$$

所以 $\boldsymbol{A}^{-1}=\dfrac{\boldsymbol{A}^*}{|\boldsymbol{A}|}=\begin{pmatrix}1 & 2 & -1\\ -1 & -1 & 1\\ -1 & -3 & 2\end{pmatrix}$.

例 2.17　设 $\boldsymbol{A}$ 是三阶矩阵，$\boldsymbol{A}^*$ 为 $\boldsymbol{A}$ 的伴随矩阵，$|\boldsymbol{A}|=\dfrac{1}{2}$，求行列式 $|(3\boldsymbol{A})^{-1}-2\boldsymbol{A}^*|$.

解　应先化简 $|(3\boldsymbol{A})^{-1}-2\boldsymbol{A}^*|$，再利用条件计算. 注意到 $\boldsymbol{A}$ 与 $\boldsymbol{A}^*$ 的关系，而 $\boldsymbol{A}^{-1}=\dfrac{\boldsymbol{A}^*}{|\boldsymbol{A}|}$，且 $|\boldsymbol{A}|=\dfrac{1}{2}\neq 0$，所以

$$|\boldsymbol{A}^{-1}|=\frac{1}{|\boldsymbol{A}|}=2,\quad (3\boldsymbol{A})^{-1}=\frac{1}{3}\boldsymbol{A}^{-1},\quad \boldsymbol{A}^*=|\boldsymbol{A}|\boldsymbol{A}^{-1}=\frac{1}{2}\boldsymbol{A}^{-1}.$$

于是

$$\begin{aligned}|(3\boldsymbol{A})^{-1}-2\boldsymbol{A}^*|&=\left|\frac{1}{3}\boldsymbol{A}^{-1}-\boldsymbol{A}^{-1}\right|=\left|-\frac{2}{3}\boldsymbol{A}^{-1}\right|\\&=\left(-\frac{2}{3}\right)^3|\boldsymbol{A}^{-1}|=-\frac{8}{27}\times 2=-\frac{16}{27}.\end{aligned}$$

例 2.18　设

$$\boldsymbol{A}=\begin{pmatrix}5 & -1 & 0\\ -2 & 3 & 1\\ 2 & -1 & 6\end{pmatrix},\quad \boldsymbol{C}=\begin{pmatrix}2 & 1\\ 2 & 0\\ 3 & 5\end{pmatrix},$$

满足 $\boldsymbol{AX}=\boldsymbol{C}+2\boldsymbol{X}$，求 $\boldsymbol{X}$.

解　由 $\boldsymbol{AX}=\boldsymbol{C}+2\boldsymbol{X}$ 知，$(\boldsymbol{A}-2\boldsymbol{I})\boldsymbol{X}=\boldsymbol{C}$，而

$$A-2I=\begin{pmatrix}3&-1&0\\-2&1&1\\2&-1&4\end{pmatrix},$$

所以$(A-2I)^{-1}=\frac{1}{5}\begin{pmatrix}5&4&-1\\10&12&-3\\0&1&1\end{pmatrix}$. 于是

$$X=(A-2I)^{-1}C=\frac{1}{5}\begin{pmatrix}5&4&-1\\10&12&-3\\0&1&1\end{pmatrix}\begin{pmatrix}2&1\\2&0\\3&5\end{pmatrix}=\begin{pmatrix}3&0\\7&-1\\1&1\end{pmatrix}.$$

例 2.19 设 $P=\begin{pmatrix}1&2\\1&4\end{pmatrix}$, $\Lambda=\begin{pmatrix}1&0\\0&2\end{pmatrix}$, 且 $AP=P\Lambda$, 求 A^n.

解 因为 $|P|=\begin{vmatrix}1&2\\1&4\end{vmatrix}=2\neq 0$, 所以 P 可逆, 且

$$P^{-1}=\frac{1}{2}\begin{pmatrix}4&-2\\-1&1\end{pmatrix}=\begin{pmatrix}2&-1\\-\frac{1}{2}&\frac{1}{2}\end{pmatrix}.$$

由 $AP=P\Lambda$ 得 $A=P\Lambda P^{-1}$, 于是 $A^2=P\Lambda P^{-1}P\Lambda P^{-1}=P\Lambda^2P^{-1}$, 依次递推得

$$A^n=P\Lambda^nP^{-1}.$$

又 $\Lambda=\begin{pmatrix}1&0\\0&2\end{pmatrix}$, 所以 $\Lambda^n=\begin{pmatrix}1&0\\0&2^n\end{pmatrix}$. 故

$$A^n=P\Lambda^nP^{-1}=\begin{pmatrix}1&2\\1&4\end{pmatrix}\begin{pmatrix}1&0\\0&2^n\end{pmatrix}\begin{pmatrix}2&-1\\-\frac{1}{2}&\frac{1}{2}\end{pmatrix}$$

$$=\begin{pmatrix}2-2^n&2^n-1\\2-2^{n+1}&2^{n+1}-1\end{pmatrix}.$$

例 2.20 设方阵 A 满足 $A^2-2A-4I=O$, 求$(A+I)^{-1}$.

解 由于 $A^2-2A-4I=O$, 即 $A^2-2A-3I=I$, 得

$$(A+I)(A-3I)=I,$$

从而$(A+I)^{-1}=A-3I$.

习 题 2.3

1. 判断题. 已知 A,B 均为 n 阶矩阵.

(1) 若 A,B 均可逆, 则 $A+B$ 可逆. ( )

(2) 若 A 可逆, 且 $AB=O$, 则 $B=O$. ( )

(3) 若 $\boldsymbol{A}$ 不可逆，则 $\boldsymbol{AB}$ 也不可逆.　(　)

(4) 设 $\boldsymbol{A}$ 为阶数大于 2 的方阵，$\boldsymbol{A}^*$ 为 $\boldsymbol{A}$ 的伴随矩阵，则 $\boldsymbol{A}$ 可逆的充分必要条件是 $\boldsymbol{A}^*$ 可逆.　(　)

(5) 设 $\boldsymbol{A}$ 为对称矩阵且可逆，则 $\boldsymbol{A}^{-1}$ 也为对称矩阵.　(　)

(6) 设 $\boldsymbol{A}$ 为阶数大于 2 的可逆矩阵，则 $(\boldsymbol{A}^*)^{-1}=(\boldsymbol{A}^{-1})^*$.　(　)

2. 求下列矩阵的逆矩阵：

(1) $\begin{pmatrix}1&2\\2&5\end{pmatrix}$；　(2) $\begin{pmatrix}1&2&-1\\3&4&-2\\5&-4&1\end{pmatrix}$；

(3) $\begin{pmatrix}1&2&3&4\\0&1&2&3\\0&0&1&2\\0&0&0&1\end{pmatrix}$.

3. 用逆矩阵求解下列矩阵方程：

(1) $\begin{pmatrix}2&5\\1&3\end{pmatrix}\boldsymbol{X}=\begin{pmatrix}4&-6\\2&1\end{pmatrix}$；

(2) $\begin{pmatrix}1&4\\-1&2\end{pmatrix}\boldsymbol{X}\begin{pmatrix}2&0\\-1&1\end{pmatrix}=\begin{pmatrix}3&1\\0&-1\end{pmatrix}$；

(3) $\begin{pmatrix}0&1&0\\1&0&0\\0&0&1\end{pmatrix}\boldsymbol{X}\begin{pmatrix}1&0&0\\0&0&1\\0&1&0\end{pmatrix}=\begin{pmatrix}1&-4&3\\2&0&-1\\1&-2&0\end{pmatrix}$.

4. 设 $\boldsymbol{A}=\begin{pmatrix}0&3&3\\1&1&0\\-1&2&3\end{pmatrix}$，且 $\boldsymbol{AB}=\boldsymbol{A}+2\boldsymbol{B}$，求 $\boldsymbol{B}$.

5. 设 $\boldsymbol{A}$ 为三阶矩阵，且 $|\boldsymbol{A}|=3$，$\boldsymbol{A}^*$ 为 $\boldsymbol{A}$ 的伴随矩阵，求下列行列式：$|3\boldsymbol{A}^{-1}|$，$|\boldsymbol{A}^*|$，$|3\boldsymbol{A}^*-7\boldsymbol{A}^{-1}|$.

6. 设 $\boldsymbol{P}^{-1}\boldsymbol{AP}=\boldsymbol{\Lambda}$，其中 $\boldsymbol{P}=\begin{pmatrix}-1&-4\\1&1\end{pmatrix}$，$\boldsymbol{\Lambda}=\begin{pmatrix}-1&0\\0&2\end{pmatrix}$，求 $\boldsymbol{A}^n$.

7. 设方程 $\boldsymbol{A}$ 满足 $2\boldsymbol{A}^2+\boldsymbol{A}-3\boldsymbol{I}=\boldsymbol{O}$. 证明：

(1) $\boldsymbol{A}$ 可逆，并求 $\boldsymbol{A}^{-1}$；

(2) $3\boldsymbol{I}-\boldsymbol{A}$ 可逆，并求 $(3\boldsymbol{I}-\boldsymbol{A})^{-1}$.

8. 设矩阵 $\boldsymbol{A}$ 可逆，证明其伴随矩阵 $\boldsymbol{A}^*$ 也可逆，且

$$(\boldsymbol{A}^*)^{-1}=(\boldsymbol{A}^{-1})^*.$$

2.4 矩阵的初等变换

2.4.1 矩阵的初等变换

矩阵的初等变换是矩阵的一种十分重要的运算，在求逆矩阵，确定矩阵和向量组的秩，以及解线性方程组等许多代数理论中起着相当重要的作用.

在行列式的计算中，利用行列式的性质可以将给定的行列式化简，使其中某行或某列的绝大多数的元素变为零，再按行或按列将行列式展开，从而简化行列式的计算. 把这种思想应用到矩阵中，就得到了矩阵的初等变换.

定义 2.11 矩阵的下列三种变换称为矩阵的**初等行变换**：

(1) 交换矩阵的两行(交换 i,j 两行，记为 $r_i \leftrightarrow r_j$)；

(2) 用一个非零数 k 乘矩阵的某一行(第 i 行乘数 k，记为 kr_i 或 $r_i \times k$)；

(3) 把矩阵的某一行的 k 倍加到另一行(第 j 行乘数 k 加到第 i 行，记为 $r_i + kr_j$).

把定义中的行换为列就得到了矩阵的**初等列变换**的定义(把所有记号中的 r 换成 c). 矩阵的初等行变换和初等列变换统称为**初等变换**.

注 初等变换的逆变换仍是初等变换，且变换的类型相同.

例如，变换 $r_i \leftrightarrow r_j$ 的逆变换即为其自身；变换 $r_i \times k$ 的逆变换为 $r_i \times \frac{1}{k}$；变换 $r_i + kr_j$ 的逆变换为 $r_i - kr_j$.

定义 2.12 若矩阵 $\boldsymbol{A}$ 经过有限次初等变换变成矩阵 $\boldsymbol{B}$，则称矩阵 $\boldsymbol{A}$ 与 $\boldsymbol{B}$ **等价**，记为 $\boldsymbol{A} \to \boldsymbol{B}$，或 $\boldsymbol{A} \cong \boldsymbol{B}$.

同型矩阵间的等价关系具有下列基本性质：

(1) 自反性 $\boldsymbol{A} \cong \boldsymbol{A}$；

(2) 对称性 若 $\boldsymbol{A} \cong \boldsymbol{B}$，则 $\boldsymbol{B} \cong \boldsymbol{A}$；

(3) 传递性 若 $\boldsymbol{A} \cong \boldsymbol{B}$，且 $\boldsymbol{B} \cong \boldsymbol{C}$，则 $\boldsymbol{A} \cong \boldsymbol{C}$.

已知矩阵

$$\boldsymbol{A} = \begin{pmatrix} 1 & -2 & -1 & 0 & 2 \\ -2 & 4 & 2 & 6 & -6 \\ 2 & -1 & 0 & 2 & 3 \\ 3 & 3 & 3 & 3 & 4 \end{pmatrix},$$

对 $\boldsymbol{A}$ 作适当的初等变换：

$$\boldsymbol{A}\xrightarrow[r_4-3r_1]{\substack{r_2+2r_1\\ r_3-2r_1}}\begin{pmatrix}1&-2&-1&0&2\\0&0&0&6&-2\\0&3&2&2&-1\\0&9&6&3&-2\end{pmatrix}\xrightarrow[r_3\leftrightarrow r_4]{r_2\leftrightarrow r_3}\begin{pmatrix}1&-2&-1&0&2\\0&3&2&2&-1\\0&9&6&3&-2\\0&0&0&6&-2\end{pmatrix}$$

$$\xrightarrow{r_3-3r_2}\begin{pmatrix}1&-2&-1&0&2\\0&3&2&2&-1\\0&0&0&-3&1\\0&0&0&6&-2\end{pmatrix}\xrightarrow{r_4+2r_3}\begin{pmatrix}1&-2&-1&0&2\\0&3&2&2&-1\\0&0&0&-3&1\\0&0&0&0&0\end{pmatrix}=\boldsymbol{B}.$$

这里的矩阵 $\boldsymbol{B}$ 依其形状特征称为**阶梯形矩阵**.

如果矩阵某一行的元素不全为零，则称该行为矩阵的**非零行**，否则称为**零行**，并称非零行中左起第一个非零元素为该行的**主元**.

定义 2.13 一般地，称满足下列条件的矩阵为**行阶梯形矩阵**：

(1) 如果存在零行，零行位于矩阵的下方；

(2) 各非零行的主元的列标随着行标的增大而严格增大.

再继续对矩阵 $\boldsymbol{B}$ 作初等变换：

$$\boldsymbol{B}\xrightarrow[r_3\times\left(-\frac{1}{3}\right)]{r_2\times\frac{1}{3}}\begin{pmatrix}1&-2&-1&0&2\\0&1&\frac{2}{3}&\frac{2}{3}&-\frac{1}{3}\\0&0&0&1&-\frac{1}{3}\\0&0&0&0&0\end{pmatrix}$$

$$\xrightarrow{r_2+\left(-\frac{2}{3}r_3\right)}\begin{pmatrix}1&-2&-1&0&2\\0&1&\frac{2}{3}&0&-\frac{1}{9}\\0&0&0&1&-\frac{1}{3}\\0&0&0&0&0\end{pmatrix}$$

$$\xrightarrow{r_1+2r_2}\begin{pmatrix}1&0&\frac{1}{3}&0&\frac{16}{9}\\0&1&\frac{2}{3}&0&-\frac{1}{9}\\0&0&0&1&-\frac{1}{3}\\0&0&0&0&0\end{pmatrix}=\boldsymbol{C}.$$

定义 2.14 一般地，称满足下列条件的行阶梯形矩阵为**行最简形矩阵**：

(1) 各非零行的左起首个非零元即主元是 1；

(2) 各主元所在列的其他元素全为零.

上例中的矩阵 $\boldsymbol{C}$ 即为行最简形矩阵. 对矩阵 $\boldsymbol{C}$ 再继续作初等变换：

$$\boldsymbol{C}\xrightarrow[c_5-\frac{16}{9}c_1+\frac{1}{9}c_2+\frac{1}{3}c_4]{c_3-\frac{1}{3}c_1-\frac{2}{3}c_2}\begin{pmatrix}1&0&0&0&0\\0&1&0&0&0\\0&0&0&1&0\\0&0&0&0&0\end{pmatrix}$$

$$\xrightarrow{c_3\leftrightarrow c_4}\begin{pmatrix}1&0&0&0&0\\0&1&0&0&0\\0&0&1&0&0\\0&0&0&0&0\end{pmatrix}=\boldsymbol{D},$$

这里的矩阵 $\boldsymbol{D}$ 称为原矩阵 $\boldsymbol{A}$ 的**标准形**. 一般地，矩阵 $\boldsymbol{A}$ 的标准形的特点为 $\boldsymbol{D}$ 的左上角是一个单位矩阵，其余元素为 0.

定理 2.4 任意一个矩阵 $\boldsymbol{A}=(a_{ij})_{m\times n}$ 经过有限次初等变换，都可以化为下列标准形矩阵：

$$\boldsymbol{D}=\begin{pmatrix}1&&&&&\\&\ddots&&&&\\&&1&&&\\&&&0&&\\&&&&\ddots&\\&&&&&0\end{pmatrix}=\begin{pmatrix}\boldsymbol{I}_r&\boldsymbol{O}_{r\times(n-r)}\\\boldsymbol{O}_{(m-r)\times r}&\boldsymbol{O}_{(m-r)\times(n-r)}\end{pmatrix}.$$

证明从略.

推论 1 任意矩阵 $\boldsymbol{A}=(a_{ij})_{m\times n}$ 都可以经过有限次初等行变换化为行阶梯形矩阵，进而化为行最简形矩阵.

推论 2 如果 $\boldsymbol{A}$ 为 n 阶可逆矩阵，则矩阵 $\boldsymbol{A}$ 经过有限次初等变换可以化为单位矩阵，即 $\boldsymbol{A}\cong\boldsymbol{I}$.

定理 2.5 矩阵 $\boldsymbol{A}$ 与 $\boldsymbol{B}$ 等价的充分必要条件是它们具有相同的标准形.

例 2.21 求矩阵 $\boldsymbol{A}=\begin{pmatrix}1&0&2&-1\\2&0&3&1\\3&0&4&-3\end{pmatrix}$ 的标准形.

解　$$A=\begin{pmatrix}1&0&2&-1\\2&0&3&1\\3&0&4&-3\end{pmatrix}\xrightarrow[r_3-3r_1]{r_2-2r_1}\begin{pmatrix}1&0&2&-1\\0&0&-1&3\\0&0&-2&0\end{pmatrix}$$

$$\xrightarrow[r_3\times\left(-\frac{1}{2}\right)]{r_2\times(-1)}\begin{pmatrix}1&0&2&-1\\0&0&1&-3\\0&0&1&0\end{pmatrix}\xrightarrow{r_2\leftrightarrow r_3}\begin{pmatrix}1&0&2&-1\\0&0&1&0\\0&0&1&-3\end{pmatrix}$$

$$\xrightarrow[r_3-r_2]{r_1-2r_2}\begin{pmatrix}1&0&0&-1\\0&0&1&0\\0&0&0&-3\end{pmatrix}\xrightarrow{r_3\times\left(-\frac{1}{3}\right)}\begin{pmatrix}1&0&0&-1\\0&0&1&0\\0&0&0&1\end{pmatrix}$$

$$\xrightarrow{r_1+r_3}\begin{pmatrix}1&0&0&0\\0&0&1&0\\0&0&0&1\end{pmatrix}\xrightarrow{c_2\leftrightarrow c_3}\begin{pmatrix}1&0&0&0\\0&1&0&0\\0&0&0&1\end{pmatrix}$$

$$\xrightarrow{c_3\leftrightarrow c_4}\begin{pmatrix}1&0&0&0\\0&1&0&0\\0&0&1&0\end{pmatrix}.$$

2.4.2　初等矩阵

定义 2.15　对单位矩阵 $\boldsymbol{I}$ 施以一次初等变换得到的矩阵称为**初等矩阵**. 显然三种初等变换对应着三种初等矩阵，即

(1)　$\boldsymbol{I}$ 的第 i,j 行(列) 元素互换得到的矩阵

$$\boldsymbol{I}(i,j)=\begin{pmatrix}1&&&&&&&&&\\&\ddots&&&&&&&&\\&&1&&&&&&&\\&&&0&&&1&&&\\&&&&1&&&&&\\&&&&&\ddots&&&&\\&&&&&&1&&&\\&&&1&&&&0&&\\&&&&&&&&1&\\&&&&&&&&&\ddots&\\&&&&&&&&&&1\end{pmatrix}\begin{matrix}\\\\\\(i\text{ 行})\\\\\\\\(j\text{ 行})\\\\\\\\\end{matrix};$$

$$\qquad\qquad(i\text{ 列})\qquad\qquad(j\text{ 列})$$

(2)　$\boldsymbol{I}$ 的第 i 行(列) 元素乘非零数 k 得到的矩阵

$$
\boldsymbol{I}(i(k))=\begin{pmatrix}1 & & & & & & \\ & \ddots & & & & & \\ & & 1 & & & & \\ & & & k & & & \\ & & & & 1 & & \\ & & & & & \ddots & \\ & & & & & & 1\end{pmatrix}(i\text{ 行});
$$

（i 列）

(3) $\boldsymbol{I}$ 的第 j 行元素乘数 k 加到第 i 行，或 $\boldsymbol{I}$ 的第 i 列乘数 k 加到第 j 列得到的矩阵

$$
\boldsymbol{I}(ij(k))=\begin{pmatrix}1 & & & & & \\ & \ddots & & & & \\ & & 1 & & k & \\ & & & \ddots & & \\ & & & & 1 & \\ & & & & & \ddots & \\ & & & & & & 1\end{pmatrix}\begin{matrix}(i\text{ 行})\\ \\ (j\text{ 行})\end{matrix}.
$$

（i 列）（j 列）

初等矩阵具有以下性质：

性质 1 初等矩阵都是可逆矩阵，其逆矩阵仍是初等矩阵，且

$$
\boldsymbol{I}(i,j)^{-1}=\boldsymbol{I}(i,j),\quad \boldsymbol{I}(i(k))^{-1}=\boldsymbol{I}(i(k^{-1})),
$$

$$
\boldsymbol{I}(ij(k))^{-1}=\boldsymbol{I}(ij(-k)).
$$

性质 2 $|\boldsymbol{I}(i,j)|=-1$，$|\boldsymbol{I}(i(k))|=k$，$|\boldsymbol{I}(ij(k))|=1$.

性质 3 初等矩阵的转置仍是初等矩阵.

定理 2.6 对矩阵 $\boldsymbol{A}$ 左（右）乘初等矩阵，就相当于对 $\boldsymbol{A}$ 的行（列）进行一次初等行（列）变换，即

(1) 将矩阵 $\boldsymbol{A}$ 的第 i 行与第 j 行互换，就相当于用初等矩阵 $\boldsymbol{I}(i,j)$ 左乘矩阵 $\boldsymbol{A}$；

(2) 将矩阵 $\boldsymbol{A}$ 的第 i 行乘以非零常数 k，就相当于用初等矩阵 $\boldsymbol{I}(i(k))$ 左乘矩阵 $\boldsymbol{A}$；

(3) 将矩阵 $\boldsymbol{A}$ 的第 j 行的 k 倍加到第 i 行上，就相当于用初等矩阵 $\boldsymbol{I}(ij(k))$ 左乘矩阵 $\boldsymbol{A}$.

同样，若对矩阵 $\boldsymbol{A}$ 进行列变换，就相当于将矩阵 $\boldsymbol{A}$ 右乘以相对应的初等矩阵.

例如，设矩阵 $\boldsymbol{A}=\begin{pmatrix}3&0&1\\1&-1&2\\0&1&1\end{pmatrix}$，而

$$\boldsymbol{I}(1,2)=\begin{pmatrix}0&1&0\\1&0&0\\0&0&1\end{pmatrix},\quad \boldsymbol{I}(32(2))=\begin{pmatrix}1&0&0\\0&1&0\\0&2&1\end{pmatrix},$$

则

$$\boldsymbol{I}(1,2)\boldsymbol{A}=\begin{pmatrix}0&1&0\\1&0&0\\0&0&1\end{pmatrix}\begin{pmatrix}3&0&1\\1&-1&2\\0&1&1\end{pmatrix}=\begin{pmatrix}1&-1&2\\3&0&1\\0&1&1\end{pmatrix},$$

即用 $\boldsymbol{I}(1,2)$ 左乘 $\boldsymbol{A}$，相当于交换矩阵 $\boldsymbol{A}$ 的第 1 行与第 2 行. 又

$$\boldsymbol{AI}(32(2))=\begin{pmatrix}3&0&1\\1&-1&2\\0&1&1\end{pmatrix}\begin{pmatrix}1&0&0\\0&1&0\\0&2&1\end{pmatrix}=\begin{pmatrix}3&2&1\\1&3&2\\0&3&1\end{pmatrix},$$

即用 $\boldsymbol{I}(32(2))$ 右乘 $\boldsymbol{A}$，相当于将矩阵 $\boldsymbol{A}$ 的第 3 列乘 2 加到第 2 列.

2.4.3 求逆矩阵的初等变换法

上节中，我们在给出矩阵 $\boldsymbol{A}$ 可逆的充分必要条件的同时，也给出了利用伴随矩阵 $\boldsymbol{A}^*$ 求逆矩阵 $\boldsymbol{A}^{-1}$ 的一种方法，即 $\boldsymbol{A}^{-1}=\dfrac{1}{|\boldsymbol{A}|}\boldsymbol{A}^*$. 这种方法称为**伴随矩阵法**. 然而，对于较高阶的矩阵用伴随矩阵法求矩阵 $\boldsymbol{A}^{-1}$ 计算量太大. 下面介绍一种较为简单的方法 —— **初等变换法**.

定理 2.7 *n 阶矩阵 $\boldsymbol{A}$ 可逆的充分必要条件是 $\boldsymbol{A}$ 可以表示成若干个初等矩阵的乘积.*

证 因为初等矩阵是可逆的，故充分条件是显然的.

必要性 设矩阵 $\boldsymbol{A}$ 可逆，则 $\boldsymbol{A}$ 经过有限次初等变换可以化为单位矩阵 $\boldsymbol{I}$，即存在初等矩阵 $\boldsymbol{P}_1,\boldsymbol{P}_2,\cdots,\boldsymbol{P}_s,\boldsymbol{Q}_1,\boldsymbol{Q}_2,\cdots,\boldsymbol{Q}_t$，使得 $\boldsymbol{P}_1\boldsymbol{P}_2\cdots\boldsymbol{P}_s\boldsymbol{A}\boldsymbol{Q}_1\boldsymbol{Q}_2\cdots\boldsymbol{Q}_t=\boldsymbol{I}$. 所以

$$\boldsymbol{A}=\boldsymbol{P}_s^{-1}\boldsymbol{P}_{s-1}^{-1}\cdots\boldsymbol{P}_1^{-1}\boldsymbol{I}\boldsymbol{Q}_t^{-1}\boldsymbol{Q}_{t-1}^{-1}\cdots\boldsymbol{Q}_1^{-1},$$

即矩阵 $\boldsymbol{A}$ 可以表示成若干个初等矩阵的乘积. □

注意到，若 $\boldsymbol{A}$ 可逆，则 $\boldsymbol{A}^{-1}$ 也可逆，从而存在初等矩阵 $\boldsymbol{G}_1,\boldsymbol{G}_2,\cdots,\boldsymbol{G}_s$，使得

$$\boldsymbol{A}^{-1}=\boldsymbol{G}_1\boldsymbol{G}_2\cdots\boldsymbol{G}_s.$$

在上式两边右乘矩阵 $\boldsymbol{A}$，有 $\boldsymbol{A}^{-1}\boldsymbol{A}=\boldsymbol{G}_1\boldsymbol{G}_2\cdots\boldsymbol{G}_s\boldsymbol{A}$，于是

$$\boldsymbol{I}=\boldsymbol{G}_1\boldsymbol{G}_2\cdots\boldsymbol{G}_s\boldsymbol{A}, \tag{2.4}$$

$$\boldsymbol{A}^{-1}=\boldsymbol{G}_1\boldsymbol{G}_2\cdots\boldsymbol{G}_s\boldsymbol{I}. \tag{2.5}$$

(2.4)表明对 $\boldsymbol{A}$ 施以若干初等行变换可化为单位矩阵 $\boldsymbol{I}$，而(2.5)表明对 $\boldsymbol{I}$ 施以相同的初等行变换则可化为 $\boldsymbol{A}^{-1}$.

因此，求矩阵 $\boldsymbol{A}$ 的逆矩阵 $\boldsymbol{A}^{-1}$ 时，可构造 $n\times 2n$ 矩阵 $(\boldsymbol{A},\boldsymbol{I})$，并对其施以初等行变换将矩阵 $\boldsymbol{A}$ 化为单位矩阵 $\boldsymbol{I}$，与此同时其中的单位矩阵 $\boldsymbol{I}$ 则化为 $\boldsymbol{A}^{-1}$，即

$$(\boldsymbol{A},\boldsymbol{I})\xrightarrow{\text{初等行变换}}(\boldsymbol{I},\boldsymbol{A}^{-1}).$$

这就是求逆矩阵的**初等变换法**.

例 2.22 设 $\boldsymbol{A}=\begin{pmatrix}0&1&2\\1&1&4\\2&-1&0\end{pmatrix}$，求 $\boldsymbol{A}^{-1}$.

解 对矩阵 $(\boldsymbol{A},\boldsymbol{I})$ 作初等行变换：

$$(\boldsymbol{A},\boldsymbol{I})=\begin{pmatrix}0&1&2&1&0&0\\1&1&4&0&1&0\\2&-1&0&0&0&1\end{pmatrix}\xrightarrow{r_1\leftrightarrow r_2}\begin{pmatrix}1&1&4&0&1&0\\0&1&2&1&0&0\\2&-1&0&0&0&1\end{pmatrix}$$

$$\xrightarrow{r_3-2r_1}\begin{pmatrix}1&1&4&0&1&0\\0&1&2&1&0&0\\0&-3&-8&0&-2&1\end{pmatrix}$$

$$\xrightarrow{r_3+3r_2}\begin{pmatrix}1&1&4&0&1&0\\0&1&2&1&0&0\\0&0&-2&3&-2&1\end{pmatrix}$$

$$\xrightarrow[r_1-r_2+2r_3]{r_2+r_3}\begin{pmatrix}1&0&0&2&-1&1\\0&1&0&4&-2&1\\0&0&-2&3&-2&1\end{pmatrix}$$

$$\xrightarrow{r_3\times\left(-\frac{1}{2}\right)}\begin{pmatrix}1&0&0&2&-1&1\\0&1&0&4&-2&1\\0&0&1&-\frac{3}{2}&1&-\frac{1}{2}\end{pmatrix}.$$

于是

$$A^{-1}=\begin{pmatrix}2 & -1 & 1\\ 4 & -2 & 1\\ -\frac{3}{2} & 1 & -\frac{1}{2}\end{pmatrix}.$$

例 2.23 已知 $A=\begin{pmatrix}1 & 1 & -1\\ 0 & 1 & 1\\ 0 & 0 & -1\end{pmatrix}$，且 $A^2-AB=I$，求矩阵 B.

解 由 $A^2-AB=I$，得 $A(A-B)=I$，即 $A-B=A^{-1}$，所以 $B=A-A^{-1}$. 由于

$$(A,I)=\begin{pmatrix}1 & 1 & -1 & 1 & 0 & 0\\ 0 & 1 & 1 & 0 & 1 & 0\\ 0 & 0 & -1 & 0 & 0 & 1\end{pmatrix}\xrightarrow[r_2+r_3]{r_1-r_3}\begin{pmatrix}1 & 1 & 0 & 1 & 0 & -1\\ 0 & 1 & 0 & 0 & 1 & 1\\ 0 & 0 & -1 & 0 & 0 & 1\end{pmatrix}$$

$$\xrightarrow[r_3\times(-1)]{r_1-r_2}\begin{pmatrix}1 & 0 & 0 & 1 & -1 & -2\\ 0 & 1 & 0 & 0 & 1 & 1\\ 0 & 0 & 1 & 0 & 0 & -1\end{pmatrix},$$

所以 $A^{-1}=\begin{pmatrix}1 & -1 & -2\\ 0 & 1 & 1\\ 0 & 0 & -1\end{pmatrix}$. 故

$$B=A-A^{-1}=\begin{pmatrix}1 & 1 & -1\\ 0 & 1 & 1\\ 0 & 0 & -1\end{pmatrix}-\begin{pmatrix}1 & -1 & -2\\ 0 & 1 & 1\\ 0 & 0 & -1\end{pmatrix}=\begin{pmatrix}0 & 2 & 1\\ 0 & 0 & 0\\ 0 & 0 & 0\end{pmatrix}.$$

习 题 2.4

1. 判断题

(1) 可逆矩阵 A 总可以经过若干次初等变换化为单位矩阵. ( )

(2) 若 A 可逆，则对矩阵 (A,I) 施行若干次初等行变换和初等列变换，当 A 化为单位矩阵时，相应的单位矩阵化为 A^{-1}. ( )

(3) 对于矩阵 A，总可以只经过初等行变换把它化为标准形. ( )

(4) 若 A 和 B 均是 n 阶可逆矩阵，则 A 总可经过初等行变换化为 B. ( )

2. 已知 $A=\begin{pmatrix}2 & 3 & 1 & -3 & -7\\ 1 & 2 & 0 & -2 & -4\\ 3 & -2 & 8 & 3 & 0\\ 2 & -3 & 7 & 4 & 3\end{pmatrix}$.

(1) 求 $\boldsymbol{A}$ 的行最简形矩阵.

(2) 求 $\boldsymbol{A}$ 的标准形.

3. 用初等行变换求矩阵 $\boldsymbol{A}=\begin{pmatrix}2 & 2 & 3\\ 1 & -1 & 0\\ -1 & 2 & 1\end{pmatrix}$ 的逆矩阵 $\boldsymbol{A}^{-1}$.

4. 设 $\boldsymbol{A}=\begin{pmatrix}4 & 1 & -2\\ 2 & 2 & 1\\ 3 & 1 & -1\end{pmatrix}$，$\boldsymbol{B}=\begin{pmatrix}1 & -3\\ 2 & 2\\ 3 & -1\end{pmatrix}$，求 $\boldsymbol{X}$，使 $\boldsymbol{AX}=\boldsymbol{B}$.

5. 设 $\boldsymbol{A},\boldsymbol{B}$ 为 n 阶矩阵，$2\boldsymbol{A}-\boldsymbol{B}-\boldsymbol{AB}=\boldsymbol{I}$，$\boldsymbol{A}^2=\boldsymbol{A}$，其中 $\boldsymbol{I}$ 为 n 阶单位矩阵.

(1) 证明 $\boldsymbol{A}-\boldsymbol{B}$ 为可逆矩阵，并求 $(\boldsymbol{A}-\boldsymbol{B})^{-1}$.

(2) 已知 $\boldsymbol{A}=\begin{pmatrix}1 & 0 & 0\\ 0 & 3 & -1\\ 0 & 6 & -2\end{pmatrix}$，试求矩阵 $\boldsymbol{B}$.

2.5 矩阵的分块

对于行数和列数较多的矩阵，为了运算简单，经常采用分块法. 它可以把大型矩阵的运算化为若干个小型矩阵的运算，使计算更简明，同时也使原矩阵的结构显得简单而清晰.

2.5.1 分块矩阵的定义

定义 2.16 用若干条横线和纵线把一个矩阵分成许多小块，每个小块都是一个小矩阵，称为原矩阵的**子矩阵**，于是一个矩阵可看做由一些子矩阵组成，这种以子矩阵为元素的矩阵称为**分块矩阵**.

矩阵的分块方式有许多种，可根据具体情况而定.

例如，矩阵 $\boldsymbol{A}=\begin{pmatrix}1 & 0 & 0 & 0\\ 0 & 1 & 0 & 0\\ 0 & 0 & 1 & 0\\ 2 & 3 & 0 & 1\end{pmatrix}$，可把矩阵 $\boldsymbol{A}$ 分成以下各种方式：

(1) $\boldsymbol{A}=\begin{pmatrix}\boldsymbol{I}_3 & \boldsymbol{0}\\ \boldsymbol{b} & \boldsymbol{I}_1\end{pmatrix}$，其中 $\boldsymbol{b}=(2,3,0)$；

(2) $\boldsymbol{A}=\begin{pmatrix}\boldsymbol{I}_2 & \boldsymbol{O}\\ \boldsymbol{C} & \boldsymbol{I}_2\end{pmatrix}$，其中 $\boldsymbol{C}=\begin{pmatrix}0 & 0\\ 2 & 3\end{pmatrix}$；

(3) $\boldsymbol{A}=(\boldsymbol{a}_1,\boldsymbol{a}_2,\boldsymbol{a}_3,\boldsymbol{a}_4)$，其中 $\boldsymbol{a}_1=(1,0,0,2)^{\mathrm{T}}$，$\boldsymbol{a}_2=(0,1,0,3)^{\mathrm{T}}$，$\boldsymbol{a}_3=(0,0,1,0)^{\mathrm{T}}$，$\boldsymbol{a}_4=(0,0,0,1)^{\mathrm{T}}$；

(4) $\boldsymbol{A}=\begin{pmatrix}\boldsymbol{b}_1\\ \boldsymbol{b}_2\\ \boldsymbol{b}_3\\ \boldsymbol{b}_4\end{pmatrix}$，其中 $\boldsymbol{b}_1=(1,0,0,0)$，$\boldsymbol{b}_2=(0,1,0,0)$，$\boldsymbol{b}_3=(0,0,1,0)$，$\boldsymbol{b}_4=(2,3,0,1)$.

2.5.2　分块矩阵的运算规则

分块矩阵的运算与普通矩阵的运算规则相似. 分块时要注意，参与运算的两个矩阵按块能计算，并且参与运算的子块也能运算，即内外都要能计算.

1. 分块矩阵的加法运算

设 $\boldsymbol{A}=(a_{ij})_{m\times n}$，$\boldsymbol{B}=(b_{ij})_{m\times n}$，用同样的方法将 $\boldsymbol{A}$，$\boldsymbol{B}$ 分块：

$$\boldsymbol{A}=\begin{pmatrix}\boldsymbol{A}_{11} & \boldsymbol{A}_{12} & \cdots & \boldsymbol{A}_{1r}\\ \boldsymbol{A}_{21} & \boldsymbol{A}_{22} & \cdots & \boldsymbol{A}_{2r}\\ \vdots & \vdots & & \vdots\\ \boldsymbol{A}_{s1} & \boldsymbol{A}_{s2} & \cdots & \boldsymbol{A}_{sr}\end{pmatrix},\quad \boldsymbol{B}=\begin{pmatrix}\boldsymbol{B}_{11} & \boldsymbol{B}_{12} & \cdots & \boldsymbol{B}_{1r}\\ \boldsymbol{B}_{21} & \boldsymbol{B}_{22} & \cdots & \boldsymbol{B}_{2r}\\ \vdots & \vdots & & \vdots\\ \boldsymbol{B}_{s1} & \boldsymbol{B}_{s2} & \cdots & \boldsymbol{B}_{sr}\end{pmatrix},$$

其中，$\boldsymbol{A}_{\alpha\beta}$ 与 $\boldsymbol{B}_{\alpha\beta}(\alpha=1,2,\cdots,s,\ \beta=1,2,\cdots,r)$ 是同型矩阵，则

$$\boldsymbol{A}+\boldsymbol{B}=\begin{pmatrix}\boldsymbol{A}_{11}+\boldsymbol{B}_{11} & \boldsymbol{A}_{12}+\boldsymbol{B}_{12} & \cdots & \boldsymbol{A}_{1r}+\boldsymbol{B}_{1r}\\ \boldsymbol{A}_{21}+\boldsymbol{B}_{21} & \boldsymbol{A}_{22}+\boldsymbol{B}_{22} & \cdots & \boldsymbol{A}_{2r}+\boldsymbol{B}_{2r}\\ \vdots & \vdots & & \vdots\\ \boldsymbol{A}_{s1}+\boldsymbol{B}_{s1} & \boldsymbol{A}_{s2}+\boldsymbol{B}_{s2} & \cdots & \boldsymbol{A}_{sr}+\boldsymbol{B}_{sr}\end{pmatrix}.$$

2. 分块矩阵的数乘运算

设 $\boldsymbol{A}=(a_{ij})_{m\times n}=(\boldsymbol{A}_{\alpha\beta})_{s\times r}$，$k$ 为实数，则

$$k\boldsymbol{A}=(ka_{ij})_{m\times n}=(k\boldsymbol{A}_{\alpha\beta})_{s\times r}.$$

3. 分块矩阵的乘法

设矩阵 $\boldsymbol{A}=(a_{ij})_{m\times s}$，$\boldsymbol{B}=(b_{ij})_{s\times n}$ 分块成

$$\boldsymbol{A}=\begin{pmatrix}\boldsymbol{A}_{11} & \boldsymbol{A}_{12} & \cdots & \boldsymbol{A}_{1t}\\ \boldsymbol{A}_{21} & \boldsymbol{A}_{22} & \cdots & \boldsymbol{A}_{2t}\\ \vdots & \vdots & & \vdots\\ \boldsymbol{A}_{r1} & \boldsymbol{A}_{r2} & \cdots & \boldsymbol{A}_{rt}\end{pmatrix},\ \boldsymbol{B}=\begin{pmatrix}\boldsymbol{B}_{11} & \boldsymbol{B}_{12} & \cdots & \boldsymbol{B}_{1p}\\ \boldsymbol{B}_{21} & \boldsymbol{B}_{22} & \cdots & \boldsymbol{B}_{2p}\\ \vdots & \vdots & & \vdots\\ \boldsymbol{B}_{t1} & \boldsymbol{B}_{t2} & \cdots & \boldsymbol{B}_{tp}\end{pmatrix},$$

其中 $\boldsymbol{A}_{i1},\boldsymbol{A}_{i2},\cdots,\boldsymbol{A}_{it}(i=1,2,\cdots,r)$ 的列数分别与 $\boldsymbol{B}_{1j},\boldsymbol{B}_{2j},\cdots,\boldsymbol{B}_{tj}(j=1,2,\cdots,p)$ 的行数相同，则

$$\boldsymbol{AB}=\begin{pmatrix}\boldsymbol{C}_{11} & \boldsymbol{C}_{12} & \cdots & \boldsymbol{C}_{1p}\\ \boldsymbol{C}_{21} & \boldsymbol{C}_{22} & \cdots & \boldsymbol{C}_{2p}\\ \vdots & \vdots & & \vdots\\ \boldsymbol{C}_{r1} & \boldsymbol{C}_{r2} & \cdots & \boldsymbol{C}_{rp}\end{pmatrix},$$

其中 $\boldsymbol{C}_{ij}=\sum\limits_{k=1}^{t}\boldsymbol{A}_{ik}\boldsymbol{B}_{kj}\ (i=1,2,\cdots,r,\ j=1,2,\cdots,p)$.

4. 分块矩阵的转置运算

设矩阵 $\boldsymbol{A}=(a_{ij})_{m\times n}$ 分块为

$$\boldsymbol{A}=\begin{pmatrix}\boldsymbol{A}_{11} & \boldsymbol{A}_{12} & \cdots & \boldsymbol{A}_{1r}\\ \boldsymbol{A}_{21} & \boldsymbol{A}_{22} & \cdots & \boldsymbol{A}_{2r}\\ \vdots & \vdots & & \vdots\\ \boldsymbol{A}_{s1} & \boldsymbol{A}_{s2} & \cdots & \boldsymbol{A}_{sr}\end{pmatrix},$$

则

$$\boldsymbol{A}^{\mathrm{T}}=\begin{pmatrix}\boldsymbol{A}_{11}^{\mathrm{T}} & \boldsymbol{A}_{21}^{\mathrm{T}} & \cdots & \boldsymbol{A}_{s1}^{\mathrm{T}}\\ \boldsymbol{A}_{12}^{\mathrm{T}} & \boldsymbol{A}_{22}^{\mathrm{T}} & \cdots & \boldsymbol{A}_{s2}^{\mathrm{T}}\\ \vdots & \vdots & & \vdots\\ \boldsymbol{A}_{1r}^{\mathrm{T}} & \boldsymbol{A}_{2r}^{\mathrm{T}} & \cdots & \boldsymbol{A}_{sr}^{\mathrm{T}}\end{pmatrix}.$$

例 2.24 设 $\boldsymbol{A}=\begin{pmatrix}1 & 0 & 0 & 0\\ 2 & 1 & 0 & 0\\ 1 & 0 & 2 & 0\\ 0 & 1 & 0 & 2\end{pmatrix}$，$\boldsymbol{B}=\begin{pmatrix}3 & 1 & 1 & 0\\ 2 & 3 & 0 & 1\\ -1 & 0 & 0 & 0\\ 0 & -1 & 0 & 0\end{pmatrix}$，求 $\boldsymbol{AB}$.

解 把 $\boldsymbol{A},\boldsymbol{B}$ 分块成以下形式：

$$\boldsymbol{A}=\begin{pmatrix}\boldsymbol{A}_1 & \boldsymbol{O}\\ \boldsymbol{I}_2 & 2\boldsymbol{I}_2\end{pmatrix},\quad \boldsymbol{B}=\begin{pmatrix}\boldsymbol{B}_1 & \boldsymbol{I}_2\\ -\boldsymbol{I}_2 & \boldsymbol{O}\end{pmatrix},$$

其中 $\boldsymbol{A}_1=\begin{pmatrix}1 & 0\\ 2 & 1\end{pmatrix}$，$\boldsymbol{B}_1=\begin{pmatrix}3 & 1\\ 2 & 3\end{pmatrix}$. 于是

$$AB=\begin{pmatrix} A_1 & O \\ I_2 & 2I_2 \end{pmatrix}\begin{pmatrix} B_1 & I_2 \\ -I_2 & O \end{pmatrix}=\begin{pmatrix} A_1B_1 & A_1 \\ B_1-2I_2 & I_2 \end{pmatrix},$$

$$A_1B_1=\begin{pmatrix} 1 & 0 \\ 2 & 1 \end{pmatrix}\begin{pmatrix} 3 & 1 \\ 2 & 3 \end{pmatrix}=\begin{pmatrix} 3 & 1 \\ 8 & 5 \end{pmatrix}.$$

从而 $AB=\begin{pmatrix} 3 & 1 & 1 & 0 \\ 8 & 5 & 2 & 1 \\ 1 & 1 & 1 & 0 \\ 2 & 1 & 0 & 1 \end{pmatrix}$.

2.5.3 利用分块矩阵求逆矩阵

1. n 阶方阵的分块对角矩阵

定义 2.17 在 n 阶方阵 A 的分块矩阵中，若除主对角线上有非零小方阵外，其余为零矩阵，即

$$A=\begin{pmatrix} A_1 & O & \cdots & O \\ O & A_2 & \cdots & O \\ \vdots & \vdots & & \vdots \\ O & O & \cdots & A_s \end{pmatrix},$$

则称 A 为**分块对角阵**.

分块对角阵的行列式 $|A|=|A_1||A_2|\cdots|A_s|$，由此得出，如果 $|A_i|\neq 0\ (i=1,2,\cdots,s)$，则 $|A|\neq 0$，从而 A 可逆，且

$$A^{-1}=\begin{pmatrix} A_1{}^{-1} & O & \cdots & O \\ O & A_2{}^{-1} & \cdots & O \\ \vdots & \vdots & & \vdots \\ O & O & \cdots & A_s{}^{-1} \end{pmatrix}.$$

例 2.25 设 $A=\begin{pmatrix} 2 & -1 & 0 & 0 \\ 1 & 0 & 0 & 0 \\ 0 & 0 & 3 & 4 \\ 0 & 0 & 2 & 3 \end{pmatrix}$，求 A^{-1}.

解 把 A 分块为 $A=\begin{pmatrix} A_1 & O \\ O & A_2 \end{pmatrix}$，其中 $A_1=\begin{pmatrix} 2 & -1 \\ 1 & 0 \end{pmatrix}$，$A_2=\begin{pmatrix} 3 & 4 \\ 2 & 3 \end{pmatrix}$. 由公式 $A^{-1}=\dfrac{A^*}{|A|}$，可得 $A_1{}^{-1}=\begin{pmatrix} 0 & 1 \\ -1 & 2 \end{pmatrix}$，$A_2{}^{-1}=\begin{pmatrix} 3 & -4 \\ -2 & 3 \end{pmatrix}$. 故

$$A^{-1}=\begin{pmatrix}0&1&0&0\\-1&2&0&0\\0&0&3&-4\\0&0&-2&3\end{pmatrix}.$$

2. 分块三角矩阵

若 A 可分块为上三角块矩阵：

$$A=(a_{ij})_{n\times n}=\begin{pmatrix}B&D\\O&C\end{pmatrix},$$

其中 B 为 s 阶可逆矩阵，C 为 t 阶可逆矩阵，D 为 $s\times t$ 矩阵，则 A 可逆，且

$$A^{-1}=\begin{pmatrix}B^{-1}&-B^{-1}DC^{-1}\\O&C^{-1}\end{pmatrix}.$$

若 A 可分块为下三角块矩阵：

$$A=(a_{ij})_{n\times n}=\begin{pmatrix}B&O\\D&C\end{pmatrix},$$

其中 B 为 s 阶可逆矩阵，C 为 t 阶可逆矩阵，D 为 $t\times s$ 矩阵，则 A 可逆，且

$$A^{-1}=\begin{pmatrix}B^{-1}&O\\-C^{-1}DB^{-1}&C^{-1}\end{pmatrix}.$$

例 2.26 设 $A=\begin{pmatrix}2&3&-1\\1&1&-2\\0&0&4\end{pmatrix}$，求 A^{-1}.

解 设 $A=\begin{pmatrix}B&D\\O&C\end{pmatrix}$，其中 $B=\begin{pmatrix}2&3\\1&1\end{pmatrix}$，$C=(4)$，$D=\begin{pmatrix}-1\\-2\end{pmatrix}$. 于是

$$B^{-1}=\begin{pmatrix}-1&3\\1&-2\end{pmatrix},\quad C^{-1}=\begin{pmatrix}\frac{1}{4}\end{pmatrix},$$

$$B^{-1}DC^{-1}=\begin{pmatrix}-1&3\\1&-2\end{pmatrix}\begin{pmatrix}-1\\-2\end{pmatrix}\begin{pmatrix}\frac{1}{4}\end{pmatrix}=\begin{pmatrix}-\frac{5}{4}\\\frac{3}{4}\end{pmatrix}.$$

因此，$A^{-1}=\begin{pmatrix}B^{-1}&-B^{-1}DC^{-1}\\O&C^{-1}\end{pmatrix}=\begin{pmatrix}-1&3&\frac{5}{4}\\1&-2&-\frac{3}{4}\\0&0&\frac{1}{4}\end{pmatrix}.$

习 题 2.5

1. 设 $\boldsymbol{A},\boldsymbol{B}$ 都是可逆矩阵，求下列矩阵的逆矩阵：

(1) $\begin{pmatrix} \boldsymbol{O} & \boldsymbol{A} \\ \boldsymbol{B} & \boldsymbol{C} \end{pmatrix}$；　　(2) $\begin{pmatrix} \boldsymbol{C} & \boldsymbol{A} \\ \boldsymbol{B} & \boldsymbol{O} \end{pmatrix}$.

2. 用分块矩阵求下列矩阵的逆矩阵：

(1) $\begin{pmatrix} 1 & 0 & 0 & 0 \\ 1 & 2 & 0 & 0 \\ 2 & 1 & 3 & 0 \\ 1 & 2 & 1 & 4 \end{pmatrix}$；　　(2) $\begin{pmatrix} 1 & 1 & 0 & 0 & 0 \\ -1 & 3 & 0 & 0 & 0 \\ 0 & 0 & -2 & 0 & 0 \\ 0 & 0 & 0 & 1 & 2 \\ 0 & 0 & 0 & 0 & 1 \end{pmatrix}$.

3. 按指定分块的方法，用分块矩阵乘法求下列矩阵的乘积：

(1) $\left(\begin{array}{ccc} 2 & 1 & -1 \\ \hline 3 & 0 & -2 \\ \hline 1 & -1 & 1 \end{array}\right)\left(\begin{array}{c|c|c} 1 & 1 & 0 \\ 0 & 0 & -1 \\ -1 & 2 & 1 \end{array}\right)$；

(2) $\left(\begin{array}{cc|cc} a & 0 & 0 & 0 \\ 0 & a & 0 & 0 \\ \hline 1 & 0 & b & 0 \\ 0 & 1 & 0 & b \end{array}\right)\left(\begin{array}{cc|cc} 1 & 0 & c & 0 \\ 0 & 1 & 0 & c \\ \hline 0 & 0 & d & 0 \\ 0 & 0 & 0 & d \end{array}\right)$.

2.6 矩阵的秩

前面我们曾指出，任给的一个矩阵 $\boldsymbol{A}$ 经过初等变换可化为标准形，即 $\begin{pmatrix} \boldsymbol{I}_r & \boldsymbol{O} \\ \boldsymbol{O} & \boldsymbol{O} \end{pmatrix}$ 形式的矩阵. 实际上数 r 是唯一确定的，它由矩阵 $\boldsymbol{A}$ 本身所决定，这个数实质上就是矩阵的秩，而且由于等价的矩阵具有相同的标准形，故一定都有相同的秩. 矩阵的秩在研究向量组的线性相关性及线性方程组解的结构中具有重要作用. 在本节中，首先利用行列式来定义矩阵的秩，然后给出利用初等变换求矩阵秩的方法.

2.6.1 矩阵的秩

定义 2.18 设 $\boldsymbol{A}$ 为 $m\times n$ 矩阵，在 $\boldsymbol{A}$ 中任取 k 行 k 列($1\leqslant k\leqslant \min\{m,n\}$),

位于这些行和列相交处的 k^2 个元素，按其原来的顺序，构成一个 k 阶行列式，称为 $\boldsymbol{A}$ 的 k **阶子式**.

注 $m\times n$ 矩阵 $\boldsymbol{A}$ 的 k 阶子式共有 $C_m^k C_n^k$ 个.

例如，取矩阵

$$\boldsymbol{A}=\begin{pmatrix}1 & 3 & 4 & 5\\ -1 & 0 & 2 & 3\\ 0 & 1 & -1 & 0\end{pmatrix}$$

的第 1 行和第 2 行，第 3 列和第 4 列所构成的二阶子式为

$$\begin{vmatrix}4 & 5\\ 2 & 3\end{vmatrix}=2.$$

易见 $\boldsymbol{A}$ 共有二阶子式的个数为 $C_3^2C_4^2=18$.

定义 2.19 设在矩阵 $\boldsymbol{A}$ 中有一个不等于零的 r 阶子式 D，且所有 $r+1$ 阶子式(如果存在的话) 全等于零，那么数 r 称为矩阵 $\boldsymbol{A}$ 的**秩**，记为 $\mathrm{r}(\boldsymbol{A})=r$ 或 $\mathrm{R}(\boldsymbol{A})=r$. 规定零矩阵的秩为零，即 $\mathrm{r}(\boldsymbol{O})=0$.

由行列式的性质知，在矩阵 $\boldsymbol{A}$ 中所有 $r+1$ 阶子式全等于零时，所有高于 $r+1$ 阶子式也全等于零. 因此 $\boldsymbol{A}$ 的秩 $\mathrm{r}(\boldsymbol{A})$ 就是 $\boldsymbol{A}$ 的非零子式的最高阶数.

矩阵的秩具有下列性质：

(1) 若矩阵 $\boldsymbol{A}$ 中有某个 s 阶子式不为零，则 $\mathrm{r}(\boldsymbol{A})\geqslant s$；

(2) 若矩阵 $\boldsymbol{A}$ 中所有 t 阶子式全为零，则 $\mathrm{r}(\boldsymbol{A})\leqslant t$；

(3) 若矩阵 $\boldsymbol{A}$ 为 $m\times n$ 矩阵，则 $0\leqslant \mathrm{r}(\boldsymbol{A})\leqslant \min\{m,n\}$；

(4) $\mathrm{r}(\boldsymbol{A})=\mathrm{r}(\boldsymbol{A}^{\mathrm{T}})$；

(5) 当 $k\neq 0$ 时，有 $\mathrm{r}(k\boldsymbol{A})=\mathrm{r}(\boldsymbol{A})$；

(6) $\mathrm{r}(\boldsymbol{A}_{n\times n})=n$ 的充分必要条件是 $\boldsymbol{A}$ 可逆.

当 $\mathrm{r}(\boldsymbol{A})=\min\{m,n\}$ 时，称 $\boldsymbol{A}$ 为**满秩矩阵**，否则称为**降秩矩阵**. 显然，可逆矩阵都是满秩矩阵.

例 2.27 求矩阵 $\boldsymbol{A}$ 和 $\boldsymbol{B}$ 的秩，其中

$$\boldsymbol{A}=\begin{pmatrix}1 & 2 & 3\\ 2 & 3 & -5\\ 4 & 7 & 1\end{pmatrix},\quad \boldsymbol{B}=\begin{pmatrix}2 & -1 & 3 & -2\\ 0 & 3 & -2 & 5\\ 0 & 0 & 4 & -3\\ 0 & 0 & 0 & 0\end{pmatrix}.$$

解 在 $\boldsymbol{A}$ 中容易看出一个二阶子式 $\begin{vmatrix}1 & 3\\ 2 & -5\end{vmatrix}=-11\neq 0$，$\boldsymbol{A}$ 的三阶子式只有一个 $|\boldsymbol{A}|$，经过计算知 $|\boldsymbol{A}|=0$. 因此，$\mathrm{r}(\boldsymbol{A})=2$.

$\boldsymbol{B}$ 是一个行阶梯形矩阵，其中非零行只有 3 行，由此可知 $\boldsymbol{B}$ 的所有 4 阶子

式全为零. 而以三个非零行的主元为对角线的三阶子式

$$\begin{vmatrix} 2 & -1 & 3 \\ 0 & 3 & 1 \\ 0 & 0 & 4 \end{vmatrix} = 24 \neq 0,$$

因此，$r(\boldsymbol{B})=3$.

2.6.2 矩阵秩的求法

从上例中，我们可以看出对于一般的矩阵，当行数和列数较高时，按定义来求秩是很麻烦的. 然而，对于行阶梯形矩阵，它的秩等于非零行的个数，比较容易计算，而任意矩阵都可以经过初等行变换化为行阶梯形矩阵. 因此，自然而然地想到利用初等变换把矩阵化为阶梯形矩阵，但这两个矩阵的秩是否相等呢？ 下面的定理回答了这个问题.

定理 2.8 若矩阵 $\boldsymbol{A}$ 经过有限次初等变换化为矩阵 $\boldsymbol{B}$，则 $r(\boldsymbol{A})=r(\boldsymbol{B})$，即初等变换不改变矩阵的秩.

证明从略.

推论 1 若矩阵 $\boldsymbol{A}$ 和矩阵 $\boldsymbol{B}$ 等价，则 $r(\boldsymbol{A})=r(\boldsymbol{B})$.

推论 2 矩阵的秩等于其行阶梯形矩阵的秩，也等于其标准形的秩；若矩阵 $\boldsymbol{A}$ 的标准形为 $\begin{pmatrix} \boldsymbol{I}_r & \boldsymbol{O} \\ \boldsymbol{O} & \boldsymbol{O} \end{pmatrix}$，则 $r(\boldsymbol{A})=r$.

推论 3 若存在可逆矩阵 $\boldsymbol{P},\boldsymbol{Q}$，使得 $\boldsymbol{PAQ}=\boldsymbol{B}$，则 $r(\boldsymbol{A})=r(\boldsymbol{B})$.

由以上分析可知，当把矩阵经过初等行变换化为行阶梯形矩阵时，行阶梯形矩阵中非零行的行数就等于矩阵的秩.

例 2.28 设

$$\boldsymbol{A}=\begin{pmatrix} 3 & 2 & 0 & 5 & 0 \\ 3 & -2 & 3 & 6 & -1 \\ 2 & 0 & 1 & 5 & -3 \\ 1 & 6 & -4 & -1 & 4 \end{pmatrix},$$

求矩阵 $\boldsymbol{A}$ 的秩.

解 要求矩阵 $\boldsymbol{A}$ 的秩，对 $\boldsymbol{A}$ 作初等行变换化为阶梯形矩阵：

$$A=\begin{pmatrix}3&2&0&5&0\\3&-2&3&6&-1\\2&0&1&5&-3\\1&6&-4&-1&4\end{pmatrix}\to\begin{pmatrix}1&6&-4&-1&4\\3&-2&3&6&-1\\2&0&1&5&-3\\3&2&0&5&0\end{pmatrix}$$

$$\to\begin{pmatrix}1&6&-4&-1&4\\0&-4&3&1&-1\\0&-12&9&7&-11\\0&-16&12&8&-12\end{pmatrix}\to\begin{pmatrix}1&6&-4&-1&4\\0&-4&3&1&-1\\0&0&0&4&-8\\0&0&0&4&-8\end{pmatrix}$$

$$\to\begin{pmatrix}1&6&-4&-1&4\\0&-4&3&1&-1\\0&0&0&4&-8\\0&0&0&0&0\end{pmatrix}.$$

故 $r(\boldsymbol{A})=3$.

例 2.29 设 $\boldsymbol{A}=\begin{pmatrix}1&2&-1&1\\3&2&\lambda&-1\\5&6&3&\mu\end{pmatrix}$，已知 $r(\boldsymbol{A})=2$，求 λ 与 μ 的值.

解 对 $\boldsymbol{A}$ 作初等行变换化为阶梯形矩阵：

$$A=\begin{pmatrix}1&2&-1&1\\3&2&\lambda&-1\\5&6&3&\mu\end{pmatrix}\to\begin{pmatrix}1&2&-1&1\\0&-4&\lambda+3&-4\\0&-4&8&\mu-5\end{pmatrix}$$

$$\to\begin{pmatrix}1&2&-1&1\\0&-4&\lambda+3&-4\\0&0&5-\lambda&\mu-1\end{pmatrix}.$$

因 $r(\boldsymbol{A})=2$，故 $\begin{cases}5-\lambda=0,\\\mu-1=0,\end{cases}$ 解得 $\begin{cases}\lambda=5,\\\mu=1.\end{cases}$

下面再介绍几个常用的矩阵的秩的性质：

(1) $\max\{r(\boldsymbol{A}),r(\boldsymbol{B})\}\leqslant r(\boldsymbol{A},\boldsymbol{B})\leqslant r(\boldsymbol{A})+r(\boldsymbol{B})$；

特别地，当矩阵 $\boldsymbol{B}=\boldsymbol{b}$ 为一个列矩阵时，有

$$r(\boldsymbol{A})\leqslant r(\boldsymbol{A},\boldsymbol{b})\leqslant r(\boldsymbol{A})+1;$$

(2) $r(\boldsymbol{A}+\boldsymbol{B})\leqslant r(\boldsymbol{A})+r(\boldsymbol{B})$；

(3) $r(\boldsymbol{AB})\leqslant\min\{r(\boldsymbol{A}),r(\boldsymbol{B})\}$；

(4) 若 $\boldsymbol{A}_{m\times n}\boldsymbol{B}_{n\times l}=\boldsymbol{O}$，则 $r(\boldsymbol{A})+r(\boldsymbol{B})\leqslant n$.

例 2.30 设 $\boldsymbol{A}$ 为 n 阶矩阵，证明：

$$r(\boldsymbol{A}+\boldsymbol{I})+r(\boldsymbol{A}-\boldsymbol{I})\geqslant n.$$

证 因为$(\boldsymbol{A}+\boldsymbol{I})+(\boldsymbol{I}-\boldsymbol{A})=2\boldsymbol{I}$，所以由矩阵秩的性质知，

$$\mathrm{r}(\boldsymbol{A}+\boldsymbol{I})+\mathrm{r}(\boldsymbol{I}-\boldsymbol{A})\geqslant \mathrm{r}(2\boldsymbol{I})=n.$$

又因为$\mathrm{r}(\boldsymbol{I}-\boldsymbol{A})=\mathrm{r}(\boldsymbol{A}-\boldsymbol{I})$，所以$\mathrm{r}(\boldsymbol{A}+\boldsymbol{I})+\mathrm{r}(\boldsymbol{A}-\boldsymbol{I})\geqslant n$.

例 2.31 设n阶矩阵$\boldsymbol{A}$满足$\boldsymbol{A}^2=\boldsymbol{A}$，证明：

$$\mathrm{r}(\boldsymbol{A})+\mathrm{r}(\boldsymbol{A}-\boldsymbol{I})=n.$$

解 因为$\boldsymbol{A}^2=\boldsymbol{A}$，所以$\boldsymbol{A}(\boldsymbol{A}-\boldsymbol{I})=\boldsymbol{O}$. 从而由上述矩阵秩的性质(4)知，

$$\mathrm{r}(\boldsymbol{A})+\mathrm{r}(\boldsymbol{A}-\boldsymbol{I})\leqslant n.$$

另一方面，

$$\mathrm{r}(\boldsymbol{A})+\mathrm{r}(\boldsymbol{A}-\boldsymbol{I})=\mathrm{r}(\boldsymbol{A})+\mathrm{r}(\boldsymbol{I}-\boldsymbol{A})\geqslant \mathrm{r}(\boldsymbol{A}+(\boldsymbol{I}-\boldsymbol{A}))=\mathrm{r}(\boldsymbol{I})=n,$$

所以$\mathrm{r}(\boldsymbol{A})+\mathrm{r}(\boldsymbol{A}-\boldsymbol{I})=n$.

例 2.32 设$\boldsymbol{A}$为n阶矩阵，证明：

$$\mathrm{r}(\boldsymbol{A}^*)=\begin{cases}n, & \mathrm{r}(\boldsymbol{A})=n;\\ 1, & \mathrm{r}(\boldsymbol{A})=n-1;\\ 0, & \mathrm{r}(\boldsymbol{A})<n-1.\end{cases}$$

解 $\boldsymbol{A}$与其伴随矩阵$\boldsymbol{A}^*$的关系为

$$\boldsymbol{A}\boldsymbol{A}^*=\boldsymbol{A}^*\boldsymbol{A}=|\boldsymbol{A}|\boldsymbol{I}, \quad ①$$

对①式两边取行列式有

$$|\boldsymbol{A}||\boldsymbol{A}^*|=|\boldsymbol{A}|^n. \quad ②$$

(1) 当$\mathrm{r}(\boldsymbol{A})=n$时，$\boldsymbol{A}$可逆，则$|\boldsymbol{A}|\neq 0$，在②式两边同时除以$|\boldsymbol{A}|$，得$|\boldsymbol{A}^*|=|\boldsymbol{A}|^{n-1}\neq 0$，故$\mathrm{r}(\boldsymbol{A}^*)=n$.

(2) 当$\mathrm{r}(\boldsymbol{A})=n-1$时，有$|\boldsymbol{A}|=0$，则①式为$\boldsymbol{A}\boldsymbol{A}^*=\boldsymbol{O}$. 故由上述性质(4)知$\mathrm{r}(\boldsymbol{A})+\mathrm{r}(\boldsymbol{A}^*)\leqslant n$，即$\mathrm{r}(\boldsymbol{A}^*)\leqslant n-(n-1)=1$，从而$\mathrm{r}(\boldsymbol{A}^*)=1$或$\mathrm{r}(\boldsymbol{A}^*)=0$.

另一方面，由于$\mathrm{r}(\boldsymbol{A})=n-1$，根据矩阵秩的定义知，$\boldsymbol{A}$中存在$n-1$阶子式不为零，而$\boldsymbol{A}^*$的每一个元素$a_{ij}$都是$\boldsymbol{A}$的$n-1$阶子式，即$\boldsymbol{A}^*$中有元素$a_{ij}\neq 0$，故$\mathrm{r}(\boldsymbol{A}^*)\neq 0$.

所以，$\mathrm{r}(\boldsymbol{A}^*)=1$.

(3) 当$\mathrm{r}(\boldsymbol{A})<n-1$时，可知$\boldsymbol{A}$中所有$n-1$阶子式都为零，即$\boldsymbol{A}^*$的每一个元素都为零. 于是$\boldsymbol{A}^*$为零矩阵，所以$\mathrm{r}(\boldsymbol{A}^*)=0$.

习 题 2.6

1. 判断题

(1) 设矩阵$\boldsymbol{A}$的秩为r，则$\boldsymbol{A}$中所有$r-1$阶子式必不等于零. (　　)

(2) 在秩为r的矩阵$\boldsymbol{A}$中，有可能存在值为零的r阶子式. (　　)

(3) 从矩阵 $\boldsymbol{A}_{m\times n}(n>1)$ 中划去一列得到矩阵 $\boldsymbol{B}$，则 $\mathrm{r}(\boldsymbol{A})>\mathrm{r}(\boldsymbol{B})$. ( )

(4) 设 $\boldsymbol{A},\boldsymbol{B}$ 均为 $m\times n$ 矩阵，若 $\mathrm{r}(\boldsymbol{A})=\mathrm{r}(\boldsymbol{B})$，则 $\boldsymbol{A}$ 与 $\boldsymbol{B}$ 必有相同的标准形. ( )

2. 计算下列矩阵的秩：

(1) $\begin{pmatrix}3 & 1 & 0 & 2\\ 1 & -1 & 3 & -1\\ 0 & 3 & -4 & -4\end{pmatrix}$； (2) $\begin{pmatrix}2 & 1 & 11 & 2\\ 1 & 0 & 4 & -1\\ 11 & 4 & 56 & 5\\ 2 & -1 & 5 & -6\end{pmatrix}$.

3. 设矩阵

$$\boldsymbol{A}=\begin{pmatrix}1 & a & a & \cdots & a\\ a & 1 & a & \cdots & a\\ a & a & 1 & \cdots & a\\ \vdots & \vdots & \vdots & & \vdots\\ a & a & a & \cdots & 1\end{pmatrix}_{n\times n},$$

其中 a 为参数，求矩阵 $\boldsymbol{A}$ 的秩.

4. 已知矩阵 $\boldsymbol{A}=\begin{pmatrix}1 & 1 & 2 & 2 & 3\\ 2 & 2 & 0 & a & 4\\ 1 & 0 & a & 1 & 5\\ 2 & a & 3 & 5 & 4\end{pmatrix}$，且 $\mathrm{r}(\boldsymbol{A})=3$，求 a 的值.

5. $\boldsymbol{A}$ 是 $m\times n$ 矩阵，且 $m>n$，证明：$|\boldsymbol{A}\boldsymbol{A}^{\mathrm{T}}|=0$.

总习题二

1. 填空题

(1) 已知矩阵 $\boldsymbol{A}=\begin{pmatrix}1 & 1 & -6 & 10\\ 2 & 5 & k & -1\\ 1 & 2 & -1 & k\end{pmatrix}$ 的秩为 2，则 $k=$________.

(2) 当 $\lambda=$________时，矩阵 $\boldsymbol{A}=\begin{pmatrix}3 & 1 & 1 & 4\\ \lambda & 4 & 10 & 1\\ 1 & 7 & 17 & 3\\ 2 & 2 & 4 & 3\end{pmatrix}$ 的秩最小.

(3) 设 $\boldsymbol{\alpha}$ 是三维列向量，若 $\boldsymbol{\alpha}\boldsymbol{\alpha}^{\mathrm{T}}=\begin{pmatrix}1 & -1 & 1\\ -1 & 1 & -1\\ -1 & -1 & 1\end{pmatrix}$，则 $\boldsymbol{\alpha}^{\mathrm{T}}\boldsymbol{\alpha}=$________.

(4) 设 $\boldsymbol{A}$ 为三阶矩阵，且 $|\boldsymbol{A}|=-2$，则 $\left|\left(\frac{1}{12}\boldsymbol{A}\right)^{-1}+(3\boldsymbol{A})^*\right|=$ ________.

2. 选择题

(1) 设矩阵 $\boldsymbol{A}=\begin{pmatrix} a & b & b \\ b & a & b \\ b & b & a \end{pmatrix}$，且 $r(\boldsymbol{A}^*)=1$，则(　　).

(A) $r(\boldsymbol{A})=1$　　(B) $r(\boldsymbol{A})=3$

(C) $a=b$ 或 $a+2b=0$　　(D) $a+2b=0$，其中 $a\neq 0$

(2) 下列矩阵中不是初等矩阵的是(　　).

(A) $\begin{pmatrix} 2 & 0 \\ 0 & 1 \end{pmatrix}$　　(B) $\begin{pmatrix} 1 & 0 \\ -2 & 1 \end{pmatrix}$

(C) $\begin{pmatrix} 0 & 1 & 0 \\ 1 & 0 & 0 \\ 2 & 0 & 1 \end{pmatrix}$　　(D) $\begin{pmatrix} 1 & 0 & 0 \\ 0 & 1 & 0 \\ 0 & 0 & -1 \end{pmatrix}$

(3) 设 $\boldsymbol{A},\boldsymbol{B}$ 均为 n 阶对称矩阵，则下面 4 个结论中不正确的是(　　).

(A) $\boldsymbol{A}+\boldsymbol{B}$ 也是对称矩阵　　(B) $\boldsymbol{AB}$ 也是对称矩阵

(C) $\boldsymbol{A}^m+\boldsymbol{B}^m$ 也是对称矩阵　　(D) $\boldsymbol{BA}^{\mathrm{T}}+\boldsymbol{AB}^{\mathrm{T}}$ 也是对称矩阵

(4) 设 $\boldsymbol{A},\boldsymbol{B}$ 均为 n 阶方矩阵，满足等式 $\boldsymbol{AB}=\boldsymbol{O}$，则必有(　　).

(A) $\boldsymbol{A}=\boldsymbol{O}$ 或 $\boldsymbol{B}=\boldsymbol{O}$　　(B) $\boldsymbol{A}+\boldsymbol{B}=\boldsymbol{O}$

(C) $|\boldsymbol{A}|=0$ 或 $|\boldsymbol{B}|=0$　　(D) $|\boldsymbol{A}|+|\boldsymbol{B}|=0$

(5) 设 $\boldsymbol{A},\boldsymbol{B}$ 均为 n 阶方矩阵，则有(　　).

(A) $|\boldsymbol{A}+\boldsymbol{B}|=|\boldsymbol{A}|+|\boldsymbol{B}|$　　(B) $|\boldsymbol{A}-\boldsymbol{B}|=|\boldsymbol{A}|-|\boldsymbol{B}|$

(C) $|\boldsymbol{AB}|=|\boldsymbol{BA}|$　　(D) $\boldsymbol{AB}=\boldsymbol{BA}$

(6) 设 $\boldsymbol{A},\boldsymbol{B}$ 均为 n 阶方矩阵，则下列选项中正确的是(　　).

(A) 若 $\boldsymbol{A},\boldsymbol{B}$ 都可逆，则 $\boldsymbol{A}^*+\boldsymbol{B}^*$ 一定可逆

(B) 若 $\boldsymbol{A},\boldsymbol{B}$ 都不可逆，则 $\boldsymbol{A}+\boldsymbol{B}$ 一定不可逆

(C) 若 $\boldsymbol{A}$ 可逆，但 $\boldsymbol{B}$ 不可逆，则 $\boldsymbol{A}^*+\boldsymbol{B}^*$ 一定不可逆

(D) 以上三个命题均不正确

3. 设 $\boldsymbol{A}=\begin{pmatrix} 1 & 1 & 1 \\ 1 & 1 & -1 \\ 1 & -1 & 1 \end{pmatrix}$，$\boldsymbol{B}=\begin{pmatrix} 1 & 2 & 3 \\ -1 & -2 & 4 \\ 0 & 5 & 1 \end{pmatrix}$，求 $3\boldsymbol{AB}-2\boldsymbol{B}^{\mathrm{T}}$.

4. 设 $\boldsymbol{A}=\begin{pmatrix} 3 & 4 & 0 & 0 \\ 4 & -3 & 0 & 0 \\ 0 & 0 & 2 & 0 \\ 0 & 0 & 2 & 2 \end{pmatrix}$，求 $\boldsymbol{A}^{-1}$.

5. 举反例说明下列命题是错误的：

(1) 若 $\boldsymbol{A}^2=\boldsymbol{O}$，则 $\boldsymbol{A}=\boldsymbol{O}$；

(2) 若 $\boldsymbol{A}^2=\boldsymbol{A}$，则 $\boldsymbol{A}=\boldsymbol{O}$ 或 $\boldsymbol{A}=\boldsymbol{I}$；

(3) 若 $\boldsymbol{AX}=\boldsymbol{AY}$，且 $\boldsymbol{A}\neq\boldsymbol{O}$，则 $\boldsymbol{X}=\boldsymbol{Y}$.

6. 解矩阵方程：

(1) $\begin{pmatrix}3&2\\4&3\end{pmatrix}\boldsymbol{X}=\begin{pmatrix}1&2\\3&4\end{pmatrix}$；

(2) $\boldsymbol{X}\begin{pmatrix}2&1&-1\\2&1&0\\1&-1&1\end{pmatrix}=\begin{pmatrix}1&-1&3\\4&3&2\end{pmatrix}$；

(3) $\begin{pmatrix}1&2\\1&3\end{pmatrix}\boldsymbol{X}\begin{pmatrix}1&0\\1&1\end{pmatrix}=\begin{pmatrix}3&1\\0&-1\end{pmatrix}$.

7. 设 $\boldsymbol{A}=\begin{pmatrix}1&0&1\\0&2&0\\1&0&1\end{pmatrix}$，且 $\boldsymbol{AB}+\boldsymbol{I}=\boldsymbol{A}^2+\boldsymbol{B}$，求 $\boldsymbol{B}$.

8. 求下列矩阵的逆矩阵：

(1) $\begin{pmatrix}1&1&-1\\2&1&0\\1&-1&0\end{pmatrix}$；　　(2) $\begin{pmatrix}0&2&-1\\1&1&2\\-1&-1&-1\end{pmatrix}$.

9. 设三阶矩阵 $\boldsymbol{A}=\begin{pmatrix}x&1&1\\1&x&1\\1&1&x\end{pmatrix}$，试求矩阵 $\boldsymbol{A}$ 的秩.

10. 设 $\boldsymbol{A}$ 为 5×4 矩阵，$\boldsymbol{A}=\begin{pmatrix}1&2&3&1\\2&-1&k&2\\0&1&1&3\\1&-1&0&4\\2&0&2&5\end{pmatrix}$，且 $\boldsymbol{A}$ 的秩为 3，求 k.

11. 已知 $\boldsymbol{A}$ 是 n 阶矩阵，若 $(\boldsymbol{A}+\boldsymbol{I})^m=\boldsymbol{O}$，证明矩阵 $\boldsymbol{A}$ 可逆.

12. 设方阵 $\boldsymbol{A}$ 满足方程 $\boldsymbol{A}^2-2\boldsymbol{A}+4\boldsymbol{I}=\boldsymbol{O}$，证明 $\boldsymbol{A}+\boldsymbol{I}$，$\boldsymbol{A}-3\boldsymbol{I}$ 都可逆，并求它们的逆矩阵.

13. 证明可逆的对称矩阵的逆矩阵仍是对称矩阵.

第三章 线性方程组

在第一章里，我们已经研究过线性方程组的一种特殊情形，即线性方程组所含方程的个数等于未知量的个数，且方程组的系数行列式不等于零的情形. 求解线性方程组是线性代数主要的任务之一，它在科学技术与经济管理等领域有着相当广泛的应用. 因此有必要从更普遍的角度讨论方程组的一般理论，这就需要引入 n 维向量的概念，定义其线性运算，研究向量的线性相关性，进而给出向量组的秩的概念，讨论矩阵秩与向量组秩的关系，然后建立线性方程组解的结构理论. 本章概念较多，内容较为抽象，需要读者仔细研读，认真领会.

3.1 向量组及其线性组合

二维、三维向量空间是我们在中学里就接触过的内容，二维、三维空间的向量在坐标系确定后，分别可以用两个、三个数组成的有序数组来表示，在很多理论和实际问题中，经常会遇到由多个数组成的有序数组，本节将讨论它们的性质.

3.1.1 n 维向量及其线性运算

定义 3.1 n 个数 $a_1,a_2,\cdots,a_n$ 所组成的有序数组 $(a_1,a_2,\cdots,a_n)$ 或 $(a_1,a_2,\cdots,a_n)^{\mathrm{T}}$ 称为 n **维向量**，简称为**向量**. 这 n 个数称为该向量的 n 个**分量**，a_i 称为第个 i 分量.

n 维向量可以写成一行，也可以写成一列，分别称为**行向量**和**列向量**，即 $\boldsymbol{\alpha}^{\mathrm{T}}=(a_1,a_2,\cdots,a_n)$ 为 n 维行向量，

$$\boldsymbol{\alpha}=\begin{pmatrix}a_1\\a_2\\\vdots\\a_n\end{pmatrix}$$

为 n 维行列向量. 行向量和列向量也就是行矩阵和列矩阵. 分量都是实数的向量称为**实向量**, 分量是复数的向量称为**复向量**. 在本书中没有特别指明的情况下都指实向量.

本书中, 我们用小写黑体字母如 $\boldsymbol{\alpha},\boldsymbol{\beta},\boldsymbol{\gamma},\boldsymbol{a},\boldsymbol{b}$ 等来表示列向量, 用 $\boldsymbol{\alpha}^{\mathrm{T}}$, $\boldsymbol{\beta}^{\mathrm{T}},\boldsymbol{\gamma}^{\mathrm{T}},\boldsymbol{a}^{\mathrm{T}},\boldsymbol{b}^{\mathrm{T}}$ 等来表示行向量, 所讨论的向量在没有特别指明的情况下, 都理解为列向量.

若干个同维数的列向量(或行向量)所组成的集合称为**向量组**.

例如, 一个 $m\times n$ 矩阵

$$\boldsymbol{A}=\begin{pmatrix} a_{11} & a_{12} & \cdots & a_{1n} \\ a_{21} & a_{22} & \cdots & a_{2n} \\ \vdots & & & \vdots \\ a_{m1} & a_{m2} & \cdots & a_{mn} \end{pmatrix}$$

的每一列 $\boldsymbol{\alpha}_j=\begin{pmatrix} a_{1j} \\ a_{2j} \\ \vdots \\ a_{mj} \end{pmatrix}$ $(j=1,2,\cdots,n)$ 组成的向量组 $\boldsymbol{\alpha}_1,\boldsymbol{\alpha}_2,\cdots,\boldsymbol{\alpha}_n$ 称为矩阵 $\boldsymbol{A}$ 的列向量组; 而矩阵 $\boldsymbol{A}$ 的每一行 $\boldsymbol{\beta}_i^{\mathrm{T}}=(a_{i1},a_{i2},\cdots,a_{in})$ $(i=1,2,\cdots,m)$ 组成的向量组 $\boldsymbol{\beta}_1^{\mathrm{T}},\boldsymbol{\beta}_2^{\mathrm{T}},\cdots,\boldsymbol{\beta}_m^{\mathrm{T}}$ 称为矩阵 $\boldsymbol{A}$ 的行向量组.

根据上述讨论, 矩阵 $\boldsymbol{A}$ 可记为

$$\boldsymbol{A}=(\boldsymbol{\alpha}_1,\boldsymbol{\alpha}_2,\cdots,\boldsymbol{\alpha}_n) \text{ 或 } \boldsymbol{A}=\begin{pmatrix} \boldsymbol{\beta}_1^{\mathrm{T}} \\ \boldsymbol{\beta}_2^{\mathrm{T}} \\ \vdots \\ \boldsymbol{\beta}_m^{\mathrm{T}} \end{pmatrix}.$$

这样, 矩阵 $\boldsymbol{A}$ 就与其列向量组或行向量组之间建立了一一对应关系.

定义 3.2 设有两个 n 维向量 $\boldsymbol{\alpha}=(a_1,a_2,\cdots,a_n)^{\mathrm{T}}$ 与 $\boldsymbol{\beta}=(b_1,b_2,\cdots,b_n)^{\mathrm{T}}$, 如果 $\boldsymbol{\alpha}$ 和 $\boldsymbol{\beta}$ 对应的分量都相等, 即

$$a_i=b_i \quad (i=1,2,\cdots,n),$$

就称这两个**向量相等**, 记为 $\boldsymbol{\alpha}=\boldsymbol{\beta}$; 向量 $(a_1+b_1,a_2+b_2,\cdots,a_n+b_n)^{\mathrm{T}}$ 称为 $\boldsymbol{\alpha}$ 与 $\boldsymbol{\beta}$ 的**和**, 记为 $\boldsymbol{\alpha}+\boldsymbol{\beta}$; 称向量 $(ka_1,ka_2,\cdots,ka_n)^{\mathrm{T}}$ 为 $\boldsymbol{\alpha}$ 与 k 的**数量乘积**, 简称为**数乘**, 记为 $k\boldsymbol{\alpha}$; 分量全为零的向量 $(0,0,\cdots,0)^{\mathrm{T}}$ 称为**零向量**, 记为 $\boldsymbol{0}$; $\boldsymbol{\alpha}$ 与 -1 的数乘 $(-1)\boldsymbol{\alpha}=(-a_1,-a_2,\cdots,-a_n)^{\mathrm{T}}$ 称为 $\boldsymbol{\alpha}$ 的**负向量**, 记为 $-\boldsymbol{\alpha}$; 向量的减法定义为

$$\boldsymbol{\alpha}-\boldsymbol{\beta}=\boldsymbol{\alpha}+(-\boldsymbol{\beta})=(a_1-b_1,a_2-b_2,\cdots,a_n-b_n)^{\mathrm{T}}.$$

向量的加法与数乘运算通称为**线性运算**. 它们满足下列运算规律：

(1) $\boldsymbol{\alpha}+\boldsymbol{\beta}=\boldsymbol{\beta}+\boldsymbol{\alpha}$；(交换律)

(2) $(\boldsymbol{\alpha}+\boldsymbol{\beta})+\boldsymbol{\gamma}=\boldsymbol{\alpha}+(\boldsymbol{\beta}+\boldsymbol{\gamma})$；(结合律)

(3) $\boldsymbol{\alpha}+\boldsymbol{0}=\boldsymbol{\alpha}$；

(4) $\boldsymbol{\alpha}+(-\boldsymbol{\alpha})=\boldsymbol{0}$；

(5) $k(\boldsymbol{\alpha}+\boldsymbol{\beta})=k\boldsymbol{\alpha}+k\boldsymbol{\beta}$；

(6) $(k+l)\boldsymbol{\alpha}=k\boldsymbol{\alpha}+l\boldsymbol{\alpha}$；

(7) $k(l\boldsymbol{\alpha})=(kl)\boldsymbol{\alpha}$；

(8) $1\cdot\boldsymbol{\alpha}=\boldsymbol{\alpha}$.

例 3.1 设 $\boldsymbol{\alpha}=(2,0,-1,3)^{\mathrm{T}}$，$\boldsymbol{\beta}=(1,7,4,-2)^{\mathrm{T}}$，$\boldsymbol{\gamma}=(0,1,0,1)^{\mathrm{T}}$.

(1) 求 $2\boldsymbol{\alpha}+\boldsymbol{\beta}-3\boldsymbol{\gamma}$.

(2) 若有 $\boldsymbol{x}$，满足 $3\boldsymbol{\alpha}-\boldsymbol{\beta}+5\boldsymbol{\gamma}+2\boldsymbol{x}=\boldsymbol{0}$，求 $\boldsymbol{x}$.

解 (1)
$$2\boldsymbol{\alpha}+\boldsymbol{\beta}-3\boldsymbol{\gamma}=2(2,0,-1,3)^{\mathrm{T}}+(1,7,4,-2)^{\mathrm{T}}-3(0,1,0,1)^{\mathrm{T}}=(5,4,2,1)^{\mathrm{T}}.$$

(2) 由 $3\boldsymbol{\alpha}-\boldsymbol{\beta}+5\boldsymbol{\gamma}+2\boldsymbol{x}=\boldsymbol{0}$，得

$$\begin{aligned}\boldsymbol{x}&=-\frac{1}{2}(3\boldsymbol{\alpha}-\boldsymbol{\beta}+5\boldsymbol{\gamma})\\&=\frac{1}{2}(-3(2,0,-1,3)^{\mathrm{T}}+(1,7,4,-2)^{\mathrm{T}}-5(0,1,0,1)^{\mathrm{T}})\\&=\left(-\frac{5}{2},1,\frac{7}{2},-8\right)^{\mathrm{T}}.\end{aligned}$$

3.1.2 向量组的线性组合

我们考查线性方程组

$$\begin{cases}a_{11}x_1+a_{12}x_2+\cdots+a_{1n}x_n=b_1,\\a_{21}x_1+a_{22}x_2+\cdots+a_{2n}x_n=b_2,\\\cdots\cdots\cdots\cdots\cdots\cdots\cdots\cdots\cdots\cdots\\a_{m1}x_1+a_{m2}x_2+\cdots+a_{mn}x_n=b_m.\end{cases}\tag{3.1}$$

令

$$\boldsymbol{\alpha}_j=\begin{pmatrix}a_{1j}\\a_{2j}\\\vdots\\a_{mj}\end{pmatrix}\quad(j=1,2,\cdots,n),\quad\boldsymbol{\beta}=\begin{pmatrix}b_1\\b_2\\\vdots\\b_m\end{pmatrix},\tag{3.2}$$

则线性方程组(3.1)可表示为如下向量形式：

$$x_1\boldsymbol{\alpha}_1+x_2\boldsymbol{\alpha}_2+\cdots+x_n\boldsymbol{\alpha}_n=\boldsymbol{\beta}. \tag{3.3}$$

于是，线性方程组是否有解，就相当于是否存在一组数 $k_1,k_2,\cdots,k_n$ 使得下列关系式成立：

$$\boldsymbol{\beta}=k_1\boldsymbol{\alpha}_1+k_2\boldsymbol{\alpha}_2+\cdots+k_n\boldsymbol{\alpha}_n.$$

定义 3.3 给定向量组（Ⅰ）$\boldsymbol{\alpha}_1,\boldsymbol{\alpha}_2,\cdots,\boldsymbol{\alpha}_s$，对于任何一组实数 $k_1,k_2,\cdots,k_s$，表达式 $k_1\boldsymbol{\alpha}_1+k_2\boldsymbol{\alpha}_2+\cdots+k_s\boldsymbol{\alpha}_s$ 称为向量组（Ⅰ）的一个**线性组合**，$k_1,k_2,\cdots,k_s$ 称为这个线性组合的**系数**.

定义 3.4 给定向量组（Ⅰ）$\boldsymbol{\alpha}_1,\boldsymbol{\alpha}_2,\cdots,\boldsymbol{\alpha}_s$ 和向量 $\boldsymbol{\beta}$. 若存在一组数 $k_1,k_2,\cdots,k_s$，使

$$\boldsymbol{\beta}=k_1\boldsymbol{\alpha}_1+k_2\boldsymbol{\alpha}_2+\cdots+k_s\boldsymbol{\alpha}_s,$$

则称向量 $\boldsymbol{\beta}$ 是向量组（Ⅰ）的**线性组合**，又称 $\boldsymbol{\beta}$ 可由向量组（Ⅰ）线性表示（或线性表出）.

从线性方程组(3.1)的向量形式(3.3)可知，向量 $\boldsymbol{\beta}$ 能否由向量组 $\boldsymbol{\alpha}_1,\boldsymbol{\alpha}_2,\cdots,\boldsymbol{\alpha}_s$ 线性表示，就等价于线性方程组 $x_1\boldsymbol{\alpha}_1+x_2\boldsymbol{\alpha}_2+\cdots+x_s\boldsymbol{\alpha}_s=\boldsymbol{\beta}$ 是否有解的问题.

定理 3.1 设有向量组

$$\boldsymbol{\beta}=\begin{pmatrix}b_1\\b_2\\\vdots\\b_m\end{pmatrix},\quad \boldsymbol{\alpha}_j=\begin{pmatrix}a_{1j}\\a_{2j}\\\vdots\\a_{mj}\end{pmatrix}\quad(j=1,2,\cdots,s),$$

则向量 $\boldsymbol{\beta}$ 能由向量组 $\boldsymbol{\alpha}_1,\boldsymbol{\alpha}_2,\cdots,\boldsymbol{\alpha}_s$ 线性表示的充分必要条件是：矩阵 $\boldsymbol{A}=(\boldsymbol{\alpha}_1,\boldsymbol{\alpha}_2,\cdots,\boldsymbol{\alpha}_s)$ 与矩阵 $\overline{\boldsymbol{A}}=(\boldsymbol{\alpha}_1,\boldsymbol{\alpha}_2,\cdots,\boldsymbol{\alpha}_s,\boldsymbol{\beta})$ 的秩相等.

证明从略.

例 3.2 证明：任何一个 n 维向量 $\boldsymbol{\alpha}=(a_1,a_2,\cdots,a_n)^{\mathrm{T}}$ 都是 n 维单位向量

$$\boldsymbol{\varepsilon}_1=(1,0,\cdots,0)^{\mathrm{T}},\ \boldsymbol{\varepsilon}_2=(0,1,\cdots,0)^{\mathrm{T}},\ \cdots,\ \boldsymbol{\varepsilon}_n=(0,0,\cdots,1)^{\mathrm{T}}$$

的线性组合.

证 这是因为 $\boldsymbol{\alpha}=a_1\boldsymbol{\varepsilon}_1+a_2\boldsymbol{\varepsilon}_2+\cdots+a_n\boldsymbol{\varepsilon}_n$.

例 3.3 证明：零向量是任一向量组 $\boldsymbol{\alpha}_1,\boldsymbol{\alpha}_2,\cdots,\boldsymbol{\alpha}_s$ 的线性组合.

证 这是因为 $\boldsymbol{0}=0\boldsymbol{\alpha}_1+0\boldsymbol{\alpha}_2+\cdots+0\boldsymbol{\alpha}_s$.

例 3.4 证明：向量组 $\boldsymbol{\alpha}_1,\boldsymbol{\alpha}_2,\cdots,\boldsymbol{\alpha}_s$ 中任一向量 $\boldsymbol{\alpha}_j\,(1\leqslant j\leqslant s)$ 都是该向量组的线性组合.

证 这是因为 $\boldsymbol{\alpha}_j=0\boldsymbol{\alpha}_1+0\boldsymbol{\alpha}_2+\cdots+1\boldsymbol{\alpha}_j+\cdots+0\boldsymbol{\alpha}_s$.

例 3.5 判断向量 $\boldsymbol{\beta}_1=(4,3,-1,11)^{\mathrm{T}}$ 与 $\boldsymbol{\beta}_2=(4,3,0,11)^{\mathrm{T}}$ 是否都为向量组 $\boldsymbol{\alpha}_1=(1,2,-1,5)^{\mathrm{T}}$，$\boldsymbol{\alpha}_2=(2,-1,1,1)^{\mathrm{T}}$ 的线性组合.

解 对矩阵 $\boldsymbol{A}=(\boldsymbol{\alpha}_1,\boldsymbol{\alpha}_2,\boldsymbol{\beta}_1)$ 施以初等行变换：

$$\boldsymbol{A}=(\boldsymbol{\alpha}_1,\boldsymbol{\alpha}_2,\boldsymbol{\beta}_1)=\begin{pmatrix}1&2&4\\2&-1&3\\-1&1&-1\\5&1&11\end{pmatrix}\to\begin{pmatrix}1&2&4\\0&-5&-5\\0&3&3\\0&-9&-9\end{pmatrix}$$

$$\to\begin{pmatrix}1&2&4\\0&-5&-5\\0&0&0\\0&0&0\end{pmatrix}.$$

易见，$\mathrm{r}(\boldsymbol{\alpha}_1,\boldsymbol{\alpha}_2,\boldsymbol{\beta}_1)=\mathrm{r}(\boldsymbol{\alpha}_1,\boldsymbol{\alpha}_2)=2$，故由定理 3.1 知，$\boldsymbol{\beta}_1$ 可由 $\boldsymbol{\alpha}_1,\boldsymbol{\alpha}_2$ 线性表出.

类似地，对矩阵 $\boldsymbol{B}=(\boldsymbol{\alpha}_1,\boldsymbol{\alpha}_2,\boldsymbol{\beta}_2)$ 施以初等行变换：

$$\boldsymbol{B}=(\boldsymbol{\alpha}_1,\boldsymbol{\alpha}_2,\boldsymbol{\beta}_2)=\begin{pmatrix}1&2&4\\2&-1&3\\-1&1&0\\5&1&11\end{pmatrix}\to\begin{pmatrix}1&2&4\\0&-5&-5\\0&3&4\\0&-9&-9\end{pmatrix}$$

$$\to\begin{pmatrix}1&2&4\\0&1&1\\0&0&1\\0&0&0\end{pmatrix}.$$

易见 $\mathrm{r}(\boldsymbol{\alpha}_1,\boldsymbol{\alpha}_2,\boldsymbol{\beta}_2)=3$，而 $\mathrm{r}(\boldsymbol{\alpha}_1,\boldsymbol{\alpha}_2)=2$，因此 $\boldsymbol{\beta}_2$ 不能由 $\boldsymbol{\alpha}_1,\boldsymbol{\alpha}_2$ 线性表出.

习 题 3.1

1. 设 $\boldsymbol{\alpha}_1=(1,1,0)^{\mathrm{T}}$，$\boldsymbol{\alpha}_2=(0,1,1)^{\mathrm{T}}$，$\boldsymbol{\alpha}_3=(3,4,0)^{\mathrm{T}}$，求 $\boldsymbol{\alpha}_1-\boldsymbol{\alpha}_2$ 及 $3\boldsymbol{\alpha}_1+2\boldsymbol{\alpha}_2-\boldsymbol{\alpha}_3$.

2. 判断 $\boldsymbol{\beta}$ 是否可以由其他向量线性表示：

(1) $\boldsymbol{\beta}=(3,5,-6)$，$\boldsymbol{\alpha}_1=(1,0,1)$，$\boldsymbol{\alpha}_2=(1,1,1)$，$\boldsymbol{\alpha}_3=(0,-1,-1)$；

(2) $\boldsymbol{\beta}=(2,-1,5,1)$，$\boldsymbol{\alpha}_1=(1,0,0,0)$，$\boldsymbol{\alpha}_2=(1,1,0,0)$，$\boldsymbol{\alpha}_3=(1,1,1,0)$，$\boldsymbol{\alpha}_4=(1,1,1,1)$.

3. 设有向量

$$\boldsymbol{\alpha}_1=\begin{pmatrix}1\\4\\0\\2\end{pmatrix},\quad\boldsymbol{\alpha}_2=\begin{pmatrix}2\\7\\1\\3\end{pmatrix},\quad\boldsymbol{\alpha}_3=\begin{pmatrix}0\\1\\-1\\a\end{pmatrix},\quad\boldsymbol{\beta}=\begin{pmatrix}3\\10\\b\\4\end{pmatrix},$$

试求当 a,b 为何值时，

(1) $\boldsymbol{\beta}$ 不能由 $\boldsymbol{\alpha}_1,\boldsymbol{\alpha}_2,\boldsymbol{\alpha}_3$ 线性表出；

(2) $\boldsymbol{\beta}$ 能由 $\boldsymbol{\alpha}_1,\boldsymbol{\alpha}_2,\boldsymbol{\alpha}_3$ 线性表出且表示方法唯一；

(3) $\boldsymbol{\beta}$ 能由 $\boldsymbol{\alpha}_1,\boldsymbol{\alpha}_2,\boldsymbol{\alpha}_3$ 线性表出且表示方法不唯一.

3.2 向量组的线性相关性

向量组的线性相关性是向量在线性运算下的一种性质. 它不仅有重要的理论价值，而且对于讨论线性方程组解的存在性及解的结构也有十分重要的作用.

定义 3.5 给定向量组(Ⅰ) $\boldsymbol{\alpha}_1,\boldsymbol{\alpha}_2,\cdots,\boldsymbol{\alpha}_s$，如果存在一组不全为零的数 $k_1,k_2,\cdots,k_s$ 使

$$k_1\boldsymbol{\alpha}_1+k_2\boldsymbol{\alpha}_2+\cdots+k_s\boldsymbol{\alpha}_s=\mathbf{0},$$

则称向量组(Ⅰ)**线性相关**；否则称为**线性无关**，即当且仅当 $k_1=k_2=\cdots=k_s=0$ 时，上式成立.

注 (ⅰ) 向量组只含有一个向量 $\boldsymbol{\alpha}$ 时，$\boldsymbol{\alpha}$ 线性无关的充分必要条件是 $\boldsymbol{\alpha}\neq\mathbf{0}$，因此单个零向量是线性相关的.

(ⅱ) 包含零向量的任何向量组都是线性相关的. 事实上，对于向量组 $\boldsymbol{\alpha}_1,\boldsymbol{\alpha}_2,\cdots,\mathbf{0},\cdots,\boldsymbol{\alpha}_s$，恒有 $0\boldsymbol{\alpha}_1+0\boldsymbol{\alpha}_2+\cdots+1\cdot\mathbf{0}+\cdots+0\boldsymbol{\alpha}_s=\mathbf{0}$.

(ⅲ) 仅含有两个向量的向量组线性相关的充分必要条件是这两个向量的分量对应成比例.

例 3.6 证明：线性相关的向量组增加向量的个数后得到的向量组仍然是线性相关的. 相应地，线性无关的向量组减少向量的个数后得到的向量组仍然是线性无关的.

证 设 $\boldsymbol{\alpha}_1,\boldsymbol{\alpha}_2,\cdots,\boldsymbol{\alpha}_s$ 线性相关，即存在不全为零的数 $k_1,k_2,\cdots,k_s$，使 $k_1\boldsymbol{\alpha}_1+k_2\boldsymbol{\alpha}_2+\cdots+k_s\boldsymbol{\alpha}_s=\mathbf{0}$ 成立. 现增加一个向量 $\boldsymbol{\alpha}_{s+1}$，则有

$$k_1\boldsymbol{\alpha}_1+k_2\boldsymbol{\alpha}_2+\cdots+k_s\boldsymbol{\alpha}_s+0\cdot\boldsymbol{\alpha}_{s+1}=\mathbf{0},$$

而系数 $k_1,k_2,\cdots,k_s,0$ 仍然不全为零，故向量组 $\boldsymbol{\alpha}_1,\boldsymbol{\alpha}_2,\cdots,\boldsymbol{\alpha}_s,\boldsymbol{\alpha}_{s+1}$ 仍然线性相关.

设 $\boldsymbol{\alpha}_1,\boldsymbol{\alpha}_2,\cdots,\boldsymbol{\alpha}_{t-1},\boldsymbol{\alpha}_t$ 线性无关. 假设 $\boldsymbol{\alpha}_1,\boldsymbol{\alpha}_2,\cdots,\boldsymbol{\alpha}_{t-1}$ 线性相关，则由以上结论知 $\boldsymbol{\alpha}_1,\boldsymbol{\alpha}_2,\cdots,\boldsymbol{\alpha}_{t-1},\boldsymbol{\alpha}_t$ 线性相关，与已知矛盾，故 $\boldsymbol{\alpha}_1,\boldsymbol{\alpha}_2,\cdots,\boldsymbol{\alpha}_{t-1}$ 仍然线性无关.

注 (ⅰ) 线性相关的向量组减少向量的个数后可能线性相关，也可能线性无关.

例如，$\boldsymbol{\alpha}_1=\begin{pmatrix}1\\0\\0\end{pmatrix}$，$\boldsymbol{\alpha}_2=\begin{pmatrix}0\\1\\0\end{pmatrix}$，$\boldsymbol{\alpha}_3=\begin{pmatrix}0\\0\\0\end{pmatrix}$，易知$0\boldsymbol{\alpha}_1+0\boldsymbol{\alpha}_2+1\boldsymbol{\alpha}_3=\boldsymbol{0}$，故$\boldsymbol{\alpha}_1$，$\boldsymbol{\alpha}_2$，$\boldsymbol{\alpha}_3$线性相关，但$\boldsymbol{\alpha}_1$，$\boldsymbol{\alpha}_2$线性无关，而$\boldsymbol{\alpha}_2$，$\boldsymbol{\alpha}_3$线性相关.

（ⅱ）线性无关的向量组增加向量的个数之后可能线性相关，也可能线性无关.

例如，$\boldsymbol{\beta}_1=\begin{pmatrix}1\\0\\0\end{pmatrix}$，$\boldsymbol{\beta}_2=\begin{pmatrix}0\\1\\0\end{pmatrix}$，易知$\boldsymbol{\beta}_1$，$\boldsymbol{\beta}_2$线性无关，现增加$\boldsymbol{\beta}_3=\begin{pmatrix}1\\1\\1\end{pmatrix}$，由定义知$\boldsymbol{\beta}_1$，$\boldsymbol{\beta}_2$，$\boldsymbol{\beta}_3$仍线性无关；若增加$\boldsymbol{\beta}_4=\begin{pmatrix}2\\0\\0\end{pmatrix}$，则$2\boldsymbol{\beta}_1+0\boldsymbol{\beta}_2-\boldsymbol{\beta}_4=\boldsymbol{0}$，故$\boldsymbol{\beta}_1$，$\boldsymbol{\beta}_2$，$\boldsymbol{\beta}_4$线性相关.

利用定义判断向量组的线性相关性往往比较复杂. 我们有时可以利用向量组的特点来判断它们的相关性. 通常称一个向量组中的一部分向量构成的向量组为原来向量组的**部分组**.

定理 3.2　如果向量组有一个部分组线性相关，则此向量组也线性相关.

证　设向量组$\boldsymbol{\alpha}_1,\boldsymbol{\alpha}_2,\cdots,\boldsymbol{\alpha}_s$中有一个部分组线性相关，不妨设这个部分组为$\boldsymbol{\alpha}_1,\boldsymbol{\alpha}_2,\cdots,\boldsymbol{\alpha}_r$，则有一组不全为零的实数$k_1,k_2,\cdots,k_r$使

$$k_1\boldsymbol{\alpha}_1+k_2\boldsymbol{\alpha}_2+\cdots+k_r\boldsymbol{\alpha}_r=\boldsymbol{0},$$

从而

$$k_1\boldsymbol{\alpha}_1+k_2\boldsymbol{\alpha}_2+\cdots+k_r\boldsymbol{\alpha}_r+0\boldsymbol{\alpha}_{r+1}+\cdots+0\boldsymbol{\alpha}_s=\boldsymbol{0}.$$

因此，$\boldsymbol{\alpha}_1,\boldsymbol{\alpha}_2,\cdots,\boldsymbol{\alpha}_s$也线性相关. □

推论　如果向量组线性无关，则其任意部分组线性无关.

定理 3.3　(1) 向量组$\boldsymbol{\alpha}_1,\boldsymbol{\alpha}_2,\cdots,\boldsymbol{\alpha}_s$线性相关的充分必要条件是由$\boldsymbol{\alpha}_1,\boldsymbol{\alpha}_2,\cdots,\boldsymbol{\alpha}_s$构成的矩阵$\boldsymbol{A}=(\boldsymbol{\alpha}_1,\boldsymbol{\alpha}_2,\cdots,\boldsymbol{\alpha}_s)$的秩$\mathrm{r}(\boldsymbol{A})<s$.

(2) 向量组$\boldsymbol{\alpha}_1,\boldsymbol{\alpha}_2,\cdots,\boldsymbol{\alpha}_s$线性无关的充分必要条件是由$\boldsymbol{\alpha}_1,\boldsymbol{\alpha}_2,\cdots,\boldsymbol{\alpha}_s$构成的矩阵$\boldsymbol{A}=(\boldsymbol{\alpha}_1,\boldsymbol{\alpha}_2,\cdots,\boldsymbol{\alpha}_s)$的秩$\mathrm{r}(\boldsymbol{A})=s$.

证明从略.

推论 1　n个n维向量$\boldsymbol{\alpha}_1,\boldsymbol{\alpha}_2,\cdots,\boldsymbol{\alpha}_n$线性无关（线性相关）的充分必要条件是矩阵$\boldsymbol{A}=(\boldsymbol{\alpha}_1,\boldsymbol{\alpha}_2,\cdots,\boldsymbol{\alpha}_n)$是可逆（不可逆）矩阵，即$|\boldsymbol{A}|\neq0$（$|\boldsymbol{A}|=0$）.

推论 2 当向量组中所含向量的个数大于向量的维数时，此向量组必定线性相关.

例 3.7 已知 $\boldsymbol{\alpha}_1=\begin{pmatrix}1\\1\\1\end{pmatrix}$，$\boldsymbol{\alpha}_2=\begin{pmatrix}0\\2\\5\end{pmatrix}$，$\boldsymbol{\alpha}_3=\begin{pmatrix}2\\4\\7\end{pmatrix}$，试讨论向量组 $\boldsymbol{\alpha}_1,\boldsymbol{\alpha}_2,\boldsymbol{\alpha}_3$ 的线性相关性.

解 对矩阵 $\boldsymbol{A}=(\boldsymbol{\alpha}_1,\boldsymbol{\alpha}_2,\boldsymbol{\alpha}_3)$ 施以初等行变换变成行阶梯形矩阵：

$$\boldsymbol{A}=(\boldsymbol{\alpha}_1,\boldsymbol{\alpha}_2,\boldsymbol{\alpha}_3)=\begin{pmatrix}1&0&2\\1&2&4\\1&5&7\end{pmatrix}\to\begin{pmatrix}1&0&2\\0&2&2\\0&5&5\end{pmatrix}\to\begin{pmatrix}1&0&2\\0&2&2\\0&0&0\end{pmatrix}.$$

从而，$\mathrm{r}(\boldsymbol{A})=2<3$，由定理 3.3 知，$\boldsymbol{\alpha}_1,\boldsymbol{\alpha}_2,\boldsymbol{\alpha}_3$ 线性相关.

例 3.8 已知向量组 $\boldsymbol{\alpha}_1,\boldsymbol{\alpha}_2,\boldsymbol{\alpha}_3$ 线性无关，$\boldsymbol{\beta}_1=\boldsymbol{\alpha}_1+\boldsymbol{\alpha}_2$，$\boldsymbol{\beta}_2=\boldsymbol{\alpha}_2+\boldsymbol{\alpha}_3$，$\boldsymbol{\beta}_3=\boldsymbol{\alpha}_3+\boldsymbol{\alpha}_1$，试证向量组 $\boldsymbol{\beta}_1,\boldsymbol{\beta}_2,\boldsymbol{\beta}_3$ 线性无关.

解 方法 1 设 $k_1\boldsymbol{\beta}_1+k_2\boldsymbol{\beta}_2+k_3\boldsymbol{\beta}_3=\boldsymbol{0}$，则 $k_1(\boldsymbol{\alpha}_1+\boldsymbol{\alpha}_2)+k_2(\boldsymbol{\alpha}_2+\boldsymbol{\alpha}_3)+k_3(\boldsymbol{\alpha}_3+\boldsymbol{\alpha}_1)=\boldsymbol{0}$，即

$$(k_1+k_3)\boldsymbol{\alpha}_1+(k_1+k_2)\boldsymbol{\alpha}_2+(k_2+k_3)\boldsymbol{\alpha}_3=\boldsymbol{0}.$$

又由于 $\boldsymbol{\alpha}_1,\boldsymbol{\alpha}_2,\boldsymbol{\alpha}_3$ 线性无关，所以

$$\begin{cases}k_1+k_3=0,\\k_1+k_2=0,\\k_2+k_3=0.\end{cases}$$

解得 $k_1=k_2=k_3=0$. 故 $\boldsymbol{\beta}_1,\boldsymbol{\beta}_2,\boldsymbol{\beta}_3$ 线性无关.

方法 2 把已知条件合写成

$$(\boldsymbol{\beta}_1,\boldsymbol{\beta}_2,\boldsymbol{\beta}_3)=(\boldsymbol{\alpha}_1,\boldsymbol{\alpha}_2,\boldsymbol{\alpha}_3)\begin{pmatrix}1&0&1\\1&1&0\\0&1&1\end{pmatrix}.$$

记

$$\boldsymbol{B}=(\boldsymbol{\beta}_1,\boldsymbol{\beta}_2,\boldsymbol{\beta}_3),\quad \boldsymbol{A}=(\boldsymbol{\alpha}_1,\boldsymbol{\alpha}_2,\boldsymbol{\alpha}_3),\quad \boldsymbol{K}=\begin{pmatrix}1&0&1\\1&1&0\\0&1&1\end{pmatrix},$$

则 $\boldsymbol{B}=\boldsymbol{AK}$. 因为 $|\boldsymbol{K}|=2\neq 0$，知 $\boldsymbol{K}$ 可逆，故 $\mathrm{r}(\boldsymbol{B})=\mathrm{r}(\boldsymbol{A})=3$. 从而由定理 3.3 (2) 知，$\boldsymbol{\beta}_1,\boldsymbol{\beta}_2,\boldsymbol{\beta}_3$ 线性无关.

注 读者还可以利用解齐次方程组的结论来给出证明，这几种方法需要读者好好掌握.

定理3.4　向量组 $\boldsymbol{\alpha}_1,\boldsymbol{\alpha}_2,\cdots,\boldsymbol{\alpha}_s(s\geqslant 2)$ 线性相关的充分必要条件是向量组中至少有一个向量可由其余 $s-1$ 个向量线性表示.

证　必要性　设向量组 $\boldsymbol{\alpha}_1,\boldsymbol{\alpha}_2,\cdots,\boldsymbol{\alpha}_s$ 线性相关，则存在 s 个不全为零的数 $k_1,k_2,\cdots,k_s$，使得 $k_1\boldsymbol{\alpha}_1+k_2\boldsymbol{\alpha}_2+\cdots+k_s\boldsymbol{\alpha}_s=\mathbf{0}$ 成立. 不妨设 $k_1\neq 0$，于是

$$\boldsymbol{\alpha}_1=-\frac{1}{k_1}(k_2\boldsymbol{\alpha}_2+\cdots+k_s\boldsymbol{\alpha}_s),$$

即 $\boldsymbol{\alpha}_1$ 可由其余 $s-1$ 个向量线性表示.

充分性　向量组 $\boldsymbol{\alpha}_1,\boldsymbol{\alpha}_2,\cdots,\boldsymbol{\alpha}_s$ 中至少有一个向量可由其余 $s-1$ 个向量线性表示. 不妨设 $\boldsymbol{\alpha}_1$ 可由其余 $s-1$ 个向量线性表示，$\boldsymbol{\alpha}_1=k_2\boldsymbol{\alpha}_2+\cdots+k_s\boldsymbol{\alpha}_s$，则

$$(-1)\boldsymbol{\alpha}_1+k_2\boldsymbol{\alpha}_2+\cdots+k_s\boldsymbol{\alpha}_s=\mathbf{0}.$$

故向量组 $\boldsymbol{\alpha}_1,\boldsymbol{\alpha}_2,\cdots,\boldsymbol{\alpha}_s$ 线性相关. □

注　线性相关的向量组中至少有一个向量可由其余向量线性表示，但并不是每一个向量可由其余向量线性表示.

例如，设 $\boldsymbol{\alpha}_1=\begin{pmatrix}1\\0\\0\end{pmatrix}$，$\boldsymbol{\alpha}_2=\begin{pmatrix}0\\1\\0\end{pmatrix}$，$\boldsymbol{\alpha}_3=\begin{pmatrix}0\\0\\0\end{pmatrix}$，易知 $0\boldsymbol{\alpha}_1+0\boldsymbol{\alpha}_2+1\boldsymbol{\alpha}_3=\mathbf{0}$，故 $\boldsymbol{\alpha}_1,\boldsymbol{\alpha}_2,\boldsymbol{\alpha}_3$ 线性相关，但 $\boldsymbol{\alpha}_1$ 却不能由 $\boldsymbol{\alpha}_2,\boldsymbol{\alpha}_3$ 线性表示.

定理3.5　设向量组 $\boldsymbol{\alpha}_1,\boldsymbol{\alpha}_2,\cdots,\boldsymbol{\alpha}_s$ 线性无关，而向量组 $\boldsymbol{\alpha}_1,\boldsymbol{\alpha}_2,\cdots,\boldsymbol{\alpha}_s,\boldsymbol{\beta}$ 线性相关，则 $\boldsymbol{\beta}$ 能由向量组 $\boldsymbol{\alpha}_1,\boldsymbol{\alpha}_2,\cdots,\boldsymbol{\alpha}_s$ 线性表示，且表示法唯一.

证　由于向量组 $\boldsymbol{\alpha}_1,\boldsymbol{\alpha}_2,\cdots,\boldsymbol{\alpha}_s,\boldsymbol{\beta}$ 线性相关，则存在一组不全为零的实数 $k_1,k_2,\cdots,k_s,k$ 使 $k_1\boldsymbol{\alpha}_1+k_2\boldsymbol{\alpha}_2+\cdots+k_s\boldsymbol{\alpha}_s+k\boldsymbol{\beta}=\mathbf{0}$. 由 $\boldsymbol{\alpha}_1,\boldsymbol{\alpha}_2,\cdots,\boldsymbol{\alpha}_s$ 线性无关可知，$k\neq 0$. 因此

$$\boldsymbol{\beta}=-\frac{1}{k}(k_1\boldsymbol{\alpha}_1+k_2\boldsymbol{\alpha}_2+\cdots+k_s\boldsymbol{\alpha}_s),$$

即 $\boldsymbol{\beta}$ 可由 $\boldsymbol{\alpha}_1,\boldsymbol{\alpha}_2,\cdots,\boldsymbol{\alpha}_s$ 线性表示.

下证表示法唯一. 不妨设 $\boldsymbol{\beta}=l_1\boldsymbol{\alpha}_1+l_2\boldsymbol{\alpha}_2+\cdots+l_s\boldsymbol{\alpha}_s$，且 $\boldsymbol{\beta}=t_1\boldsymbol{\alpha}_1+t_2\boldsymbol{\alpha}_2+\cdots+t_s\boldsymbol{\alpha}_s$. 由于

$$\mathbf{0}=\boldsymbol{\beta}-\boldsymbol{\beta}=(l_1-t_1)\boldsymbol{\alpha}_1+(l_2-t_2)\boldsymbol{\alpha}_2+\cdots+(l_s-t_s)\boldsymbol{\alpha}_s,$$

且 $\boldsymbol{\alpha}_1,\boldsymbol{\alpha}_2,\cdots,\boldsymbol{\alpha}_s$ 线性无关，可知 $l_1=t_1$，$l_2=t_2$，$\cdots$，$l_s=t_s$. 因此表示法唯一.

□

定义3.6　设有两个向量组：

$$(\text{Ⅰ})\ \boldsymbol{\alpha}_1,\boldsymbol{\alpha}_2,\cdots,\boldsymbol{\alpha}_s;\quad (\text{Ⅱ})\ \boldsymbol{\beta}_1,\boldsymbol{\beta}_2,\cdots,\boldsymbol{\beta}_t.$$

若向量组(Ⅱ)中的每一个向量都可以由向量组(Ⅰ)线性表示，则称向量组(Ⅱ)能由向量组(Ⅰ)线性表示. 若向量组(Ⅰ)与向量组(Ⅱ)能相互线性表示，则称这两个向量组**等价**.

定理 3.6 设有两个向量组：

$$(\text{Ⅰ})\ \boldsymbol{\alpha}_1,\boldsymbol{\alpha}_2,\cdots,\boldsymbol{\alpha}_s;\quad (\text{Ⅱ})\ \boldsymbol{\beta}_1,\boldsymbol{\beta}_2,\cdots,\boldsymbol{\beta}_t.$$

若向量组(Ⅱ)能由向量组(Ⅰ)线性表示，且 $s<t$，则向量组(Ⅱ)线性相关.

证明从略.

推论 设向量组(Ⅱ)能由向量组(Ⅰ)线性表示. 若向量组(Ⅱ)线性无关，则 $s \geqslant t$.

习 题 3.2

1. 判断题

(1) 向量组中任意向量可由该向量组线性表示. ( )

(2) 对于一个给定的向量组，不是线性相关就是线性无关. ( )

(3) 由单个向量 $\boldsymbol{\alpha}$ 组成的一个向量组 $\{\boldsymbol{\alpha}\}$，线性无关的充分必要条件是 $\boldsymbol{\alpha} \neq \mathbf{0}$. ( )

(4) 设 a,b,c 为任意常数，则向量组 $(1,0,0,a),(0,1,0,b),(0,0,1,c)$ 必定线性相关. ( )

(5) 若 $\boldsymbol{\alpha}_1,\boldsymbol{\alpha}_2,\cdots,\boldsymbol{\alpha}_m$ 线性相关，$\boldsymbol{\beta}_1,\boldsymbol{\beta}_2,\cdots,\boldsymbol{\beta}_m$ 亦线性相关，则有不全为零的实数 $k_1,k_2,\cdots,k_m$，使 $k_1\boldsymbol{\alpha}_1+k_2\boldsymbol{\alpha}_2+\cdots+k_m\boldsymbol{\alpha}_m=\mathbf{0}$，$k_1\boldsymbol{\beta}_1+k_2\boldsymbol{\beta}_2+\cdots+k_m\boldsymbol{\beta}_m=\mathbf{0}$ 同时成立. ( )

(6) 若向量组 $\boldsymbol{\alpha}_1,\boldsymbol{\alpha}_2,\boldsymbol{\alpha}_3,\boldsymbol{\alpha}_4$ 中任意三个向量都线性无关，则 $\boldsymbol{\alpha}_1,\boldsymbol{\alpha}_2,\boldsymbol{\alpha}_3,\boldsymbol{\alpha}_4$ 线性无关. ( )

(7) 若 $\boldsymbol{\alpha}_1,\boldsymbol{\alpha}_2,\cdots,\boldsymbol{\alpha}_m$ 线性无关，$\boldsymbol{\alpha}_{m+1}$ 不能由 $\boldsymbol{\alpha}_1,\boldsymbol{\alpha}_2,\cdots,\boldsymbol{\alpha}_m$ 线性表示，则 $\boldsymbol{\alpha}_1,\boldsymbol{\alpha}_2,\cdots,\boldsymbol{\alpha}_m,\boldsymbol{\alpha}_{m+1}$ 线性无关. ( )

(8) 向量组 $\boldsymbol{\alpha}_1,\boldsymbol{\alpha}_2,\boldsymbol{\alpha}_3$ 中任意两个向量均线性无关，则 $\boldsymbol{\alpha}_1,\boldsymbol{\alpha}_2,\boldsymbol{\alpha}_3$ 线性无关. ( )

(9) 存在一组全为零的实数 $k_1,k_2,\cdots,k_s$，使得 $k_1\boldsymbol{\alpha}_1+k_2\boldsymbol{\alpha}_2+\cdots+k_s\boldsymbol{\alpha}_s=\mathbf{0}$ 成立，则向量组 $\boldsymbol{\alpha}_1,\boldsymbol{\alpha}_2,\cdots,\boldsymbol{\alpha}_s$ 线性无关. ( )

(10) 若向量组 $\boldsymbol{\alpha}_1,\boldsymbol{\alpha}_2,\boldsymbol{\alpha}_3$ 线性相关，则 $\boldsymbol{\alpha}_3$ 可由 $\boldsymbol{\alpha}_1,\boldsymbol{\alpha}_2$ 线性表出. ( )

2. 判断下列向量组的线性相关性：

(1) $\boldsymbol{\alpha}_1=(1,1,1)$，$\boldsymbol{\alpha}_2=(1,2,3)$，$\boldsymbol{\alpha}_3=(1,3,6)$；

(2) $\boldsymbol{\alpha}_1=(1,2,-5,4)$，$\boldsymbol{\alpha}_2=(2,1,-3,-5)$，$\boldsymbol{\alpha}_3=(3,5,-13,11)$；

(3) $\boldsymbol{\alpha}_1=(1,-1,2,4)$，$\boldsymbol{\alpha}_2=(0,3,0,2)$，$\boldsymbol{\alpha}_3=(2,1,1,2)$，$\boldsymbol{\alpha}_4=(3,2,1,2)$.

3. 求 a 为何值时，下列向量组线性相关：

$$\boldsymbol{\alpha}_1=\begin{pmatrix}a\\1\\1\end{pmatrix},\quad \boldsymbol{\alpha}_2=\begin{pmatrix}1\\a\\-1\end{pmatrix},\quad \boldsymbol{\alpha}_3=\begin{pmatrix}1\\-1\\a\end{pmatrix}.$$

4. 设 $\boldsymbol{\beta}_1=\boldsymbol{\alpha}_1$，$\boldsymbol{\beta}_2=\boldsymbol{\alpha}_1+\boldsymbol{\alpha}_2$，$\cdots$，$\boldsymbol{\beta}_r=\boldsymbol{\alpha}_1+\boldsymbol{\alpha}_2+\cdots+\boldsymbol{\alpha}_r$，且向量组 $\boldsymbol{\alpha}_1,\boldsymbol{\alpha}_2,\cdots,\boldsymbol{\alpha}_r$ 线性无关，证明向量组 $\boldsymbol{\beta}_1,\boldsymbol{\beta}_2,\cdots,\boldsymbol{\beta}_r$ 线性无关.

5. 已知 $\boldsymbol{\alpha}_1,\boldsymbol{\alpha}_2,\boldsymbol{\alpha}_3$ 线性无关，$\boldsymbol{\alpha}_4$ 可由 $\boldsymbol{\alpha}_1,\boldsymbol{\alpha}_2,\boldsymbol{\alpha}_3$ 线性表出且表出系数全不为零，证明 $\boldsymbol{\alpha}_1,\boldsymbol{\alpha}_2,\boldsymbol{\alpha}_3,\boldsymbol{\alpha}_4$ 中任意三个向量均线性无关.

3.3 向量组的秩

上两节在讨论向量组的线性组合以及线性相关性时，矩阵的秩起到了重要的作用. 为了使讨论更加深入，下面把秩的概念引进向量组.

3.3.1 向量组的极大线性无关组与向量组的秩

定义 3.7 在向量组 $\boldsymbol{\alpha}_1,\boldsymbol{\alpha}_2,\cdots,\boldsymbol{\alpha}_s$ 中，如果存在 r $(r\leqslant s)$ 个向量 $\boldsymbol{\alpha}_{i1},\boldsymbol{\alpha}_{i2},\cdots,\boldsymbol{\alpha}_{ir}$ 线性无关，并且任意 $r+1$ 个向量(如果存在的话)均线性相关，则称 $\boldsymbol{\alpha}_{i1},\boldsymbol{\alpha}_{i2},\cdots,\boldsymbol{\alpha}_{ir}$ 是向量组 $\boldsymbol{\alpha}_1,\boldsymbol{\alpha}_2,\cdots,\boldsymbol{\alpha}_s$ 的一个**极大线性无关组**，简称为**极大无关组**. 数 r 称为向量组 $\boldsymbol{\alpha}_1,\boldsymbol{\alpha}_2,\cdots,\boldsymbol{\alpha}_s$ 的**秩**，记为 $\mathrm{r}\{\boldsymbol{\alpha}_1,\boldsymbol{\alpha}_2,\cdots,\boldsymbol{\alpha}_s\}=r$，或 $\mathrm{R}\{\boldsymbol{\alpha}_1,\boldsymbol{\alpha}_2,\cdots,\boldsymbol{\alpha}_s\}=r$.

注 (ⅰ) 只含零向量的向量组没有极大线性无关组，规定它的秩为零，即 $\mathrm{r}\{\mathbf{0}\}=0$.

(ⅱ) 向量组的极大无关组不唯一，但极大无关组中向量的个数(即向量组的秩)是唯一的.

例如，$\boldsymbol{\alpha}_1=(2,-1,3,1)^{\mathrm{T}}$，$\boldsymbol{\alpha}_2=(4,-2,5,4)^{\mathrm{T}}$，$\boldsymbol{\alpha}_3=(2,-1,4,-1)^{\mathrm{T}}$，由于 $\boldsymbol{\alpha}_1$ 与 $\boldsymbol{\alpha}_2$ 的分量不成比例，所以 $\boldsymbol{\alpha}_1,\boldsymbol{\alpha}_2$ 线性无关，又 $\boldsymbol{\alpha}_3=3\boldsymbol{\alpha}_1-\boldsymbol{\alpha}_2$，因此由定义知 $\boldsymbol{\alpha}_1,\boldsymbol{\alpha}_2$ 是该向量组的一个极大无关组；同理可以证明 $\boldsymbol{\alpha}_2,\boldsymbol{\alpha}_3$

也是该向量组的一个极大无关组，但两个极大无关组中所含向量的个数都是 2.

定理 3.7 一个向量组的秩是唯一的.

证 设$\boldsymbol{\alpha}_{i_1},\boldsymbol{\alpha}_{i_2},\cdots,\boldsymbol{\alpha}_{i_r}$和$\boldsymbol{\alpha}_{j_1},\boldsymbol{\alpha}_{j_2},\cdots,\boldsymbol{\alpha}_{j_t}$是向量组(Ⅰ)$\boldsymbol{\alpha}_1,\boldsymbol{\alpha}_2,\cdots,\boldsymbol{\alpha}_s$的两个极大无关组. 下证$r=t$.

因为$\boldsymbol{\alpha}_{i_1},\boldsymbol{\alpha}_{i_2},\cdots,\boldsymbol{\alpha}_{i_r}$是向量组的极大无关组，则添加$\boldsymbol{\alpha}_{j_1},\boldsymbol{\alpha}_{j_2},\cdots,\boldsymbol{\alpha}_{j_t}$中任意一个向量$\boldsymbol{\alpha}_{j_k}$后，$\boldsymbol{\alpha}_{i_1},\boldsymbol{\alpha}_{i_2},\cdots,\boldsymbol{\alpha}_{i_r},\boldsymbol{\alpha}_{j_k}$必线性相关. 因此，$\boldsymbol{\alpha}_{j_k}$可由$\boldsymbol{\alpha}_{i_1}$，$\boldsymbol{\alpha}_{i_2},\cdots,\boldsymbol{\alpha}_{i_r}$线性表示.从而向量组$\boldsymbol{\alpha}_{j_1},\boldsymbol{\alpha}_{j_2},\cdots,\boldsymbol{\alpha}_{j_t}$可以由向量组$\boldsymbol{\alpha}_{i_1},\boldsymbol{\alpha}_{i_2},\cdots$，$\boldsymbol{\alpha}_{i_r}$线性表示. 由定理 3.6 的推论知，$t\leqslant r$. 类似可证明$r\leqslant t$. 故$r=t$. □

推论 向量组$\boldsymbol{\alpha}_1,\boldsymbol{\alpha}_2,\cdots,\boldsymbol{\alpha}_s$线性无关的充分必要条件是

$$\mathrm{r}\{\boldsymbol{\alpha}_1,\boldsymbol{\alpha}_2,\cdots,\boldsymbol{\alpha}_s\}=s.$$

定理 3.8 如果$\boldsymbol{\alpha}_{j_1},\boldsymbol{\alpha}_{j_2},\cdots,\boldsymbol{\alpha}_{j_r}$是$\boldsymbol{\alpha}_1,\boldsymbol{\alpha}_2,\cdots,\boldsymbol{\alpha}_s$的线性无关部分组，则它是极大无关组的充分必要条件是$\boldsymbol{\alpha}_1,\boldsymbol{\alpha}_2,\cdots,\boldsymbol{\alpha}_s$中的任一向量可由$\boldsymbol{\alpha}_{j_1},\boldsymbol{\alpha}_{j_2},\cdots$，$\boldsymbol{\alpha}_{j_r}$线性表出.

证 必要性 若$\boldsymbol{\alpha}_{j_1},\boldsymbol{\alpha}_{j_2},\cdots,\boldsymbol{\alpha}_{j_r}$是$\boldsymbol{\alpha}_1,\boldsymbol{\alpha}_2,\cdots,\boldsymbol{\alpha}_s$的一个极大无关组，则当$j$是$j_1,j_2,\cdots,j_r$中的数时，显然，$\boldsymbol{\alpha}_j$可由$\boldsymbol{\alpha}_{j_1},\boldsymbol{\alpha}_{j_2},\cdots,\boldsymbol{\alpha}_{j_r}$线性表出；而当$j$不是$j_1,j_2,\cdots,j_r$中的数时，$\boldsymbol{\alpha}_{j_1},\boldsymbol{\alpha}_{j_2},\cdots,\boldsymbol{\alpha}_{j_r},\boldsymbol{\alpha}_j$线性相关. 又$\boldsymbol{\alpha}_{j_1}$，$\boldsymbol{\alpha}_{j_2},\cdots,\boldsymbol{\alpha}_{j_r}$线性无关，由定理 3.5 知，$\boldsymbol{\alpha}_j$可由$\boldsymbol{\alpha}_{j_1},\boldsymbol{\alpha}_{j_2},\cdots,\boldsymbol{\alpha}_{j_r}$线性表出.

充分性 如果$\boldsymbol{\alpha}_1,\boldsymbol{\alpha}_2,\cdots,\boldsymbol{\alpha}_s$中的任一向量可由$\boldsymbol{\alpha}_{j_1},\boldsymbol{\alpha}_{j_2},\cdots,\boldsymbol{\alpha}_{j_r}$线性表出，则$\boldsymbol{\alpha}_1,\boldsymbol{\alpha}_2,\cdots,\boldsymbol{\alpha}_s$中任何$r+1$ $(s>r)$个向量都线性相关. 又$\boldsymbol{\alpha}_{j_1},\boldsymbol{\alpha}_{j_2},\cdots$，$\boldsymbol{\alpha}_{j_r}$线性无关，从而由定义 3.7 知，$\boldsymbol{\alpha}_{j_1},\boldsymbol{\alpha}_{j_2},\cdots,\boldsymbol{\alpha}_{j_r}$是极大无关组. □

3.3.2 向量组的秩与矩阵秩的关系

一个$m\times n$矩阵$\boldsymbol{A}$可以看做是由它的m个n维行向量构成的，也可以看做是由它的n个m维列向量构成的. 通常称矩阵$\boldsymbol{A}$行向量组的秩为$\boldsymbol{A}$的**行秩**；称矩阵$\boldsymbol{A}$列向量组的秩为$\boldsymbol{A}$的**列秩**. 那么，矩阵的秩与它的行秩和列秩有什么关系呢?

定理 3.9 对任意矩阵$\boldsymbol{A}$，有$\mathrm{r}(\boldsymbol{A})=\boldsymbol{A}$的行秩$=\boldsymbol{A}$的列秩.

证 若$\boldsymbol{A}=\boldsymbol{O}$，结论显然成立. 下面证明$\boldsymbol{A}\neq\boldsymbol{O}$的情况. 若能证明$\mathrm{r}(\boldsymbol{A})=$

$\boldsymbol{A}$ 的列秩，则有 $r(\boldsymbol{A})=r(\boldsymbol{A}^T)=\boldsymbol{A}^T$ 的列秩 $=\boldsymbol{A}$ 的行秩. 故只需证明 $r(\boldsymbol{A})=\boldsymbol{A}$ 的列秩即可.

设 $\boldsymbol{A}=(\boldsymbol{\alpha}_1,\boldsymbol{\alpha}_2,\cdots,\boldsymbol{\alpha}_s)$，$r(\boldsymbol{A})=r$，则存在 $\boldsymbol{A}$ 的 r 阶子式 $D_r\neq 0$，因此 D_r 所在的 r 个列向量线性无关. 又 $\boldsymbol{A}$ 中的所有 $r+1$ 阶子式 $D_{r+1}=0$，故 $\boldsymbol{A}$ 中任意 $r+1$ 个列向量都线性相关，因此 D_r 所在的 r 个列向量是 $\boldsymbol{A}$ 中的列向量组的一个极大无关组，所以 $\boldsymbol{A}$ 中的列向量组的秩为 r. □

注 (ⅰ) 矩阵的秩与其行秩和列秩三者相等，通常称为三秩相等，这是线性代数中非常重要的结论，它反映了矩阵内在的重要性质.

(ⅱ) 由定理的证明可知，若 D_r 是矩阵 $\boldsymbol{A}$ 的一个最高阶非零子式，则 D_r 所在的 r 列就是 $\boldsymbol{A}$ 的列向量组的一个极大无关组；D_r 所在的 r 行即是 $\boldsymbol{A}$ 的行向量组的一个极大无关组.

3.3.3 如何求向量组的秩及极大无关组

定理 3.10 对矩阵 $\boldsymbol{A}$ 作初等行变换化为矩阵 $\boldsymbol{B}$，则 $\boldsymbol{A}$ 与 $\boldsymbol{B}$ 的任何对应的列向量组具有相同的线性关系，即若

$$\boldsymbol{A}=(\boldsymbol{\alpha}_1,\boldsymbol{\alpha}_2,\cdots,\boldsymbol{\alpha}_s)\xrightarrow{\text{初等行变换}}(\boldsymbol{\beta}_1,\boldsymbol{\beta}_2,\cdots,\boldsymbol{\beta}_s)=\boldsymbol{B},$$

则列向量组 $\boldsymbol{\alpha}_{i_1},\boldsymbol{\alpha}_{i_2},\cdots,\boldsymbol{\alpha}_{i_r}$ 与 $\boldsymbol{\beta}_{i_1},\boldsymbol{\beta}_{i_2},\cdots,\boldsymbol{\beta}_{i_r}$ $(1\leqslant i_1<i_2<\cdots<i_r\leqslant s)$ 具有相同的线性关系.

证明从略.

注 以向量组中各向量为列向量构成矩阵后，只作初等行变换将矩阵化为行阶梯形矩阵，则可直接写出所求向量组的极大无关组. 进一步，将矩阵 $\boldsymbol{A}$ 化为行最简形 $\boldsymbol{B}$，易得出 $\boldsymbol{B}$ 的列向量组之间的线性关系，从而也就得到了对应的矩阵 $\boldsymbol{A}$ 的列向量组之间的线性关系.

例 3.9 从例 3.5 知，向量 $\boldsymbol{\beta}_1=(4,3,-1,11)^T$ 为向量组

$$\boldsymbol{\alpha}_1=(1,2,-1,5)^T,\quad \boldsymbol{\alpha}_2=(2,-1,1,1)^T$$

的线性组合，试将 $\boldsymbol{\beta}_1$ 表示成 $\boldsymbol{\alpha}_1,\boldsymbol{\alpha}_2$ 的线性组合.

解 由例 3.5 的结论，

$$\boldsymbol{A}=(\boldsymbol{\alpha}_1,\boldsymbol{\alpha}_2,\boldsymbol{\beta}_1)=\begin{pmatrix}1&2&4\\2&-1&3\\-1&1&-1\\5&1&11\end{pmatrix}\to\begin{pmatrix}1&2&4\\0&-5&-5\\0&0&0\\0&0&0\end{pmatrix}\to\begin{pmatrix}1&0&2\\0&1&1\\0&0&0\\0&0&0\end{pmatrix}.$$

由 $\boldsymbol{A}$ 的行最简形矩阵知，$\boldsymbol{\beta}_1=2\boldsymbol{\alpha}_1+\boldsymbol{\alpha}_2$.

例 3.10 求向量组 $\boldsymbol{\alpha}_1=(1,2,-1,1)^{\mathrm{T}}$, $\boldsymbol{\alpha}_2=(2,0,t,0)^{\mathrm{T}}$, $\boldsymbol{\alpha}_3=(0,-4,5,-2)^{\mathrm{T}}$, $\boldsymbol{\alpha}_4=(3,-2,t+4,-1)^{\mathrm{T}}$ 的秩和极大无关组.

解 向量的分量中含有参数 t, 向量组的秩和极大无关组与 t 的取值有关. 对矩阵 $(\boldsymbol{\alpha}_1,\boldsymbol{\alpha}_2,\boldsymbol{\alpha}_3,\boldsymbol{\alpha}_4)$ 作初等行变换:

$$(\boldsymbol{\alpha}_1,\boldsymbol{\alpha}_2,\boldsymbol{\alpha}_3,\boldsymbol{\alpha}_4)=\begin{pmatrix}1&2&0&3\\2&0&-4&-2\\-1&t&5&t+4\\1&0&-2&-1\end{pmatrix}\to\begin{pmatrix}1&2&0&3\\0&-4&-4&-8\\0&t+2&5&t+7\\0&-2&-2&-4\end{pmatrix}$$

$$\to\begin{pmatrix}1&2&0&3\\0&1&1&2\\0&0&3-t&3-t\\0&0&0&0\end{pmatrix}.$$

显然, $\boldsymbol{\alpha}_1,\boldsymbol{\alpha}_2$ 线性无关, 且

(1) 当 $t=3$ 时, 则 $\mathrm{r}(\boldsymbol{\alpha}_1,\boldsymbol{\alpha}_2,\boldsymbol{\alpha}_3,\boldsymbol{\alpha}_4)=2$, 且 $\boldsymbol{\alpha}_1,\boldsymbol{\alpha}_2$ 是极大线性无关组;

(2) 当 $t\neq 3$ 时, 则 $\mathrm{r}(\boldsymbol{\alpha}_1,\boldsymbol{\alpha}_2,\boldsymbol{\alpha}_3,\boldsymbol{\alpha}_4)=3$, 且 $\boldsymbol{\alpha}_1,\boldsymbol{\alpha}_2,\boldsymbol{\alpha}_3$ 是极大线性无关组.

例 3.11 设 $\boldsymbol{A}_{m\times n}$ 及 $\boldsymbol{B}_{n\times s}$ 为两个矩阵, 证明: $\boldsymbol{A}$ 与 $\boldsymbol{B}$ 乘积的秩不大于 $\boldsymbol{A}$ 的秩及 $\boldsymbol{B}$ 的秩, 即 $\mathrm{r}(\boldsymbol{AB})\leqslant\min\{\mathrm{r}(\boldsymbol{A}),\mathrm{r}(\boldsymbol{B})\}$.

证 设 $\boldsymbol{A}=(a_{ij})_{m\times n}=(\boldsymbol{\alpha}_1,\boldsymbol{\alpha}_2,\cdots,\boldsymbol{\alpha}_n)$, $\boldsymbol{B}=(b_{ij})_{n\times s}$, $\boldsymbol{AB}=\boldsymbol{C}=(c_{ij})_{m\times s}=(\boldsymbol{\gamma}_1,\boldsymbol{\gamma}_2,\cdots,\boldsymbol{\gamma}_s)$, 则

$$(\boldsymbol{\gamma}_1,\boldsymbol{\gamma}_2,\cdots,\boldsymbol{\gamma}_s)=(\boldsymbol{\alpha}_1,\boldsymbol{\alpha}_2,\cdots,\boldsymbol{\alpha}_n)\begin{pmatrix}b_{11}&b_{12}&\cdots&b_{1s}\\b_{21}&b_{22}&\cdots&b_{2s}\\\vdots&\vdots&&\vdots\\b_{n1}&b_{n2}&\cdots&b_{ns}\end{pmatrix}.$$

因此, 有

$$\boldsymbol{\gamma}_j=b_{1j}\boldsymbol{\alpha}_1+b_{2j}\boldsymbol{\alpha}_2+\cdots+b_{nj}\boldsymbol{\alpha}_n\quad(j=1,2,\cdots,s),$$

即 $\boldsymbol{AB}$ 的列向量组 $\boldsymbol{\gamma}_1,\boldsymbol{\gamma}_2,\cdots,\boldsymbol{\gamma}_s$ 可由 $\boldsymbol{A}$ 的列向量组 $\boldsymbol{\alpha}_1,\boldsymbol{\alpha}_2,\cdots,\boldsymbol{\alpha}_n$ 线性表示, 故 $\boldsymbol{\gamma}_1,\boldsymbol{\gamma}_2,\cdots,\boldsymbol{\gamma}_s$ 的极大线性无关组可由 $\boldsymbol{\alpha}_1,\boldsymbol{\alpha}_2,\cdots,\boldsymbol{\alpha}_n$ 的极大线性无关组线性表示. 由向量组间的线性关系知 $\mathrm{r}(\boldsymbol{AB})\leqslant\mathrm{r}(\boldsymbol{A})$.

类似地, 设 $\boldsymbol{B}=(b_{ij})_{n\times s}=\begin{pmatrix}\boldsymbol{\beta}_1\\\boldsymbol{\beta}_2\\\vdots\\\boldsymbol{\beta}_n\end{pmatrix}$, $\boldsymbol{AB}=\boldsymbol{C}=(c_{ij})_{m\times s}=(\boldsymbol{\gamma}_1,\boldsymbol{\gamma}_2,\cdots,\boldsymbol{\gamma}_s)$, 则

$$(\boldsymbol{\gamma}_1,\boldsymbol{\gamma}_2,\cdots,\boldsymbol{\gamma}_s)=\begin{pmatrix}a_{11} & a_{12} & \cdots & a_{1n}\\ a_{21} & a_{22} & \cdots & a_{2n}\\ \vdots & \vdots & & \vdots\\ a_{m1} & a_{m2} & \cdots & a_{mn}\end{pmatrix}\begin{pmatrix}\boldsymbol{\beta}_1\\ \boldsymbol{\beta}_2\\ \vdots\\ \boldsymbol{\beta}_n\end{pmatrix}.$$

可以证明，$\mathrm{r}(\boldsymbol{AB})\leqslant \mathrm{r}(\boldsymbol{B})$.

因此，$\mathrm{r}(\boldsymbol{AB})\leqslant \min\{\mathrm{r}(\boldsymbol{A}),\mathrm{r}(\boldsymbol{B})\}$.

由例 3.11 的证明可以推出以下结论：

定理 3.11 若向量组 B 可由向量组 A 线性表示，则 $\mathrm{r}(B)\leqslant \mathrm{r}(A)$.

习 题 3.3

1. 判断题

(1) 含有非零向量的向量组的极大无关组是唯一的. ( )

(2) 设 $\mathrm{r}(\boldsymbol{A})=r$，且矩阵 $\boldsymbol{A}$ 经过初等变换化为行阶梯形矩阵 $\boldsymbol{B}$，则 $\boldsymbol{B}$ 中主元所在的 r 列对应 $\boldsymbol{A}$ 中的列向量是 $\boldsymbol{A}$ 的列向量组的一个极大无关组. ( )

(3) 设 $\boldsymbol{A}$ 为 n 阶矩阵，$\mathrm{r}(\boldsymbol{A})=r<n$，则矩阵 $\boldsymbol{A}$ 的任意 r 个列向量线性无关. ( )

(4) 设 $\boldsymbol{A}$ 为 $m\times n$ 矩阵，如果矩阵 $\boldsymbol{A}$ 的 n 个列向量线性无关，那么 $\mathrm{r}(\boldsymbol{A})=n$. ( )

(5) 如果向量组 $\boldsymbol{\alpha}_1,\boldsymbol{\alpha}_2,\cdots,\boldsymbol{\alpha}_s$ 的秩为 s，则向量组 $\boldsymbol{\alpha}_1,\boldsymbol{\alpha}_2,\cdots,\boldsymbol{\alpha}_s$ 中任一部分向量组都线性无关. ( )

2. 求下列向量组的一个极大无关组，并把其余向量用此极大无关组表示：

(1) $\boldsymbol{\alpha}_1=(1,1,1)^{\mathrm{T}}$，$\boldsymbol{\alpha}_2=(1,1,0)^{\mathrm{T}}$，$\boldsymbol{\alpha}_3=(1,0,0)^{\mathrm{T}}$，$\boldsymbol{\alpha}_4=(1,2,-3)^{\mathrm{T}}$；

(2) $\boldsymbol{\alpha}_1=(1,1,3,1)^{\mathrm{T}}$，$\boldsymbol{\alpha}_2=(-1,1,-1,3)^{\mathrm{T}}$，$\boldsymbol{\alpha}_3=(5,-2,8,-9)^{\mathrm{T}}$，$\boldsymbol{\alpha}_4=(-1,3,1,7)^{\mathrm{T}}$.

3. 求下列矩阵列向量组的秩：

(1) $\boldsymbol{A}=\begin{pmatrix}1 & 1 & 0\\ 2 & 0 & 4\\ 2 & 3 & -2\end{pmatrix}$； (2) $\boldsymbol{A}=\begin{pmatrix}1 & 1 & 2 & 2 & 1\\ 0 & 2 & 1 & 5 & -1\\ 2 & 0 & 3 & -1 & 3\\ 1 & 1 & 0 & 4 & -1\end{pmatrix}$.

4. 设向量组

$$\boldsymbol{\alpha}_1=\begin{pmatrix}a\\3\\1\end{pmatrix},\quad \boldsymbol{\alpha}_2=\begin{pmatrix}2\\b\\3\end{pmatrix},\quad \boldsymbol{\alpha}_3=\begin{pmatrix}1\\2\\1\end{pmatrix},\quad \boldsymbol{\alpha}_4=\begin{pmatrix}2\\3\\1\end{pmatrix}$$

的秩为 2，求 a,b.

3.4 利用消元法求解线性方程组

消元法的基本思路是通过消元变形把方程组化成容易求解的方程组. 下面通过一个引例来说明消元法的具体做法.

引例 用消元法求解线性方程组

$$\begin{cases}2x_1+2x_2-x_3=6,\\x_1-2x_2+4x_3=3,\\5x_1+7x_2+x_3=28.\end{cases}$$

解 为了观察消元过程，我们将消元过程中每一个步骤的方程组及其对应的矩阵一起列出.

$$\begin{cases}2x_1+2x_2-x_3=6,\\x_1-2x_2+4x_3=3,\\5x_1+7x_2+x_3=28\end{cases}\quad ① \xleftrightarrow{\text{对应}} \begin{pmatrix}2&2&-1&6\\1&-2&4&3\\5&7&1&28\end{pmatrix}\quad ①$$

$$\rightarrow\begin{cases}2x_1+2x_2-x_3=6,\\-3x_2+\dfrac{9}{2}x_3=0,\\2x_2+\dfrac{7}{2}x_3=13\end{cases}\quad ② \xleftrightarrow{\text{对应}} \begin{pmatrix}2&2&-1&6\\0&-3&\dfrac{9}{2}&0\\0&2&\dfrac{7}{2}&13\end{pmatrix}\quad ②$$

$$\rightarrow\begin{cases}2x_1+2x_2-x_3=6,\\-3x_2+\dfrac{9}{2}x_3=0,\\\dfrac{13}{2}x_3=13\end{cases}\quad ③ \xleftrightarrow{\text{对应}} \begin{pmatrix}2&2&-1&6\\0&-3&\dfrac{9}{2}&0\\0&0&\dfrac{13}{2}&13\end{pmatrix}\quad ③$$

$$\rightarrow\begin{cases}2x_1+2x_2-x_3=6,\\-3x_2+\dfrac{9}{2}x_3=0,\\x_3=2\end{cases}\quad ④ \xleftrightarrow{\text{对应}} \begin{pmatrix}2&2&-1&6\\0&-3&\dfrac{9}{2}&0\\0&0&1&2\end{pmatrix}\quad ④$$

从最后一个方程得到 $x_3=2$，将其代入第二个方程可得 $x_2=3$，再将 $x_3=2$ 及 $x_2=3$ 一起代入第一个方程得到 $x_1=1$. 因此，所求方程组的解为

$x_1=1$，$x_2=3$，$x_3=2$.

通常把过程 ① 到 ④ 称为**消元过程**，矩阵 ④ 是行阶梯形矩阵，与之对应的方程组 ④ 则称为**阶梯形方程组**.

从上述解题过程可以看出，用消元法求解方程组的解的具体过程就是对方程组反复实施以下三种变换：

(1) 交换某两个方程的位置；

(2) 用一个非零数乘方程的两边；

(3) 将一个方程的倍数加到另外一个方程上去.

以上这三种变换称为**线性方程组的初等变换**，而消元法的目的就是利用方程组的初等变换将原方程组化为阶梯形方程组. 显然这个阶梯形方程组与原方程组同解. 解这个阶梯形方程组就得到原方程组的解. 如果用矩阵表示其系数及其常数项，则将原方程组化为阶梯形方程组的过程就是将其对应的矩阵化为行阶梯形矩阵的过程.

将一个方程组化为阶梯形方程组的步骤并不是唯一的. 所以，同一个方程组的阶梯形方程组也不是唯一的. 特别地，我们还可以把一个阶梯形方程组化为行最简形方程组，从而使我们能直接“读”出线性方程组的解.

对本例，我们还可以利用线性方程组的初等行变换继续化简线性方程组④：

$$\to\begin{cases}2x_1+2x_2=8,\\ -3x_2=-9,\\ x_3=2\end{cases}\quad ⑤\quad \xleftrightarrow{\text{对应}}\quad \begin{pmatrix}2&2&0&8\\0&-3&0&-9\\0&0&1&2\end{pmatrix}\quad ⑤$$

$$\to\begin{cases}2x_1+2x_2=8,\\ x_2=3,\\ x_3=2\end{cases}\quad ⑥\quad \xleftrightarrow{\text{对应}}\quad \begin{pmatrix}2&2&0&8\\0&1&0&3\\0&0&1&2\end{pmatrix}\quad ⑥$$

$$\to\begin{cases}2x_1=2,\\ x_2=3,\\ x_3=2\end{cases}\quad ⑦\quad \xleftrightarrow{\text{对应}}\quad \begin{pmatrix}2&0&0&2\\0&1&0&3\\0&0&1&2\end{pmatrix}\quad ⑦$$

$$\to\begin{cases}x_1=1,\\ x_2=3,\\ x_3=2\end{cases}\quad ⑧\quad \xleftrightarrow{\text{对应}}\quad \begin{pmatrix}1&0&0&1\\0&1&0&3\\0&0&1&2\end{pmatrix}\quad ⑧$$

从方程组 ⑧ 我们可以一目了然地看出 $x_1=1$，$x_2=3$，$x_3=2$.

从引例中我们可得到如下启示：用消元法解三元线性方程组的过程，相当于对该方程组的系数与右端常数项按对应位置构成的矩阵作初等行变换.

对一般的线性方程组是否有同样的结论？ 答案是肯定的. 下面我们就一般线性方程组求解的问题进行讨论.

形如线性方程组(3.1)：

$$\begin{cases} a_{11}x_1 + a_{12}x_2 + \cdots + a_{1n}x_n = b_1, \\ a_{21}x_1 + a_{22}x_2 + \cdots + a_{2n}x_n = b_2, \\ \cdots\cdots\cdots\cdots\cdots\cdots\cdots\cdots\cdots \\ a_{m1}x_1 + a_{m2}x_2 + \cdots + a_{mn}x_n = b_m. \end{cases}$$

其矩阵形式为 $\boldsymbol{Ax} = \boldsymbol{b}$，其中

$$\boldsymbol{A} = \begin{pmatrix} a_{11} & a_{12} & \cdots & a_{1n} \\ a_{21} & a_{22} & \cdots & a_{2n} \\ \vdots & \vdots & & \vdots \\ a_{m1} & a_{m2} & \cdots & a_{mn} \end{pmatrix}, \quad \boldsymbol{x} = \begin{pmatrix} x_1 \\ x_2 \\ \vdots \\ x_n \end{pmatrix}, \quad \boldsymbol{b} = \begin{pmatrix} b_1 \\ b_2 \\ \vdots \\ b_m \end{pmatrix}.$$

称矩阵 $\overline{\boldsymbol{A}} = (\boldsymbol{A}, \boldsymbol{b})$ 为线性方程组(3.1)的**增广矩阵**，当 $b_i = 0\ (i = 1, 2, \cdots, m)$ 时，线性方程组(3.1)称为**齐次线性方程组**，否则称为**非齐次线性方程组**. 显然，齐次线性方程组的矩阵形式为

$$\boldsymbol{Ax} = \boldsymbol{0}.$$

利用系数矩阵 $\boldsymbol{A}$ 和增广矩阵 $\overline{\boldsymbol{A}} = (\boldsymbol{A}, \boldsymbol{b})$ 的秩，可以方便地讨论出方程组是否有解，以及有解时解是否唯一等问题. 其结论是

定理 3.12 设 $\boldsymbol{A} = (a_{ij})_{m\times n}$，$n$ 元非齐次线性方程组 $\boldsymbol{Ax} = \boldsymbol{b}$ 有解的充分必要条件是系数矩阵 $\boldsymbol{A}$ 的秩等于其增广矩阵 $\overline{\boldsymbol{A}}$ 的秩，即 $\mathrm{r}(\boldsymbol{A}) = \mathrm{r}(\overline{\boldsymbol{A}})$；且

(1) 当 $\mathrm{r}(\boldsymbol{A}) = \mathrm{r}(\overline{\boldsymbol{A}}) = n$ 时，方程组 $\boldsymbol{Ax} = \boldsymbol{b}$ 有唯一解；

(2) 当 $\mathrm{r}(\boldsymbol{A}) = \mathrm{r}(\overline{\boldsymbol{A}}) < n$ 时，方程组 $\boldsymbol{Ax} = \boldsymbol{b}$ 有无穷多解.

证 设 $\mathrm{r}(\boldsymbol{A}) = r$，对一个方程组进行初等变换，实际上就是对它的增广矩阵进行初等行变换，对增广矩阵 $\overline{\boldsymbol{A}}$ 进行初等行变换总可化为阶梯形矩阵(必要时可以交换未知量的位置)

$$\begin{pmatrix} c_{11} & c_{12} & \cdots & c_{1r} & \cdots & c_{1n} & d_1 \\ 0 & c_{22} & \cdots & c_{2r} & \cdots & c_{2n} & d_2 \\ \vdots & \vdots & & \vdots & & \vdots & \vdots \\ 0 & 0 & \cdots & c_{rr} & \cdots & c_{rn} & d_r \\ 0 & 0 & \cdots & 0 & \cdots & 0 & d_{r+1} \\ \vdots & \vdots & & \vdots & & \vdots & \vdots \\ 0 & 0 & \cdots & 0 & \cdots & 0 & 0 \end{pmatrix} = \boldsymbol{B}_1, \tag{3.4}$$

则方程组(3.1)与以阶梯形矩阵 $\boldsymbol{B}_1$ 为增广矩阵的方程组为同解方程组.

必要性　设方程组 $\boldsymbol{Ax}=\boldsymbol{b}$ 有解，如果 $\mathrm{r}(\boldsymbol{A})<\mathrm{r}(\overline{\boldsymbol{A}})=\mathrm{r}(\boldsymbol{B}_1)$，则 $d_{r+1}\neq 0$，因此，$\overline{\boldsymbol{A}}$ 的行阶梯形矩阵 $\boldsymbol{B}_1$ 中最后一个非零行对应的是矛盾方程. 此时方程组 $\boldsymbol{Ax}=\boldsymbol{b}$ 无解. 与题设矛盾，故 $\mathrm{r}(\boldsymbol{A})=\mathrm{r}(\overline{\boldsymbol{A}})$.

充分性　因为 $\mathrm{r}(\boldsymbol{A})=\mathrm{r}(\overline{\boldsymbol{A}})=r$，所以 $d_{r+1}=0$. 则 $\overline{\boldsymbol{A}}$ 的行阶梯形矩阵 $\boldsymbol{B}_1$ 中含有 r 个非零行.

(1)　若 $r=n$，则 $\overline{\boldsymbol{A}}$ 的行阶梯形矩阵

$$\boldsymbol{B}_1=\begin{pmatrix} c_{11} & c_{12} & \cdots & c_{1r} & \cdots & c_{1n} & d_1 \\ 0 & c_{22} & \cdots & c_{2r} & \cdots & c_{2n} & d_2 \\ \vdots & \vdots & & \vdots & & \vdots & \vdots \\ 0 & 0 & \cdots & 0 & \cdots & c_{nn} & d_n \\ 0 & 0 & \cdots & 0 & \cdots & 0 & 0 \\ \vdots & \vdots & & \vdots & & \vdots & \vdots \\ 0 & 0 & \cdots & 0 & \cdots & 0 & 0 \end{pmatrix}.$$

$\boldsymbol{B}_1$ 中含有 n 个非零行，其对应的系数矩阵为上三角矩阵，且对角线上的元素均非零，则由克莱姆法则，方程组(3.1)有唯一解. 此时独立的方程的个数与未知量的个数相等.

(2)　若 $r<n$，此时独立的方程个数小于未知量的个数. 任给 $x_{r+1},\cdots,x_n$ 一组值，就唯一地定出 $x_1,x_2,\cdots,x_r$ 的值，从而得到方程组(3.1)的一个解，显然方程组(3.1)有无穷多个解. □

一般地，可以把 $x_1,x_2,\cdots,x_r$ 通过 $x_{r+1},\cdots,x_n$ 表示出来，这样一组表达式称为方程组(3.1)的**一般解**或**通解**，而 $x_{r+1},\cdots,x_n$ 称为一组**自由未知量**，共有 $n-r$ 个.

定理 3.13　设 $\boldsymbol{A}=(a_{ij})_{m\times n}$，$n$ 元齐次线性方程组 $\boldsymbol{Ax}=\boldsymbol{0}$ 有非零解的充分必要条件是系数矩阵 $\boldsymbol{A}$ 的秩 $\mathrm{r}(\boldsymbol{A})<n$.

证　把齐次线性方程组 $\boldsymbol{Ax}=\boldsymbol{0}$ 看做是非齐次线性方程组的特例，即 $\boldsymbol{b}=\boldsymbol{0}$. 此时一定有 $\mathrm{r}(\boldsymbol{A})=\mathrm{r}(\overline{\boldsymbol{A}})=\mathrm{r}(\boldsymbol{A},\boldsymbol{0})$，从而由定理 3.12 知，齐次线性方程组 $\boldsymbol{Ax}=\boldsymbol{0}$ 一定有解. 而当 $\mathrm{r}(\boldsymbol{A})<n$ 时有无穷多解，自然有非零解. 当 $\mathrm{r}(\boldsymbol{A})=n$ 时，仅有唯一解 —— 零解. □

注　定理 3.12 的证明实际上给出了求解线性方程组(3.1)的方法，此外，上述两个定理可简要总结如下：

(ⅰ)　$\mathrm{r}(\boldsymbol{A})=\mathrm{r}(\overline{\boldsymbol{A}})=n$ 当且仅当 $\boldsymbol{Ax}=\boldsymbol{b}$ 有唯一解；

(ⅱ) $r(\boldsymbol{A})=r(\overline{\boldsymbol{A}})<n$ 当且仅当 $\boldsymbol{Ax}=\boldsymbol{b}$ 有无穷多解；

(ⅲ) $r(\boldsymbol{A})\neq r(\overline{\boldsymbol{A}})$ 当且仅当 $\boldsymbol{Ax}=\boldsymbol{b}$ 无解；

(ⅳ) $r(\boldsymbol{A})=n$ 当且仅当 $\boldsymbol{Ax}=\boldsymbol{0}$ 只有零解；

(ⅴ) $r(\boldsymbol{A})<n$ 当且仅当 $\boldsymbol{Ax}=\boldsymbol{0}$ 有非零解.

例 3.12 求解线性方程组

$$\begin{cases}2x_1+7x_2+3x_3+x_4=6,\\3x_1+5x_2+2x_3+2x_4=4,\\9x_1+4x_2+x_3+7x_4=2.\end{cases}$$

解 对方程组的增广矩阵 $\overline{\boldsymbol{A}}$ 作初等行变换化成行阶梯形矩阵：

$$\overline{\boldsymbol{A}}=\begin{pmatrix}2&7&3&1&6\\3&5&2&2&4\\9&4&1&7&2\end{pmatrix}\rightarrow\begin{pmatrix}-1&2&1&-1&2\\3&5&2&2&4\\9&4&1&7&2\end{pmatrix}$$

$$\rightarrow\begin{pmatrix}-1&2&1&-1&2\\0&11&5&-1&10\\0&22&10&-2&20\end{pmatrix}\rightarrow\begin{pmatrix}-1&2&1&-1&2\\0&11&5&-1&10\\0&0&0&0&0\end{pmatrix}$$

$$\rightarrow\begin{pmatrix}-1&2&1&-1&2\\0&1&\frac{5}{11}&-\frac{1}{11}&\frac{10}{11}\\0&0&0&0&0\end{pmatrix}\rightarrow\begin{pmatrix}1&0&-\frac{1}{11}&\frac{9}{11}&-\frac{2}{11}\\0&1&\frac{5}{11}&-\frac{1}{11}&\frac{10}{11}\\0&0&0&0&0\end{pmatrix}.$$

因为 $r(\boldsymbol{A})=r(\overline{\boldsymbol{A}})=2<n=4$，所以方程组有无穷多解. 由行阶梯形矩阵知，与它同解的方程组为

$$\begin{cases}x_1=\frac{1}{11}x_3-\frac{9}{11}x_4-\frac{2}{11},\\x_2=-\frac{5}{11}x_3+\frac{1}{11}x_4+\frac{10}{11},\\x_3=x_3,\\x_4=x_4.\end{cases}$$

取 $x_3=c_1$，$x_4=c_2$（其中 c_1,c_2 为任意常数），则方程组的全部解为

$$\begin{cases}x_1=\frac{1}{11}c_1-\frac{9}{11}c_2-\frac{2}{11},\\x_2=-\frac{5}{11}c_1+\frac{1}{11}c_2+\frac{10}{11},\\x_3=c_1,\\x_4=c_2.\end{cases}$$

例 3.13 设有线性方程组

$$\begin{cases}(1+\lambda)x_1+x_2+x_3=0,\\x_1+(1+\lambda)x_2+x_3=3,\\x_1+x_2+(1+\lambda)x_3=\lambda.\end{cases}$$

求 λ 取何值时，此方程组

(1) 有唯一解；

(2) 无解；

(3) 有无穷多解，并在有无穷多解时求出其通解.

解 对方程组的增广矩阵 $\overline{\boldsymbol{A}}$ 作初等行变换化成行阶梯形矩阵：

$$\overline{\boldsymbol{A}}=\begin{pmatrix}1+\lambda & 1 & 1 & 0\\1 & 1+\lambda & 1 & 3\\1 & 1 & 1+\lambda & \lambda\end{pmatrix}\to\begin{pmatrix}1 & 1 & 1+\lambda & \lambda\\1 & 1+\lambda & 1 & 3\\1+\lambda & 1 & 1 & 0\end{pmatrix}$$

$$\to\begin{pmatrix}1 & 1 & 1+\lambda & \lambda\\0 & \lambda & -\lambda & 3-\lambda\\0 & -\lambda & -\lambda(2+\lambda) & -\lambda(1+\lambda)\end{pmatrix}$$

$$\to\begin{pmatrix}1 & 1 & 1+\lambda & \lambda\\0 & \lambda & -\lambda & 3-\lambda\\0 & 0 & -\lambda(3+\lambda) & (1-\lambda)(3+\lambda)\end{pmatrix}.$$

(1) 当 $\lambda\neq 0$ 且 $\lambda\neq -3$ 时，$\mathrm{r}(\boldsymbol{A})=\mathrm{r}(\overline{\boldsymbol{A}})=3=n$，方程组有唯一解.

(2) 当 $\lambda=0$ 时，

$$\overline{\boldsymbol{A}}=\begin{pmatrix}1 & 1 & 1 & 0\\0 & 0 & 0 & 3\\0 & 0 & 0 & 3\end{pmatrix}\to\begin{pmatrix}1 & 1 & 1 & 0\\0 & 0 & 0 & 1\\0 & 0 & 0 & 0\end{pmatrix}.$$

$\mathrm{r}(\boldsymbol{A})=1$，$\mathrm{r}(\overline{\boldsymbol{A}})=\mathrm{r}(\boldsymbol{A},\boldsymbol{b})=2$，所以 $\mathrm{r}(\boldsymbol{A})\neq\mathrm{r}(\overline{\boldsymbol{A}})$，故原方程组无解.

(3) 当 $\lambda=-3$ 时，

$$\overline{\boldsymbol{A}}=\begin{pmatrix}1 & 1 & -2 & -3\\0 & -3 & 3 & 6\\0 & 0 & 0 & 0\end{pmatrix}\to\begin{pmatrix}1 & 0 & -1 & -1\\0 & 1 & -1 & -2\\0 & 0 & 0 & 0\end{pmatrix}.$$

由此便得同解的方程组 $\begin{cases}x_1=x_3-1,\\x_2=x_3-2.\end{cases}$ 此时 x_3 为自由未知量，令 $x_3=c$，得

$$\begin{cases}x_1=c-1,\\x_2=c-2,\\x_3=c.\end{cases}$$

例 3.14 求解齐次线性方程组

$$\begin{cases} x_1+2x_2+2x_3+x_4=0, \\ 2x_1+x_2-2x_3-2x_4=0, \\ x_1-x_2-4x_3-3x_4=0. \end{cases}$$

解 对方程组的系数矩阵 $\boldsymbol{A}$ 作初等行变换化成行阶梯形矩阵：

$$\boldsymbol{A}=\begin{pmatrix} 1 & 2 & 2 & 1 \\ 2 & 1 & -2 & -2 \\ 1 & -1 & -4 & -3 \end{pmatrix} \to \begin{pmatrix} 1 & 2 & 2 & 1 \\ 0 & -3 & -6 & -4 \\ 0 & -3 & -6 & -4 \end{pmatrix}$$

$$\to \begin{pmatrix} 1 & 2 & 2 & 1 \\ 0 & 1 & 2 & \frac{4}{3} \\ 0 & 0 & 0 & 0 \end{pmatrix} \to \begin{pmatrix} 1 & 0 & -2 & -\frac{5}{3} \\ 0 & 1 & 2 & \frac{4}{3} \\ 0 & 0 & 0 & 0 \end{pmatrix}.$$

由此可得与原方程组同解的方程组

$$\begin{cases} x_1=2x_3+\frac{5}{3}x_4, \\ x_2=-2x_3-\frac{4}{3}x_4. \end{cases}$$

令 $x_3=c_1$，$x_4=c_2$，得原方程组的解为

$$\begin{cases} x_1=2c_1+\frac{5}{3}c_2, \\ x_2=-2c_1-\frac{4}{3}c_2, \\ x_3=c_1, \\ x_4=c_2. \end{cases}$$

习 题 3.4

1. 判断题

(1) 求线性方程组的通解时，自由未知量的选取是唯一的. （ ）

(2) 解线性方程组 $\boldsymbol{Ax}=\boldsymbol{b}$ 时，对增广矩阵 $\overline{\boldsymbol{A}}=(\boldsymbol{A},\boldsymbol{b})$，既可以施以三种初等行变换，也可以施以三种初等列变换. （ ）

(3) 设 $\boldsymbol{A}$ 为 $m\times n$ 矩阵，若 $\boldsymbol{AX}=\boldsymbol{AY}$，且 $\mathrm{r}(\boldsymbol{A})=n$，则 $\boldsymbol{X}=\boldsymbol{Y}$. （ ）

2. 用消元法求下列齐次线性方程组：

(1) $\begin{cases} x_1+2x_2-x_3=0, \\ 2x_1+4x_2+7x_3=0; \end{cases}$

(2) $\begin{cases}x_1+x_2+2x_3-x_4=0,\\2x_1+x_2+x_3-x_4=0,\\2x_1+2x_2+x_3+2x_4=0.\end{cases}$

3. 用消元法求下列非齐次线性方程组：

(1) $\begin{cases}4x_1+2x_2-x_3=2,\\3x_1-x_2+2x_3=10,\\11x_1+3x_2=8;\end{cases}$

(2) $\begin{cases}2x_1+x_2-x_3+x_4=1,\\4x_1+2x_2-2x_3+x_4=2,\\2x_1+x_2-x_3-x_4=1.\end{cases}$

4. 确定 a 的值使齐次线性方程组 $\begin{cases}ax_1+x_2+x_3=0,\\x_1+ax_2+x_3=0,\\x_1+x_2+ax_3=0\end{cases}$ 有非零解，并在有非零解时求其全部解.

5. 当 λ 取何值时，非齐次线性方程组 $\begin{cases}\lambda x_1+x_2+x_3=1,\\x_1+\lambda x_2+x_3=\lambda,\\x_1+x_2+\lambda x_3=\lambda^2\end{cases}$ 无解？有唯一解？有无穷多解？并在有无穷多解时求出其解.

3.5 线性方程组解的结构

我们在 3.4 节利用消元法求出了线性方程组的一般解，本节将利用向量的一般概念和结论，来讨论线性方程组解的结构问题. 如果在方程组已知仅有唯一解或无解的情况下，结果清楚，无需研究. 仅在方程组有无穷多解的情况下，需要研究不同解之间的关系，即所谓解的结构问题.

3.5.1 齐次线性方程组解的结构

设有齐次线性方程组

$$\begin{cases}a_{11}x_1+a_{12}x_2+\cdots+a_{1n}x_n=0,\\a_{21}x_1+a_{22}x_2+\cdots+a_{2n}x_n=0,\\\cdots\cdots\cdots\cdots\cdots\cdots\cdots\cdots\\a_{m1}x_1+a_{m2}x_2+\cdots+a_{mn}x_n=0.\end{cases}\tag{3.5}$$

若记

$$A=\begin{pmatrix} a_{11} & a_{12} & \cdots & a_{1n} \\ a_{21} & a_{22} & \cdots & a_{2n} \\ \vdots & \vdots & & \vdots \\ a_{m1} & a_{m2} & \cdots & a_{mn} \end{pmatrix},\quad x=\begin{pmatrix} x_1 \\ x_2 \\ \vdots \\ x_n \end{pmatrix},$$

则方程组(3.5)可改写成矩阵方程

$$Ax=0. \tag{3.6}$$

称方程(3.6)的解 $x=\begin{pmatrix} x_1 \\ x_2 \\ \vdots \\ x_n \end{pmatrix}$ 为方程组(3.5)的解向量.

齐次线性方程组一定有零解，如果仅有零解(此时 $r(A)=n$)，则解唯一；如果有非零解(此时 $r(A)<n$)，则它就有无穷多个解.

下面来讨论方程组(3.5)的解的性质.

性质 1 若 ξ_1,ξ_2 是方程组(3.5)的解，则 $\xi_1+\xi_2$ 也是该方程组的解.

证 因为 ξ_1,ξ_2 是方程组(3.5)的解，所以 $A\xi_1=0$，$A\xi_2=0$. 于是

$$A(\xi_1+\xi_2)=A\xi_1+A\xi_2=0.$$

故 $\xi_1+\xi_2$ 是该方程组的解. □

性质 2 若 ξ_1 是方程组(3.5)的解，k 为常数，则 $k\xi_1$ 也是该方程组的解.

证 因为 ξ_1 是方程组(3.5)的解，所以 $A\xi_1=0$. 于是

$$A(k\xi_1)=kA\xi_1=0.$$

故 $k\xi_1$ 是该方程组的解. □

注 由性质 1 和性质 2 可知，方程组(3.5)的解的集合 $S=\{x \mid Ax=0\}$ 对于向量加法及数乘运算封闭，即

(1) 若 $\xi\in S$，则 $k\xi\in S$ (k 为任意实数)；

(2) 若 $\xi,\eta\in S$，则 $\xi+\eta\in S$.

根据上述性质，容易推出：若 $\xi_1,\xi_2,\cdots,\xi_s$ 是方程(3.6)的解，$k_1,k_2,\cdots,k_s$ 为任何实数，则线性组合 $k_1\xi_1+k_2\xi_2+\cdots+k_s\xi_s$ 也是方程(3.6)的解.

定义 3.8 若齐次线性方程组 $Ax=0$ 的有限个解 $\eta_1,\eta_2,\cdots,\eta_s$ 满足：

(1) $\eta_1,\eta_2,\cdots,\eta_s$ 线性无关；

(2) $Ax=0$ 的任意一个解均可由 $\eta_1,\eta_2,\cdots,\eta_s$ 线性表示，

则称 $\boldsymbol{\eta}_1,\boldsymbol{\eta}_2,\cdots,\boldsymbol{\eta}_s$ 是齐次线性方程组 $\boldsymbol{Ax}=\boldsymbol{0}$ 的一个**基础解系**.

注　(ⅰ) 由上述定义可知，方程组的基础解系是它的解向量组的一个极大无关组，由于向量组的极大无关组不是唯一的，所以 $\boldsymbol{Ax}=\boldsymbol{0}$ 的基础解系也不是唯一的，但每一个基础解系所含向量的个数是相同的.

(ⅱ) 按上述定义，若 $\boldsymbol{\eta}_1,\boldsymbol{\eta}_2,\cdots,\boldsymbol{\eta}_s$ 是齐次线性方程组 $\boldsymbol{Ax}=\boldsymbol{0}$ 的一个基础解系，则 $\boldsymbol{Ax}=\boldsymbol{0}$ 的解可表示为

$$\boldsymbol{x}=c_1\boldsymbol{\eta}_1+c_2\boldsymbol{\eta}_2+\cdots+c_s\boldsymbol{\eta}_s,$$

其中 $c_1,c_2,\cdots,c_s$ 为任意常数.

当一个齐次线性方程组只有零解时，该方程组没有基础解系，而当一个齐次线性方程组有非零解时，是否一定会有基础解系呢？ 如果存在基础解系，怎样去求它的基础解系？ 下面的定理回答了这些问题.

定理 3.14　对于齐次线性方程组 $\boldsymbol{Ax}=\boldsymbol{0}$，若 $\mathrm{r}(\boldsymbol{A})=r<n$，则该方程组的基础解系一定存在，且每个基础解系中所含解向量的个数均为 $n-r$，其中 n 是方程组所含未知量的个数.

证　因为 $\mathrm{r}(\boldsymbol{A})=r<n$，故对矩阵 $\boldsymbol{A}$ 施行初等行变换(必要时可以交换未知量的次序)，可化为如下形式：

$$\boldsymbol{B}=\begin{pmatrix}1&0&\cdots&0&b_{11}&b_{12}&\cdots&b_{1,n-r}\\0&1&\cdots&0&b_{21}&b_{22}&\cdots&b_{2,n-r}\\\vdots&\vdots&&\vdots&\vdots&\vdots&&\vdots\\0&0&\cdots&1&b_{r1}&b_{r2}&\cdots&b_{r,n-r}\\0&0&\cdots&0&0&0&\cdots&0\\\vdots&\vdots&&\vdots&\vdots&\vdots&&\vdots\\0&0&\cdots&0&0&0&\cdots&0\end{pmatrix}.\tag{3.7}$$

于是齐次线性方程组 $\boldsymbol{Ax}=\boldsymbol{0}$ 与下面的方程组

$$\begin{cases}x_1=-b_{11}x_{r+1}-b_{12}x_{r+2}-\cdots-b_{1,n-r}x_n,\\x_2=-b_{21}x_{r+1}-b_{22}x_{r+2}-\cdots-b_{2,n-r}x_n,\\\cdots\cdots\cdots\cdots\cdots\cdots\cdots\cdots\cdots\cdots\cdots\cdots\\x_r=-b_{r1}x_{r+1}-b_{r2}x_{r+2}-\cdots-b_{r,n-r}x_n\end{cases}$$

同解. 其中 $x_{r+1},x_{r+2},\cdots,x_n$ 是自由未知量，分别取

$$\begin{pmatrix}x_{r+1}\\x_{r+2}\\\vdots\\x_n\end{pmatrix}=\begin{pmatrix}1\\0\\\vdots\\0\end{pmatrix},\begin{pmatrix}0\\1\\\vdots\\0\end{pmatrix},\cdots,\begin{pmatrix}0\\0\\\vdots\\1\end{pmatrix},$$

代入(3.7)，即可得到方程组 $\boldsymbol{A}\boldsymbol{x}=\boldsymbol{0}$ 的 $n-r$ 个解

$$\boldsymbol{\eta}_1=\begin{pmatrix}-b_{11}\\ \vdots\\ -b_{r1}\\ 1\\ 0\\ \vdots\\ 0\end{pmatrix},\boldsymbol{\eta}_2=\begin{pmatrix}-b_{12}\\ \vdots\\ -b_{r2}\\ 0\\ 1\\ \vdots\\ 0\end{pmatrix},\cdots,\boldsymbol{\eta}_{n-r}=\begin{pmatrix}-b_{1,n-r}\\ \vdots\\ -b_{r,n-r}\\ 0\\ 0\\ \vdots\\ 1\end{pmatrix}.$$

现证，$\boldsymbol{\eta}_1,\boldsymbol{\eta}_2,\cdots,\boldsymbol{\eta}_{n-r}$ 就是线性方程组 $\boldsymbol{A}\boldsymbol{x}=\boldsymbol{0}$ 的一个基础解系.

(1) 证明 $\boldsymbol{\eta}_1,\boldsymbol{\eta}_2,\cdots,\boldsymbol{\eta}_{n-r}$ 线性无关.

事实上，因为 $n-r$ 个 $n-r$ 维向量

$$\begin{pmatrix}1\\ 0\\ \vdots\\ 0\end{pmatrix},\begin{pmatrix}0\\ 1\\ \vdots\\ 0\end{pmatrix},\cdots,\begin{pmatrix}0\\ 0\\ \vdots\\ 1\end{pmatrix}$$

线性无关，所以 $n-r$ 个 n 维向量 $\boldsymbol{\eta}_1,\boldsymbol{\eta}_2,\cdots,\boldsymbol{\eta}_{n-r}$ 亦线性无关.

(2) 证方程组 $\boldsymbol{A}\boldsymbol{x}=\boldsymbol{0}$ 的任一解都可表示为 $\boldsymbol{\eta}_1,\boldsymbol{\eta}_2,\cdots,\boldsymbol{\eta}_{n-r}$ 的线性组合.

事实上，由(3.7)有

$$\boldsymbol{x}=\begin{pmatrix}x_1\\ x_2\\ \vdots\\ x_r\\ x_{r+1}\\ x_{r+2}\\ \vdots\\ x_n\end{pmatrix}=\begin{pmatrix}-b_{11}x_{r+1}-b_{12}x_{r+2}-\cdots-b_{1,n-r}x_n\\ -b_{21}x_{r+1}-b_{22}x_{r+2}-\cdots-b_{2,n-r}x_n\\ \vdots\\ -b_{r1}x_{r+1}-b_{r2}x_{r+2}-\cdots-b_{r,n-r}x_n\\ x_{r+1}\\ x_{r+2}\\ \vdots\\ x_n\end{pmatrix}$$

$$=x_{r+1}\begin{pmatrix}-b_{11}\\ -b_{21}\\ \vdots\\ -b_{r1}\\ 1\\ 0\\ \vdots\\ 0\end{pmatrix}+x_{r+2}\begin{pmatrix}-b_{12}\\ -b_{22}\\ \vdots\\ -b_{r2}\\ 0\\ 1\\ \vdots\\ 0\end{pmatrix}+\cdots+x_n\begin{pmatrix}-b_{1,n-r}\\ -b_{2,n-r}\\ \vdots\\ -b_{r,n-r}\\ 0\\ 0\\ \vdots\\ 1\end{pmatrix}$$

$$=x_{r+1}\boldsymbol{\eta}_1+x_{r+2}\boldsymbol{\eta}_2+\cdots+x_n\boldsymbol{\eta}_{n-r},$$

即解 $\boldsymbol{x}$ 可表示为 $\boldsymbol{\eta}_1,\boldsymbol{\eta}_2,\cdots,\boldsymbol{\eta}_{n-r}$ 的线性组合.

综合(1),(2) 可知 $\boldsymbol{\eta}_1,\boldsymbol{\eta}_2,\cdots,\boldsymbol{\eta}_{n-r}$ 是 $\boldsymbol{Ax}=\boldsymbol{0}$ 的一个基础解系. □

注 （ⅰ） 定理 3.14 的证明过程实际上已经给出了求齐次线性方程组的基础解系的方法.

若已知 $\boldsymbol{\eta}_1,\boldsymbol{\eta}_2,\cdots,\boldsymbol{\eta}_{n-r}$ 是线性方程组 $\boldsymbol{Ax}=\boldsymbol{0}$ 的一个基础解系，则 $\boldsymbol{Ax}=\boldsymbol{0}$ 的全部解可表示为

$$c_1\boldsymbol{\eta}_1+c_2\boldsymbol{\eta}_2+\cdots+c_{n-r}\boldsymbol{\eta}_{n-r}, \tag{3.8}$$

其中 $c_1,c_2,\cdots,c_{n-r}$ 为任意实数. 表达式(3.8) 称为线性方程组 $\boldsymbol{Ax}=\boldsymbol{0}$ 的通解. 由于 $\boldsymbol{Ax}=\boldsymbol{0}$ 的基础解系并不是唯一的，它的通解形式也不是唯一的.

（ⅱ） 本定理也回答了在第一章中克莱姆定理的推论中留下的问题，在那里曾指出 $\boldsymbol{Ax}=\boldsymbol{0}$（$\boldsymbol{A}$ 为 n 阶方阵）有非零解的必要条件是 $|\boldsymbol{A}|=0$，现在我们知道 $|\boldsymbol{A}|=0$（即 $\mathrm{r}(\boldsymbol{A})<n$）时，$\boldsymbol{Ax}=\boldsymbol{0}$ 必有非零解. 于是得到结论：$\boldsymbol{Ax}=\boldsymbol{0}$ 有非零解等价于 $|\boldsymbol{A}|=0$.

（ⅲ） 本定理给出齐次线性方程组解的结构的一个重要特征：

系数矩阵的秩 + 基础解系所含未知量的个数 = 未知量的个数.

例 3.15　求齐次线性方程组

$$\begin{cases}x_1+x_2-x_3-x_4=0,\\2x_1-5x_2+3x_3+2x_4=0,\\7x_1-7x_2+3x_3+x_4=0\end{cases}$$

的基础解系与通解.

解　对系数矩阵 $\boldsymbol{A}$ 作初等行变换，化为行最简形矩阵：

$$\boldsymbol{A}=\begin{pmatrix}1&1&-1&-1\\2&-5&3&2\\7&-7&3&1\end{pmatrix}$$
$$\to\begin{pmatrix}1&1&-1&-1\\0&-7&5&4\\0&-14&10&8\end{pmatrix}$$
$$\to\begin{pmatrix}1&1&-1&-1\\0&1&-\frac{5}{7}&-\frac{4}{7}\\0&0&0&0\end{pmatrix}$$

$$\rightarrow\begin{pmatrix}1 & 0 & -\frac{2}{7} & -\frac{3}{7}\\ 0 & 1 & -\frac{5}{7} & -\frac{4}{7}\\ 0 & 0 & 0 & 0\end{pmatrix}.$$

由此可得同解的线性方程组为

$$\begin{cases}x_1-\frac{2}{7}x_3-\frac{3}{7}x_4=0,\\ x_2-\frac{5}{7}x_3-\frac{4}{7}x_4=0,\end{cases}$$

即

$$\begin{cases}x_1=\frac{2}{7}x_3+\frac{3}{7}x_4,\\ x_2=\frac{5}{7}x_3+\frac{4}{7}x_4\end{cases}\quad (\text{其中 } x_3,x_4 \text{ 为自由未知量}).$$

分别令$\begin{pmatrix}x_3\\x_4\end{pmatrix}=\begin{pmatrix}1\\0\end{pmatrix},\begin{pmatrix}0\\1\end{pmatrix}$，则对应有

$$\begin{pmatrix}x_1\\x_2\end{pmatrix}=\begin{pmatrix}\frac{2}{7}\\ \frac{5}{7}\end{pmatrix},\begin{pmatrix}\frac{3}{7}\\ \frac{4}{7}\end{pmatrix},$$

即得基础解系为

$$\boldsymbol{\eta}_1=\begin{pmatrix}\frac{2}{7}\\ \frac{5}{7}\\ 1\\ 0\end{pmatrix},\quad \boldsymbol{\eta}_2=\begin{pmatrix}\frac{3}{7}\\ \frac{4}{7}\\ 0\\ 1\end{pmatrix}.$$

并得出通解

$$\begin{pmatrix}x_1\\x_2\\x_3\\x_4\end{pmatrix}=c_1\begin{pmatrix}\frac{2}{7}\\ \frac{5}{7}\\ 1\\ 0\end{pmatrix}+c_2\begin{pmatrix}\frac{3}{7}\\ \frac{4}{7}\\ 0\\ 1\end{pmatrix}\quad (c_1,c_2\in\mathbf{R}).$$

例 3.16 求齐次线性方程组

$$\begin{cases} x_1+x_2-3x_4-x_5=0, \\ x_1-x_2+2x_3-x_4+x_5=0, \\ 4x_1-2x_2+6x_3-5x_4+x_5=0, \\ 2x_1+4x_2-2x_3+4x_4-16x_5=0 \end{cases}$$

的一个基础解系，并用基础解系表示方程组的通解.

解 对方程组的系数矩阵 $\boldsymbol{A}$ 作初等行变换，化为行最简形矩阵：

$$\boldsymbol{A}=\begin{pmatrix} 1 & 1 & 0 & -3 & -1 \\ 1 & -1 & 2 & -1 & 1 \\ 4 & -2 & 6 & -5 & 1 \\ 2 & 4 & -2 & 4 & -16 \end{pmatrix}$$

$$\to\begin{pmatrix} 1 & 1 & 0 & -3 & -1 \\ 0 & -2 & 2 & 2 & 2 \\ 0 & -6 & 6 & 7 & 5 \\ 0 & 2 & -2 & 10 & -14 \end{pmatrix}$$

$$\to\begin{pmatrix} 1 & 1 & 0 & -3 & -1 \\ 0 & -2 & 2 & 2 & 2 \\ 0 & 0 & 0 & 1 & -1 \\ 0 & 0 & 0 & 12 & -12 \end{pmatrix}$$

$$\to\begin{pmatrix} 1 & 0 & 1 & 0 & -2 \\ 0 & 1 & -1 & -1 & -1 \\ 0 & 0 & 0 & 1 & -1 \\ 0 & 0 & 0 & 0 & 0 \end{pmatrix}$$

$$\to\begin{pmatrix} 1 & 0 & 1 & 0 & -2 \\ 0 & 1 & -1 & 0 & -2 \\ 0 & 0 & 0 & 1 & -1 \\ 0 & 0 & 0 & 0 & 0 \end{pmatrix}.$$

由此可得同解的线性方程组为

$$\begin{cases} x_1+x_3-2x_5=0, \\ x_2-x_3-2x_5=0, \\ x_4-x_5=0, \end{cases}$$

即

$$\begin{cases} x_1=-x_3+2x_5, \\ x_2=x_3+2x_5, \\ x_4=x_5 \end{cases} \quad (\text{其中 } x_3, x_5 \text{ 为自由未知量}).$$

分别令$\begin{pmatrix} x_3 \\ x_5 \end{pmatrix}=\begin{pmatrix} 1 \\ 0 \end{pmatrix},\begin{pmatrix} 0 \\ 1 \end{pmatrix}$,则对应有

$$\begin{pmatrix} x_1 \\ x_2 \\ x_4 \end{pmatrix}=\begin{pmatrix} -1 \\ 1 \\ 0 \end{pmatrix},\begin{pmatrix} 2 \\ 2 \\ 1 \end{pmatrix},$$

即得基础解系为

$$\boldsymbol{\eta}_1=\begin{pmatrix} -1 \\ 1 \\ 1 \\ 0 \\ 0 \end{pmatrix},\quad \boldsymbol{\eta}_2=\begin{pmatrix} 2 \\ 2 \\ 0 \\ 1 \\ 1 \end{pmatrix}.$$

由此可得通解为

$$\begin{pmatrix} x_1 \\ x_2 \\ x_3 \\ x_4 \\ x_5 \end{pmatrix}=c_1\begin{pmatrix} -1 \\ 1 \\ 1 \\ 0 \\ 0 \end{pmatrix}+c_2\begin{pmatrix} 2 \\ 2 \\ 0 \\ 1 \\ 1 \end{pmatrix}\quad (c_1,c_2\in\mathbf{R}).$$

下面我们来证明第二章矩阵乘法运算中秩的变化的相关不等式.

例 3.17 若 $\boldsymbol{A}_{m\times n}\boldsymbol{B}_{n\times t}=\boldsymbol{O}$, 则 $\mathrm{r}(\boldsymbol{A})+\mathrm{r}(\boldsymbol{B})\leqslant n$.

证 令$\boldsymbol{B}=(\boldsymbol{\beta}_1,\boldsymbol{\beta}_2,\cdots,\boldsymbol{\beta}_t)$, 则$\boldsymbol{AB}=\boldsymbol{A}(\boldsymbol{\beta}_1,\boldsymbol{\beta}_2,\cdots,\boldsymbol{\beta}_t)=(\mathbf{0},\mathbf{0},\cdots,\mathbf{0})$, 即

$$\boldsymbol{A\beta}_i=\mathbf{0}\quad (i=1,2,\cdots,t).$$

故 $\boldsymbol{B}$ 的t个列向量均为齐次线性方程组$\boldsymbol{Ax}=\mathbf{0}$的解. 因此, $\boldsymbol{B}$ 中列向量组的秩必小于或等于 $\boldsymbol{Ax}=\mathbf{0}$ 的基础解系所含向量的个数, 即有

$$\mathrm{r}(\boldsymbol{B})=\mathrm{r}\{\boldsymbol{\beta}_1,\boldsymbol{\beta}_2,\cdots,\boldsymbol{\beta}_t\}\leqslant n-\mathrm{r}(\boldsymbol{A}).$$

所以 $\mathrm{r}(\boldsymbol{A})+\mathrm{r}(\boldsymbol{B})\leqslant n$.

例 3.18 设 n 元齐次线性方程组$\boldsymbol{Ax}=\mathbf{0}$ 与 $\boldsymbol{Bx}=\mathbf{0}$ 同解, 证明:

$$\mathrm{r}(\boldsymbol{A})=\mathrm{r}(\boldsymbol{B}).$$

证 由于线性方程组 $\boldsymbol{Ax}=\mathbf{0}$ 与 $\boldsymbol{Bx}=\mathbf{0}$ 同解, 所以解集相同, 设为 S, 由此可知, $\mathrm{r}(\boldsymbol{A})=n-\mathrm{r}(S)$, $\mathrm{r}(\boldsymbol{B})=n-\mathrm{r}(S)$. 因此, $\mathrm{r}(\boldsymbol{A})=r(\boldsymbol{B})$.

本例的结论表明, 当矩阵 $\boldsymbol{A}$ 与 $\boldsymbol{B}$ 的行数相等时, 要证 $\mathrm{r}(\boldsymbol{A})=\mathrm{r}(\boldsymbol{B})$, 只需证明齐次方程 $\boldsymbol{Ax}=\mathbf{0}$ 与 $\boldsymbol{Bx}=\mathbf{0}$ 同解即可.

3.5.2　非齐次线性方程组解的结构

设有非齐次线性方程组

$$\begin{cases} a_{11}x_1 + a_{12}x_2 + \cdots + a_{1n}x_n = b_1, \\ a_{21}x_1 + a_{22}x_2 + \cdots + a_{2n}x_n = b_2, \\ \cdots\cdots\cdots\cdots\cdots\cdots\cdots\cdots \\ a_{m1}x_1 + a_{m2}x_2 + \cdots + a_{mn}x_n = b_m. \end{cases} \tag{3.9}$$

它也可以写为矩阵方程

$$\boldsymbol{A}\boldsymbol{x} = \boldsymbol{b}. \tag{3.10}$$

在(3.10)中令 $\boldsymbol{b}=\boldsymbol{0}$ 得到的齐次线性方程组 $\boldsymbol{A}\boldsymbol{x}=\boldsymbol{0}$ 称为 $\boldsymbol{A}\boldsymbol{x}=\boldsymbol{b}$ **对应的齐次线性方程组**(也称为**导出组**).

下面讨论非齐次线性方程组的解的性质.

性质1　设 $\boldsymbol{\eta}_1, \boldsymbol{\eta}_2$ 是非齐次线性方程组 $\boldsymbol{A}\boldsymbol{x}=\boldsymbol{b}$ 的解，则 $\boldsymbol{\eta}_1-\boldsymbol{\eta}_2$ 是对应的齐次线性方程组 $\boldsymbol{A}\boldsymbol{x}=\boldsymbol{0}$ 的解.

证　由 $\boldsymbol{\eta}_1, \boldsymbol{\eta}_2$ 是 $\boldsymbol{A}\boldsymbol{x}=\boldsymbol{b}$ 的解可知，$\boldsymbol{A}\boldsymbol{\eta}_1=\boldsymbol{b}$，$\boldsymbol{A}\boldsymbol{\eta}_2=\boldsymbol{b}$，于是

$$\boldsymbol{A}(\boldsymbol{\eta}_1-\boldsymbol{\eta}_2)=\boldsymbol{A}\boldsymbol{\eta}_1-\boldsymbol{A}\boldsymbol{\eta}_2=\boldsymbol{b}-\boldsymbol{b}=\boldsymbol{0},$$

即 $\boldsymbol{\eta}_1-\boldsymbol{\eta}_2$ 是对应的齐次线性方程组 $\boldsymbol{A}\boldsymbol{x}=\boldsymbol{0}$ 的解. □

性质2　设 $\boldsymbol{\eta}$ 是非齐次线性方程组 $\boldsymbol{A}\boldsymbol{x}=\boldsymbol{b}$ 的解，$\boldsymbol{\xi}$ 为对应的导出组的解，则 $\boldsymbol{x}=\boldsymbol{\xi}+\boldsymbol{\eta}$ 为非齐次线性方程组 $\boldsymbol{A}\boldsymbol{x}=\boldsymbol{b}$ 的解.

证　由 $\boldsymbol{\eta}$ 是非齐次线性方程组 $\boldsymbol{A}\boldsymbol{x}=\boldsymbol{b}$ 的解，$\boldsymbol{\xi}$ 为对应的导出组的解知，$\boldsymbol{A}\boldsymbol{\xi}=\boldsymbol{0}$，$\boldsymbol{A}\boldsymbol{\eta}=\boldsymbol{b}$. 于是

$$\boldsymbol{A}\boldsymbol{x}=\boldsymbol{A}(\boldsymbol{\xi}+\boldsymbol{\eta})=\boldsymbol{A}\boldsymbol{\xi}+\boldsymbol{A}\boldsymbol{\eta}=\boldsymbol{b}.$$

所以 $\boldsymbol{\xi}+\boldsymbol{\eta}$ 是非齐次线性方程组 $\boldsymbol{A}\boldsymbol{x}=\boldsymbol{b}$ 的解. □

定理3.15　设 $\boldsymbol{\eta}^*$ 是非齐次线性方程组 $\boldsymbol{A}\boldsymbol{x}=\boldsymbol{b}$ 的一个解(称为特解)，$\boldsymbol{\xi}$ 是对应齐次方程组 $\boldsymbol{A}\boldsymbol{x}=\boldsymbol{0}$ 的通解，则 $\boldsymbol{x}=\boldsymbol{\xi}+\boldsymbol{\eta}^*$ 是非齐次线性方程组 $\boldsymbol{A}\boldsymbol{x}=\boldsymbol{b}$ 的通解.

证　根据非齐次线性方程组解的性质，只需证明非齐次线性方程组的任一解 $\boldsymbol{\eta}$ 一定能表示为 $\boldsymbol{\eta}^*$ 与 $\boldsymbol{A}\boldsymbol{x}=\boldsymbol{0}$ 的某一个解 $\boldsymbol{\xi}_1$ 的和. 为此取 $\boldsymbol{\xi}_1=\boldsymbol{\eta}-\boldsymbol{\eta}^*$，由此可知，$\boldsymbol{\xi}_1$ 是 $\boldsymbol{A}\boldsymbol{x}=\boldsymbol{0}$ 的解. 故

$$\boldsymbol{\eta}=\boldsymbol{\xi}_1+\boldsymbol{\eta}^*,$$

即非齐次线性方程组的任一解都能表示为该方程的一个解 $\boldsymbol{\eta}^*$ 与其对应的齐次线性方程组某一解的和. □

注 设 $\boldsymbol{\xi}_1,\boldsymbol{\xi}_2,\cdots,\boldsymbol{\xi}_{n-r}$ 是 $\boldsymbol{A}\boldsymbol{x}=\boldsymbol{0}$ 的基础解系，$\boldsymbol{\eta}^*$ 是 $\boldsymbol{A}\boldsymbol{x}=\boldsymbol{b}$ 的一个特解，则非齐次线性方程组 $\boldsymbol{A}\boldsymbol{x}=\boldsymbol{b}$ 的通解可表示为

$$\boldsymbol{x}=c_1\boldsymbol{\xi}_1+c_2\boldsymbol{\xi}_2+\cdots+c_{n-r}\boldsymbol{\xi}_{n-r}+\boldsymbol{\eta}^*,$$

其中 $c_1,c_2,\cdots,c_{n-r}\in\mathbf{R}$.

这就是非齐次线性方程组解的结构理论：$\boldsymbol{A}\boldsymbol{x}=\boldsymbol{b}$ 的通解为其导出组 $\boldsymbol{A}\boldsymbol{x}=\boldsymbol{0}$ 的通解与 $\boldsymbol{A}\boldsymbol{x}=\boldsymbol{b}$ 的一个特解相加.

综合前面的讨论，设有非齐次线性方程组 $\boldsymbol{A}\boldsymbol{x}=\boldsymbol{b}$，而 $\boldsymbol{\alpha}_1,\boldsymbol{\alpha}_2,\cdots,\boldsymbol{\alpha}_n$ 是系数矩阵 $\boldsymbol{A}$ 的列向量组，则下列 4 个命题是等价的：

(1) 非齐次线性方程组 $\boldsymbol{A}\boldsymbol{x}=\boldsymbol{b}$ 有解；

(2) 向量 $\boldsymbol{b}$ 能由向量组 $\boldsymbol{\alpha}_1,\boldsymbol{\alpha}_2,\cdots,\boldsymbol{\alpha}_n$ 线性表示；

(3) 向量组 $\boldsymbol{\alpha}_1,\boldsymbol{\alpha}_2,\cdots,\boldsymbol{\alpha}_n$ 与向量组 $\boldsymbol{\alpha}_1,\boldsymbol{\alpha}_2,\cdots,\boldsymbol{\alpha}_n,\boldsymbol{b}$ 等价；

(4) $\mathrm{r}(\boldsymbol{A})=\mathrm{r}(\boldsymbol{A},\boldsymbol{b})$.

根据前面的讨论，我们可以把求解非齐次线性方程组全部解的步骤归纳如下：

(1) 对方程组 $\boldsymbol{A}\boldsymbol{x}=\boldsymbol{b}$ 的增广矩阵 $\overline{\boldsymbol{A}}=(\boldsymbol{A},\boldsymbol{b})$ 施以初等行变换，化为阶梯形矩阵，然后写出相应的阶梯形方程组(与原方程组同解).

(2) 通过阶梯形方程组确定自由未知量，将含自由未知量的项移至方程右边.

(3) 求非齐次方程组的一个特解，在第(2)步的方程组中将自由未知量任意取值(特别地，取零值最简便)可求出其他未知量之值，这样就得到了一个特解.

(4) 求出导出组的一个基础解系(这时须令第(2)步中方程组的常数项为零).

(5) 非齐次方程组的全部解(或通解)就是特解加上导出组的基础解系的线性组合(即原方程组的特解加上导出组的通解).

例 3.19 求下列方程组的通解：

$$\begin{cases}x_1-x_2-x_3+x_4=0,\\ x_1-x_2+x_3-3x_4=1,\\ x_1-x_2-2x_3+3x_4=-\dfrac{1}{2}.\end{cases}$$

解 对增广矩阵 $\overline{\boldsymbol{A}}$ 施以初等行变换，化为行最简形矩阵：

$$\overline{A}=\begin{pmatrix}1&-1&-1&1&0\\1&-1&1&-3&1\\1&-1&-2&3&-\frac{1}{2}\end{pmatrix}$$

$$\to\begin{pmatrix}1&-1&-1&1&0\\0&0&2&-4&1\\0&0&-1&2&-\frac{1}{2}\end{pmatrix}$$

$$\to\begin{pmatrix}1&-1&0&-1&\frac{1}{2}\\0&0&1&-2&\frac{1}{2}\\0&0&0&0&0\end{pmatrix}.$$

可知 $r(A)=r(\overline{A})=2<4$，故原方程组有无穷多解，同解的线性方程组为

$$\begin{cases}x_1-x_2-x_4=\frac{1}{2},\\x_3-2x_4=\frac{1}{2}.\end{cases}$$

将其改写为

$$\begin{cases}x_1=x_2+x_4+\frac{1}{2},\\x_3=2x_4+\frac{1}{2}.\end{cases}$$

取 $x_2=x_4=0$，则 $x_1=x_3=\frac{1}{2}$，即得原方程组的一个解

$$\eta^*=\begin{pmatrix}\frac{1}{2}\\0\\\frac{1}{2}\\0\end{pmatrix}.$$

原方程组的导出组与方程组

$$\begin{cases}x_1=x_2+x_4,\\x_3=2x_4\end{cases}$$

同解，其中 x_2,x_4 为自由未知量. 分别令

$$\begin{pmatrix}x_2\\x_4\end{pmatrix}=\begin{pmatrix}1\\0\end{pmatrix},\begin{pmatrix}0\\1\end{pmatrix},$$

则对应有

$$\begin{pmatrix}x_1\\x_3\end{pmatrix}=\begin{pmatrix}1\\0\end{pmatrix},\begin{pmatrix}1\\2\end{pmatrix},$$

即得基础解系为

$$\boldsymbol{\xi}_1=\begin{pmatrix}1\\1\\0\\0\end{pmatrix},\quad \boldsymbol{\xi}_2=\begin{pmatrix}1\\0\\2\\1\end{pmatrix}.$$

于是，所求的通解为

$$\boldsymbol{x}=c_1\boldsymbol{\xi}_1+c_2\boldsymbol{\xi}_2+\boldsymbol{\eta}^*=c_1\begin{pmatrix}1\\1\\0\\0\end{pmatrix}+c_2\begin{pmatrix}1\\0\\2\\1\end{pmatrix}+\begin{pmatrix}\frac{1}{2}\\0\\\frac{1}{2}\\0\end{pmatrix}\quad(c_1,c_2\in\mathbf{R}).$$

例 3.20 设 4 元非齐次线性方程组 $\boldsymbol{Ax}=\boldsymbol{b}$ 的系数矩阵 $\boldsymbol{A}$ 的秩为 3，已知它的三个解向量为 $\boldsymbol{\eta}_1,\boldsymbol{\eta}_2,\boldsymbol{\eta}_3$，其中

$$\boldsymbol{\eta}_1=\begin{pmatrix}3\\-4\\1\\2\end{pmatrix},\quad \boldsymbol{\eta}_2+\boldsymbol{\eta}_3=\begin{pmatrix}4\\6\\8\\0\end{pmatrix},$$

求方程组的通解.

解 根据题意，方程组 $\boldsymbol{Ax}=\boldsymbol{b}$ 的导出组的基础解系含 $4-3=1$ 个向量，于是导出组的任一非零解都可作为基础解系. 显然

$$\boldsymbol{\xi}=\boldsymbol{\eta}_1-\frac{1}{2}(\boldsymbol{\eta}_2+\boldsymbol{\eta}_3)=\begin{pmatrix}1\\-7\\-3\\2\end{pmatrix}\neq 0,$$

是导出组的非零解，可作为基础解系. 于是方程组 $\boldsymbol{Ax}=\boldsymbol{b}$ 的通解为

$$\boldsymbol{x}=\boldsymbol{\eta}_1+c\boldsymbol{\xi}=\begin{pmatrix}3\\-4\\1\\2\end{pmatrix}+c\begin{pmatrix}1\\-7\\-3\\2\end{pmatrix}\quad(c\in\mathbf{R}).$$

习 题 3.5

1. 判断题

(1) 有非零解的齐次线性方程组的基础解系是唯一的. ( )

(2) 有无穷多个解的非齐次线性方程组的通解的形式不唯一. ( )

(3) 若非齐次线性方程组 $\boldsymbol{Ax}=\boldsymbol{b}$ 的导出组 $\boldsymbol{Ax}=\boldsymbol{0}$ 只有零解，则 $\boldsymbol{Ax}=\boldsymbol{b}$ 有唯一解. ( )

(4) 若非齐次线性方程组 $\boldsymbol{Ax}=\boldsymbol{b}$ 有解，则它有唯一解的充分必要条件是它的导出组 $\boldsymbol{Ax}=\boldsymbol{0}$ 只有零解. ( )

(5) 若非齐次线性方程组有解，则它要么有唯一解，要么有无穷多解. ( )

2. 求下列齐次线性方程组的基础解系：

(1) $\begin{cases}x_1-8x_2+10x_3+2x_4=0,\\2x_1+4x_2+5x_3-x_4=0,\\3x_1+8x_2+6x_3-2x_4=0;\end{cases}$

(2) $\begin{cases}2x_1-3x_2-2x_3+x_4=0,\\3x_1+5x_2+4x_3-2x_4=0,\\8x_1+7x_2+6x_3-3x_4=0.\end{cases}$

3. 设 $\boldsymbol{\alpha}_1,\boldsymbol{\alpha}_2$ 是某个齐次线性方程组的基础解系，证明 $\boldsymbol{\alpha}_1+\boldsymbol{\alpha}_2,2\boldsymbol{\alpha}_1-\boldsymbol{\alpha}_2$ 是该线性方程组的基础解系.

4. 求下列非齐次线性方程组的一个解及对应的基础解系：

(1) $\begin{cases}x_1+x_2=5,\\2x_1+x_2+x_3+2x_4=1,\\5x_1+3x_2+2x_3+2x_4=3;\end{cases}$

(2) $\begin{cases}2x_1+x_2-x_3+x_4=1,\\x_1+2x_2+x_3-x_4=2,\\x_1+x_2+2x_3+x_4=3.\end{cases}$

5. 设 4 元非齐次线性方程组 $\boldsymbol{Ax}=\boldsymbol{b}$ 的系数矩阵 $\boldsymbol{A}$ 的秩为 2，已知它的 3 个解向量为 $\boldsymbol{\eta}_1,\boldsymbol{\eta}_2,\boldsymbol{\eta}_3$，其中

$$\boldsymbol{\eta}_1=\begin{pmatrix}4\\3\\2\\1\end{pmatrix},\quad \boldsymbol{\eta}_2=\begin{pmatrix}1\\3\\5\\1\end{pmatrix},\quad \boldsymbol{\eta}_3=\begin{pmatrix}-2\\6\\3\\2\end{pmatrix},$$

求该方程组的通解.

6. 设 $\boldsymbol{\eta}^*$ 是非齐次线性方程组 $\boldsymbol{Ax}=\boldsymbol{b}$ 的一个解，$\boldsymbol{\xi}_1,\boldsymbol{\xi}_2,\cdots,\boldsymbol{\xi}_{n-r}$ 是对应的齐次线性方程组的一个基础解系. 证明：

(1) $\boldsymbol{\eta}^*,\boldsymbol{\xi}_1,\boldsymbol{\xi}_2,\cdots,\boldsymbol{\xi}_{n-r}$ 线性无关；

(2) $\boldsymbol{\eta}^*,\boldsymbol{\eta}^*+\boldsymbol{\xi}_1,\boldsymbol{\eta}^*+\boldsymbol{\xi}_2,\cdots,\boldsymbol{\eta}^*+\boldsymbol{\xi}_{n-r}$ 线性无关.

总习题三

1. 填空题

(1) 设向量组

$$\boldsymbol{\alpha}_1=(1,-1,2,4),\quad \boldsymbol{\alpha}_2=(0,3,1,2),\quad \boldsymbol{\alpha}_3=(3,0,7,14),$$
$$\boldsymbol{\alpha}_4=(2,1,5,6),\quad \boldsymbol{\alpha}_5=(1,-1,2,0),$$

则包含 $\boldsymbol{\alpha}_1,\boldsymbol{\alpha}_4$ 的极大无关组是________.

(2) 设 $\boldsymbol{A}$ 为3阶方阵，$\mathrm{r}(\boldsymbol{A})=2$，且非齐次线性方程组 $\boldsymbol{Ax}=\boldsymbol{b}$ 有解，则 $\boldsymbol{Ax}=\boldsymbol{b}$ 有________(用“唯一”，“无穷多个”)解，解向量组的秩为________.

(3) 使向量组

$$\boldsymbol{\alpha}_1=(a,0,1)^{\mathrm{T}},\quad \boldsymbol{\alpha}_2=(0,a,2)^{\mathrm{T}},\quad \boldsymbol{\alpha}_3=(10,3,a)^{\mathrm{T}}$$

线性无关的 a 的值是________.

(4) 如果矩阵

$$\boldsymbol{A}=\begin{pmatrix}1&2&3\\-1&3&2\\2&1&t\\-2&1&-1\end{pmatrix},$$

$\boldsymbol{B}$ 是三阶非零矩阵，且 $\boldsymbol{AB}=\boldsymbol{O}$，则 $t=$________.

2. 选择题

(1) 设向量组(Ⅰ)$\boldsymbol{\alpha}_1,\boldsymbol{\alpha}_2,\cdots,\boldsymbol{\alpha}_r$ 可由向量组(Ⅱ)$\boldsymbol{\beta}_1,\boldsymbol{\beta}_2,\cdots,\boldsymbol{\beta}_s$ 线性表示，则(　　).

(A) 当 $r<s$ 时，向量组(Ⅱ)必线性相关

(B) 当 $r>s$ 时，向量组(Ⅱ)必线性相关

(C) 当 $r<s$ 时，向量组(Ⅰ)必线性相关

(D) 当 $r>s$ 时，向量组(Ⅰ)必线性相关

(2) 设 $\boldsymbol{\alpha}_0$ 是非齐次线性方程组 $\boldsymbol{Ax}=\boldsymbol{b}$ 的一个解，$\boldsymbol{\alpha}_1,\boldsymbol{\alpha}_2,\cdots,\boldsymbol{\alpha}_r$ 是其导出组 $\boldsymbol{Ax}=\boldsymbol{0}$ 的基础解系，则成立的结论是(　　).

(A) $\boldsymbol{\alpha}_0,\boldsymbol{\alpha}_1,\boldsymbol{\alpha}_2,\cdots,\boldsymbol{\alpha}_r$ 线性无关

(B) $\boldsymbol{\alpha}_0,\boldsymbol{\alpha}_1,\boldsymbol{\alpha}_2,\cdots,\boldsymbol{\alpha}_r$ 线性相关

(C) $\boldsymbol{\alpha}_0,\boldsymbol{\alpha}_1,\boldsymbol{\alpha}_2,\cdots,\boldsymbol{\alpha}_r$ 的任意线性组合都是 $\boldsymbol{Ax}=\boldsymbol{b}$ 的解

(D) $\boldsymbol{\alpha}_0,\boldsymbol{\alpha}_1,\boldsymbol{\alpha}_2,\cdots,\boldsymbol{\alpha}_r$ 的任意线性组合都是 $\boldsymbol{Ax}=\boldsymbol{0}$ 的解

(3) 设向量组 $\boldsymbol{\alpha},\boldsymbol{\beta},\boldsymbol{\gamma}$ 线性无关，向量组 $\boldsymbol{\alpha},\boldsymbol{\beta},\boldsymbol{\delta}$ 线性相关，则(　　).

(A) $\boldsymbol{\alpha}$ 必可由 $\boldsymbol{\beta},\boldsymbol{\gamma},\boldsymbol{\delta}$ 线性表示

(B) $\boldsymbol{\beta}$ 必不可由 $\boldsymbol{\alpha},\boldsymbol{\gamma},\boldsymbol{\delta}$ 线性表示

(C) $\boldsymbol{\delta}$ 必可由 $\boldsymbol{\alpha},\boldsymbol{\beta},\boldsymbol{\gamma}$ 线性表示

(D) $\boldsymbol{\delta}$ 必不可由 $\boldsymbol{\alpha},\boldsymbol{\beta},\boldsymbol{\gamma}$ 线性表示

(4) 齐次线性方程组

$$\begin{cases}x_1+kx_2+x_3=0,\\2x_1+x_2+x_3=0,\\kx_2+3x_3=0\end{cases}$$

只有零解，则 k 应满足的条件是(　　).

(A) $k=\dfrac{3}{5}$　　(B) $k=\dfrac{4}{5}$

(C) $k\neq\dfrac{3}{5}$　　(D) $k\neq\dfrac{4}{5}$

3. 已知向量组

$$\boldsymbol{\alpha}_1=(1,0,1,2),\quad \boldsymbol{\alpha}_2=(0,1,1,2),\quad \boldsymbol{\alpha}_3=(1,1,0,a),$$
$$\boldsymbol{\alpha}_4=(1,2,a,6),\quad \boldsymbol{\alpha}_5=(1,1,2,4),$$

问当 a 取何值时，向量组的秩为 3？ 并求其极大线性无关组，用它表示其余向量.

4. 确定 a,b 的值，使线性方程组

$$\begin{cases}x_1+2x_2-2x_3+2x_4=2,\\x_2-x_3-x_4=1,\\x_1+x_2-x_3+3x_4=a,\\x_1-x_2+x_3+5x_4=b\end{cases}$$

有解，并求其解.

5. 求下列齐次线性方程组的基础解系和通解：

(1) $\begin{cases}x_1+3x_2+2x_3=0,\\x_1+5x_2+x_3=0,\\3x_1+5x_2+8x_3=0;\end{cases}$

(2) $\begin{cases}x_1+2x_2-2x_3+2x_4-x_5=0,\\x_1+2x_2-x_3+3x_4-2x_5=0,\\2x_1+4x_2-7x_3+x_4+x_5=0.\end{cases}$

6. 已知线性方程组

$$\begin{cases}x_1+2x_2+\lambda x_3=0,\\-x_1+(\lambda-1)x_2+x_3=0,\\\lambda x_1+(3\lambda+1)x_2+(2\lambda+3)x_3=0.\end{cases}$$

求 λ 取何值时，

(1) 只有零解；

(2) 有非零解，并在有非零解时，求其通解.

7. 求下列非齐次线性方程组的解：

(1) $\begin{cases}2x_1+3x_2+x_3=3,\\x_1+2x_2+x_3=1,\\x_1-x_2-2x_3=0;\end{cases}$

(2) $\begin{cases}x_1+7x_3=3,\\x_1+2x_2+x_3=1,\\x_2-3x_3=-1;\end{cases}$

(3) $\begin{cases}2x_1-x_2+3x_3+4x_4=5,\\4x_1-2x_2+5x_3+6x_4=7,\\6x_1-3x_2+7x_3+8x_4=9,\\8x_1-4x_2+9x_3+10x_4=11.\end{cases}$

8. 求 k 取何值时，线性方程组

$$\begin{cases}x_1+(k^2+1)x_2+2x_3=k,\\kx_1+kx_2+(2k+1)x_3=0,\\x_1+(2k+1)x_2+2x_3=2\end{cases}$$

(1) 有唯一解；

(2) 无解；

(3) 有无穷多解，并求出其通解.

9. 三元非齐次线性方程组的系数矩阵的秩为 1，已知 $\boldsymbol{\xi}_1,\boldsymbol{\xi}_2,\boldsymbol{\xi}_3$ 是它的三个解向量，且

$$\boldsymbol{\xi}_1+\boldsymbol{\xi}_2=\begin{pmatrix}1\\2\\3\end{pmatrix},$$

$$\boldsymbol{\xi}_2+\boldsymbol{\xi}_3=\begin{pmatrix}0\\-1\\1\end{pmatrix},$$

$$\boldsymbol{\xi}_3+\boldsymbol{\xi}_1=\begin{pmatrix}1\\0\\-1\end{pmatrix},$$

求该非齐次线性方程组的通解.

第四章

矩阵的特征值与特征向量

4.1 矩阵的特征值与特征向量的概念与性质

4.1.1 特征值与特征向量的概念及基本性质

定义 4.1 设 $\boldsymbol{A}$ 是 n 阶方阵. 如果数 λ 和 n 维非零向量 $\boldsymbol{x}$，使

$$\boldsymbol{A}\boldsymbol{x}=\lambda\boldsymbol{x}$$

成立，则称数 λ 为方阵 $\boldsymbol{A}$ 的**特征值**，非零向量 $\boldsymbol{x}$ 称为 $\boldsymbol{A}$ 的对应于特征值 λ 的**特征向量**(或称为 $\boldsymbol{A}$ 的属于特征值 λ 的特征向量).

特征值和特征向量具有下列基本性质：

(1) 如果 λ 是矩阵 $\boldsymbol{A}$ 的一个特征值，$\boldsymbol{\xi}$ 是 $\boldsymbol{A}$ 的对应于特征值 λ 的一个特征向量，那么对于任何实数 $k\neq 0$，$k\boldsymbol{\xi}$ 也是 $\boldsymbol{A}$ 的对应于特征值 λ 的一个特征向量.

这是由于 $\boldsymbol{A}(k\boldsymbol{\xi})=k(\boldsymbol{A}\boldsymbol{\xi})=k(\lambda\boldsymbol{\xi})=\lambda(k\boldsymbol{\xi})$.

(2) 如果 λ 是矩阵 $\boldsymbol{A}$ 的一个特征值，$\boldsymbol{\xi}_1,\boldsymbol{\xi}_2$ 都是 $\boldsymbol{A}$ 的对应于特征值 λ 的特征向量，那么当 $\boldsymbol{\xi}_1+\boldsymbol{\xi}_2\neq\boldsymbol{0}$ 时，$\boldsymbol{\xi}_1+\boldsymbol{\xi}_2$ 也是 $\boldsymbol{A}$ 的对应于特征值 λ 的一个特征向量.

这是由于 $\boldsymbol{A}(\boldsymbol{\xi}_1+\boldsymbol{\xi}_2)=\boldsymbol{A}\boldsymbol{\xi}_1+\boldsymbol{A}\boldsymbol{\xi}_2=\lambda\boldsymbol{\xi}_1+\lambda\boldsymbol{\xi}_2=\lambda(\boldsymbol{\xi}_1+\boldsymbol{\xi}_2)$.

综合并推广前面的两个性质，我们有

(3) 如果 λ 是矩阵 $\boldsymbol{A}$ 的一个特征值，$\boldsymbol{\xi}_1,\boldsymbol{\xi}_2,\cdots,\boldsymbol{\xi}_r$ 都是 $\boldsymbol{A}$ 的对应于特征值 λ 的特征向量，那么任意非零线性组合 $k_1\boldsymbol{\xi}_1+k_2\boldsymbol{\xi}_2+\cdots+k_r\boldsymbol{\xi}_r$ 也是 $\boldsymbol{A}$ 的对应于特征值 λ 的一个特征向量.

注 (i) 特征向量 $\boldsymbol{\xi}$ 一定是非零向量. 虽然对于任何方阵 $\boldsymbol{A}$ 及任意常数 λ，零向量 $\boldsymbol{0}$ 满足 $\boldsymbol{A}\cdot\boldsymbol{0}=\lambda\cdot\boldsymbol{0}$，但是在许多实际问题中只讨论满足此方程的非零特征向量.

(ii) 特征值和特征向量是密切关联的. 特征向量不能孤立地存在，它必

定是属于某一个特征值的，而且一个特征向量只能属于一个特征值；但是反过来，由上述性质可以看出，对于每一个特征值却有不止一个特征向量.

（ⅲ）如果λ_1,λ_2是矩阵$\boldsymbol{A}$的两个不同的特征值，$\boldsymbol{\xi}_1$是$\boldsymbol{A}$的对应于特征值λ_1的一个特征向量，$\boldsymbol{\xi}_2$是$\boldsymbol{A}$的对应于特征值λ_2的一个特征向量，那么$\boldsymbol{\xi}_1+\boldsymbol{\xi}_2$不再是矩阵$\boldsymbol{A}$的特征向量.（读者可以自己证明）

（ⅳ）由第三章的知识，我们知道n阶方阵$\boldsymbol{A}$的特征值λ，就是使齐次线性方程组$(\lambda\boldsymbol{I}-\boldsymbol{A})\boldsymbol{x}=\boldsymbol{0}$有非零解的值，即满足方程$|\lambda\boldsymbol{I}-\boldsymbol{A}|=0$的$\lambda$都是矩阵$\boldsymbol{A}$的特征值.

定义 4.2　设$\boldsymbol{A}$是n阶方阵，λ是一个未知量，矩阵$\lambda\boldsymbol{I}-\boldsymbol{A}$称为矩阵$\boldsymbol{A}$的**特征矩阵**；行列式$|\lambda\boldsymbol{I}-\boldsymbol{A}|$称为矩阵$\boldsymbol{A}$的**特征多项式**；方程$|\lambda\boldsymbol{I}-\boldsymbol{A}|=0$称为矩阵$\boldsymbol{A}$的**特征方程**；它的根称为矩阵$\boldsymbol{A}$的**特征根**，即为矩阵$\boldsymbol{A}$的特征值.

这样，$\boldsymbol{A}$的特征值就是$\boldsymbol{A}$的特征多项式的零点（或特征方程的根）. 因此，求$\boldsymbol{A}$的特征值转化为求$\boldsymbol{A}$的特征方程的根. 具体求解$\boldsymbol{A}$的特征值与特征向量的步骤如下：

（1）计算$\boldsymbol{A}$的特征多项式$|\lambda\boldsymbol{I}-\boldsymbol{A}|$.

（2）求出$|\lambda\boldsymbol{I}-\boldsymbol{A}|=0$的全部不同的特征值$\lambda_1,\lambda_2,\cdots,\lambda_t\,(t\leqslant n)$.

注意，n阶方阵$\boldsymbol{A}$的特征多项式是关于λ的n次多项式，在复数范围内，它有n个根，即有n个复数特征值. 但是，一般地，不一定有n个实数特征值，例如$\boldsymbol{A}=\begin{pmatrix}0&-1\\1&0\end{pmatrix}$，$\boldsymbol{A}$的特征多项式

$$|\lambda\boldsymbol{I}-\boldsymbol{A}|=\begin{vmatrix}\lambda&1\\-1&\lambda\end{vmatrix}=\lambda^2+1,$$

就没有实特征值.

在本书中，我们仅讨论实数特征值的情形. 此外，还需要特别注意的是特征多项式可能有重根.

（3）把$\lambda_i\,(i=1,2,\cdots,t)$代入齐次线性方程组$(\lambda_i\boldsymbol{I}-\boldsymbol{A})\boldsymbol{x}=\boldsymbol{0}$，求出一个基础解系$\boldsymbol{\xi}_{i1},\boldsymbol{\xi}_{i2},\cdots,\boldsymbol{\xi}_{is}$，它就是属于特征值$\lambda_i\,(i=1,2,\cdots,t)$的一组线性无关的特征向量，也是属于$\lambda_i$的所有特征向量的一个极大线性无关组. 从而，属于$\lambda_i$的所有特征向量为$\boldsymbol{\xi}_{i1},\boldsymbol{\xi}_{i2},\cdots,\boldsymbol{\xi}_{is}$的一切非零线性组合

$$k_1\boldsymbol{\xi}_{i1}+k_2\boldsymbol{\xi}_{i2}+\cdots+k_s\boldsymbol{\xi}_{is}\quad(k_1,k_2,\cdots,k_s\text{ 不全为零}).$$

例 4.1　求矩阵$\boldsymbol{A}=\begin{pmatrix}3&1\\5&-1\end{pmatrix}$的特征值和特征向量.

解　$\boldsymbol{A}$的特征多项式为

$$|\lambda \boldsymbol{I}-\boldsymbol{A}|=\begin{vmatrix}\lambda-3 & -1\\ -5 & \lambda+1\end{vmatrix}=(\lambda-4)(\lambda+2),$$

所以 $\boldsymbol{A}$ 的特征值为 $\lambda_1=4$，$\lambda_2=-2$.

当 $\lambda_1=4$ 时，由

$$\begin{pmatrix}4-3 & -1\\ -5 & 4+1\end{pmatrix}\begin{pmatrix}x_1\\ x_2\end{pmatrix}=\begin{pmatrix}0\\ 0\end{pmatrix},$$

解得 $x_1-x_2=0$，即 $x_1=x_2$. 求得基础解系为 $\boldsymbol{\xi}_1=\begin{pmatrix}1\\ 1\end{pmatrix}$. 所以 $\boldsymbol{\xi}_1$ 是 $\boldsymbol{A}$ 的属于特征值 $\lambda_1=4$ 的一个特征向量，而 $k_1\boldsymbol{\xi}_1(k_1\neq 0)$ 是 $\boldsymbol{A}$ 的属于特征值 $\lambda_1=4$ 的全部特征向量.

当 $\lambda_2=-2$ 时，由

$$\begin{pmatrix}-2-3 & -1\\ -5 & -2+1\end{pmatrix}\begin{pmatrix}x_1\\ x_2\end{pmatrix}=\begin{pmatrix}0\\ 0\end{pmatrix},$$

解得 $x_2=-5x_1$，求得基础解系为 $\boldsymbol{\xi}_2=\begin{pmatrix}1\\ -5\end{pmatrix}$. 所以 $\boldsymbol{\xi}_2$ 是 $\boldsymbol{A}$ 的属于特征值 $\lambda_2=-2$ 的一个特征向量，而 $k_2\boldsymbol{\xi}_2(k_2\neq 0)$ 是 $\boldsymbol{A}$ 的属于特征值 $\lambda_2=-2$ 的全部特征向量.

例 4.2 设矩阵 $\boldsymbol{A}=\begin{pmatrix}1 & 2 & 2\\ 2 & 1 & 2\\ 2 & 2 & 1\end{pmatrix}$，求它的特征值和特征向量.

解 $\boldsymbol{A}$ 的特征多项式为

$$|\lambda \boldsymbol{I}-\boldsymbol{A}|=\begin{vmatrix}\lambda-1 & -2 & -2\\ -2 & \lambda-1 & -2\\ -2 & -2 & \lambda-1\end{vmatrix}=(\lambda-5)(\lambda+1)^2,$$

所以 $\boldsymbol{A}$ 的特征值为 $\lambda_1=\lambda_2=-1$，$\lambda_3=5$.

当 $\lambda_1=\lambda_2=-1$ 时，由

$$\begin{pmatrix}-1-1 & -2 & -2\\ -2 & -1-1 & -2\\ -2 & -2 & -1-1\end{pmatrix}\begin{pmatrix}x_1\\ x_2\\ x_3\end{pmatrix}=\begin{pmatrix}0\\ 0\\ 0\end{pmatrix},$$

解得 $x_1=-x_2-x_3$. 求得其基础解系为 $\boldsymbol{\xi}_1=\begin{pmatrix}1\\ -1\\ 0\end{pmatrix}$，$\boldsymbol{\xi}_2=\begin{pmatrix}1\\ 0\\ -1\end{pmatrix}$. 由此得到属于 $\lambda_1=\lambda_2=-1$ 的两个线性无关的特征向量 $\boldsymbol{\xi}_1$，$\boldsymbol{\xi}_2$，从而属于 $\lambda_1=\lambda_2=-1$

的全部特征向量为 $k_1\boldsymbol{\xi}_1+k_2\boldsymbol{\xi}_2$（$k_1,k_2$ 为不全为零的实数）.

当 $\lambda_3=5$ 时，由

$$\begin{pmatrix}5-1 & -2 & -2\\ -2 & 5-1 & -2\\ -2 & -2 & 5-1\end{pmatrix}\begin{pmatrix}x_1\\ x_2\\ x_3\end{pmatrix}=\begin{pmatrix}0\\ 0\\ 0\end{pmatrix},$$

解得 $\begin{cases}x_1=x_3,\\ x_2=x_3.\end{cases}$ 求得其基础解系为 $\boldsymbol{\xi}_3=\begin{pmatrix}1\\ 1\\ 1\end{pmatrix}$. 由此得到属于 $\lambda_3=5$ 的一个线性无关的特征向量 $\boldsymbol{\xi}_3$，从而属于 $\lambda_3=5$ 的全部特征向量为 $k_3\boldsymbol{\xi}_3$（k_3 为非零的实数）.

例 4.3　求矩阵 $\boldsymbol{A}=\begin{pmatrix}-1 & 1 & 0\\ -4 & 3 & 0\\ 1 & 0 & 2\end{pmatrix}$ 的特征值与特征向量.

解　$\boldsymbol{A}$ 的特征多项式为

$$|\lambda\boldsymbol{I}-\boldsymbol{A}|=\begin{vmatrix}\lambda+1 & -1 & 0\\ 4 & \lambda-3 & 0\\ -1 & 0 & \lambda-2\end{vmatrix}=(\lambda-2)(\lambda-1)^2,$$

所以 $\boldsymbol{A}$ 的特征值为 $\lambda_1=\lambda_2=1$，$\lambda_3=2$.

当 $\lambda_1=\lambda_2=1$ 时，由

$$\begin{pmatrix}2 & -1 & 0\\ 4 & -2 & 0\\ -1 & 0 & -1\end{pmatrix}\begin{pmatrix}x_1\\ x_2\\ x_3\end{pmatrix}=\begin{pmatrix}0\\ 0\\ 0\end{pmatrix},$$

解得 $\begin{cases}x_1=-x_3,\\ x_2=-2x_3.\end{cases}$ 求得其基础解系为 $\boldsymbol{\xi}_1=\begin{pmatrix}-1\\ -2\\ 1\end{pmatrix}$. 由此得到属于 $\lambda_1=\lambda_2=1$ 的一个线性无关的特征向量 $\boldsymbol{\xi}_1$，从而属于 $\lambda_1=\lambda_2=1$ 的全部特征向量为 $k_1\boldsymbol{\xi}_1$（k_1 为非零的实数）.

当 $\lambda_3=2$ 时，由

$$\begin{pmatrix}3 & -1 & 0\\ 4 & -1 & 0\\ -1 & 0 & 0\end{pmatrix}\begin{pmatrix}x_1\\ x_2\\ x_3\end{pmatrix}=\begin{pmatrix}0\\ 0\\ 0\end{pmatrix},$$

解得 $\begin{cases}x_1=0,\\ x_2=0.\end{cases}$ 求得其基础解系为 $\boldsymbol{\xi}_2=\begin{pmatrix}0\\ 0\\ 1\end{pmatrix}$. 由此得到属于 $\lambda_3=2$ 的一个线性

无关的特征向量$\boldsymbol{\xi}_2$，从而属于$\lambda_3=2$的全部特征向量为$k_2\boldsymbol{\xi}_2$(k_2为非零的实数).

例 4.4 求 n 阶数量矩阵$\boldsymbol{A}=\begin{pmatrix} a & 0 & \cdots & 0 \\ 0 & a & \cdots & 0 \\ \vdots & \vdots & & \vdots \\ 0 & 0 & \cdots & a \end{pmatrix}$的特征值与特征向量.

解 $\boldsymbol{A}$ 的特征多项式为

$$|\lambda \boldsymbol{I}-\boldsymbol{A}|=\begin{vmatrix} \lambda-a & 0 & \cdots & 0 \\ 0 & \lambda-a & \cdots & 0 \\ \vdots & \vdots & & \vdots \\ 0 & 0 & \cdots & \lambda-a \end{vmatrix}=(\lambda-a)^n,$$

所以$\boldsymbol{A}$ 的特征值为$\lambda_1=\lambda_2=\cdots=\lambda_n=a$.

当$\lambda_1=\lambda_2=\cdots=\lambda_n=a$ 时，由

$$\begin{pmatrix} 0 & 0 & \cdots & 0 \\ 0 & 0 & \cdots & 0 \\ \vdots & \vdots & & \vdots \\ 0 & 0 & \cdots & 0 \end{pmatrix}\begin{pmatrix} x_1 \\ x_2 \\ \vdots \\ x_n \end{pmatrix}=\begin{pmatrix} 0 \\ 0 \\ \vdots \\ 0 \end{pmatrix},$$

解得

$$\begin{cases} 0x_1=0, \\ 0x_2=0, \\ \cdots\cdots\cdots \\ 0x_n=0. \end{cases}$$

这个方程组的系数矩阵是零矩阵，所以任意 n 个线性无关的向量都是它的基础解系，取 n 个线性无关的单位向量组

$$\boldsymbol{\varepsilon}_1=\begin{pmatrix} 1 \\ 0 \\ \vdots \\ 0 \end{pmatrix}, \boldsymbol{\varepsilon}_2=\begin{pmatrix} 0 \\ 1 \\ \vdots \\ 0 \end{pmatrix}, \cdots, \boldsymbol{\varepsilon}_n=\begin{pmatrix} 0 \\ 0 \\ \vdots \\ 1 \end{pmatrix}$$

作为基础解系，于是$\boldsymbol{A}$ 全部特征向量为$k_1\boldsymbol{\varepsilon}_1+k_2\boldsymbol{\varepsilon}_2+\cdots+k_n\boldsymbol{\varepsilon}_n$（其中$k_1$，$k_2,\cdots,k_n$ 为不全为零的实数).

注 特征方程$|\lambda \boldsymbol{I}-\boldsymbol{A}|=0$与特征方程$|\boldsymbol{A}-\lambda \boldsymbol{I}|=0$有相同的特征根，$\boldsymbol{A}$的对应于特征值$\lambda$ 的特征向量是齐次线性方程组$(\lambda \boldsymbol{I}-\boldsymbol{A})\boldsymbol{x}=\boldsymbol{0}$的非零解，也是$(\boldsymbol{A}-\lambda \boldsymbol{I})\boldsymbol{x}=\boldsymbol{0}$ 的非零解. 因此，在实际计算特征值和特征向量时，以上两

种形式均可采用.

4.1.2 特征值与特征向量的性质

性质 1 n 阶矩阵 $\boldsymbol{A}$ 与它的转置矩阵 $\boldsymbol{A}^{\mathrm{T}}$ 有相同的特征值.

证 因为

$$|\lambda\boldsymbol{I}-\boldsymbol{A}^{\mathrm{T}}|=|(\lambda\boldsymbol{I}-\boldsymbol{A})^{\mathrm{T}}|=|\lambda\boldsymbol{I}-\boldsymbol{A}|,$$

所以 $\boldsymbol{A}^{\mathrm{T}}$ 与 $\boldsymbol{A}$ 有相同的特征多项式，故它们的特征值相同. □

性质 2 设 n 阶矩阵 $\boldsymbol{A}=(a_{ij})$ 的特征值为 $\lambda_1,\lambda_2,\cdots,\lambda_n$，则有

(1) $\lambda_1+\lambda_2+\cdots+\lambda_n=a_{11}+a_{22}+\cdots+a_{nn}$;

(2) $\lambda_1\lambda_2\cdots\lambda_n=|\boldsymbol{A}|$.

证明从略.

推论 n 阶矩阵 $\boldsymbol{A}$ 可逆的充分必要条件是 $\boldsymbol{A}$ 的任一特征值不为零.

性质 3 设 $\boldsymbol{\xi}$ 是 $\boldsymbol{A}$ 的对应于特征值 λ 的特征向量，则

(1) 对任意的常数 k，$k\lambda$ 是 $k\boldsymbol{A}$ 的特征值;

(2) 对于正整数 m，λ^m 是 $\boldsymbol{A}^m$ 的特征值;

(3) 当 $\boldsymbol{A}$ 可逆时，λ^{-1} 是 $\boldsymbol{A}^{-1}$ 的特征值;

且 $\boldsymbol{\xi}$ 仍是矩阵 $k\boldsymbol{A},\boldsymbol{A}^m,\boldsymbol{A}^{-1}$ 的分别对应于 $k\lambda,\lambda^m,\lambda^{-1}$ 的特征向量.

证 我们仅证明结论(3)，其余两个由读者自己完成.

当 $\boldsymbol{A}$ 可逆时，由 $\boldsymbol{A\xi}=\lambda\boldsymbol{\xi}$，知 $\boldsymbol{\xi}=\lambda\boldsymbol{A}^{-1}\boldsymbol{\xi}$. 因为 $\lambda\neq 0$，故

$$\boldsymbol{A}^{-1}\boldsymbol{\xi}=\lambda^{-1}\boldsymbol{\xi}.$$

所以 λ^{-1} 是 $\boldsymbol{A}^{-1}$ 的特征值且 $\boldsymbol{\xi}$ 仍是矩阵 $\boldsymbol{A}^{-1}$ 的对应于 λ^{-1} 的特征向量. □

推论 设对正整数 m，$a_i(i=1,2,\cdots,m)$ 是常数，若 $\boldsymbol{\xi}$ 是 $\boldsymbol{A}$ 的对应于特征值 λ 的特征向量，

$$\varphi(\lambda)=a_0+a_1\lambda+\cdots+a_m\lambda^m,$$

$$\varphi(\boldsymbol{A})=a_0\boldsymbol{I}+a_1\boldsymbol{A}+\cdots+a_m\boldsymbol{A}^m,$$

则 $\varphi(\lambda)$ 是 $\varphi(\boldsymbol{A})$ 的特征值，且 $\boldsymbol{\xi}$ 是 $\varphi(\boldsymbol{A})$ 的对应于特征值 $\varphi(\lambda)$ 的特征向量.

例 4.5 设三阶矩阵 $\boldsymbol{A}$ 的特征值为 $1,-1,2$，求 $|\boldsymbol{A}^3+3\boldsymbol{A}-2\boldsymbol{I}|$.

解 设 $\varphi(\boldsymbol{A})=\boldsymbol{A}^3+3\boldsymbol{A}-2\boldsymbol{I}$，$\varphi(\lambda)=\lambda^3+3\lambda-2$. 由于

$$\varphi(1)=1^3+3\times1-2=2,$$
$$\varphi(-1)=(-1)^3+3\times(-1)-2=-6,$$
$$\varphi(2)=2^3+3\times2-2=12,$$

故 $\varphi(\boldsymbol{A})$ 的特征值为 $2,-6,12$. 从而

$$|\boldsymbol{A}^3+3\boldsymbol{A}-2\boldsymbol{I}|=2\times(-6)\times12=-144.$$

定理 4.1 设 $\boldsymbol{\xi}_1,\boldsymbol{\xi}_2$ 是方阵 $\boldsymbol{A}$ 的属于两个不同的特征值 λ_1,λ_2 的特征向量，则 $\boldsymbol{\xi}_1,\boldsymbol{\xi}_2$ 线性无关.

证明从略.

定理 4.2 设 $\boldsymbol{\xi}_1,\boldsymbol{\xi}_2,\cdots,\boldsymbol{\xi}_m$ 是 n 阶矩阵 $\boldsymbol{A}$ 的属于互不相等的特征值 $\lambda_1,\lambda_2,\cdots,\lambda_m$ 的特征向量，则 $\boldsymbol{\xi}_1,\boldsymbol{\xi}_2,\cdots,\boldsymbol{\xi}_m$ 线性无关.

证明从略.

推论 设 $\lambda_1,\lambda_2,\cdots,\lambda_m$ 是 n 阶矩阵 $\boldsymbol{A}$ 的不同特征值，而 $\boldsymbol{\xi}_{i1},\boldsymbol{\xi}_{i2},\cdots,\boldsymbol{\xi}_{ik_i}$ 是 $\boldsymbol{A}$ 的属于特征值 $\lambda_i\,(i=1,2,\cdots,m)$ 的线性无关的特征向量，则向量组 $\boldsymbol{\xi}_{11},\boldsymbol{\xi}_{12},\cdots,\boldsymbol{\xi}_{1k_1},\boldsymbol{\xi}_{21},\boldsymbol{\xi}_{22},\cdots,\boldsymbol{\xi}_{2k_2},\cdots,\boldsymbol{\xi}_{m1},\boldsymbol{\xi}_{m2},\cdots,\boldsymbol{\xi}_{mk_m}$ 也线性无关.

习 题 4.1

1. 判断题

(1) 设 λ_0 是方阵 $\boldsymbol{A}$ 的特征值，$\boldsymbol{A}$ 的对应于特征值 λ_0 的特征向量不一定存在. (　　)

(2) 设向量 $\boldsymbol{\xi}$ 是方阵 $\boldsymbol{A}$ 的对应于其特征值 λ 的特征向量，则 $k\boldsymbol{\xi}$ (k 为任意常数) 也是 $\boldsymbol{A}$ 的对应于特征值 λ 的特征向量. (　　)

(3) 设 λ 是方阵 $\boldsymbol{A}$ 的特征值，k 为任意常数，则 $k\lambda$ 也是方阵 $\boldsymbol{A}$ 的特征值. (　　)

(4) 设 $\boldsymbol{A}=k\boldsymbol{I}$，$k$ 为任意常数，$\boldsymbol{I}$ 为单位矩阵，则任何 n 维非零向量都是 $\boldsymbol{A}$ 的特征向量. (　　)

(5) n 阶方阵 $\boldsymbol{A}$ 与 $\boldsymbol{A}^{\mathrm{T}}$ 的特征值相同. (　　)

2. 求下列矩阵的特征值与特征向量：

(1) $\begin{pmatrix}1&2&3\\2&1&3\\3&3&6\end{pmatrix}$；　　(2) $\begin{pmatrix}2&2&-2\\2&5&-4\\-2&-4&5\end{pmatrix}$.

3. 设方阵 $\boldsymbol{A}$ 满足 $\boldsymbol{A}^2=\boldsymbol{A}$，用特征值的定义证明：

(1) $\boldsymbol{A}$ 的特征值只能是 0 或 1；

(2) $\boldsymbol{I}+\boldsymbol{A}$ 可逆.

4. 已知三阶矩阵 $\boldsymbol{A}$ 的特征值为 $1,2,-3$，求 $|\boldsymbol{A}^2+3\boldsymbol{A}+2\boldsymbol{I}|$.

5. 已知三阶矩阵 $\boldsymbol{A}$ 的特征值为 $1,2,3$.

(1) 求 $\boldsymbol{A}^{-1}$ 的特征值.

(2) 求 $|\boldsymbol{A}^3-5\boldsymbol{A}^2+7\boldsymbol{A}|$.

4.2　相似矩阵

4.2.1　相似矩阵的概念

定义 4.3　设 $\boldsymbol{A},\boldsymbol{B}$ 都是 n 阶方阵. 若有可逆矩阵 $\boldsymbol{P}$，使

$$\boldsymbol{P}^{-1}\boldsymbol{A}\boldsymbol{P}=\boldsymbol{B},$$

则称矩阵 $\boldsymbol{A}$ **相似于**矩阵 $\boldsymbol{B}$，记为 $\boldsymbol{A}\sim\boldsymbol{B}$. 对 $\boldsymbol{A}$ 进行运算 $\boldsymbol{P}^{-1}\boldsymbol{A}\boldsymbol{P}$ 称为对 $\boldsymbol{A}$ 进行**相似变换**，可逆矩阵 $\boldsymbol{P}$ 称为把 $\boldsymbol{A}$ 变为 $\boldsymbol{B}$ 的**相似变换矩阵**.

矩阵的相似关系是**等价关系**，即满足

(1) 自反性　对任意 n 阶矩阵 $\boldsymbol{A}$，都有 $\boldsymbol{A}$ 与 $\boldsymbol{A}$ 相似，即 $\boldsymbol{A}\sim\boldsymbol{A}$；

(2) 对称性　若 $\boldsymbol{A}$ 与 $\boldsymbol{B}$ 相似，则 $\boldsymbol{B}$ 与 $\boldsymbol{A}$ 也相似，即若 $\boldsymbol{A}\sim\boldsymbol{B}$，则 $\boldsymbol{B}\sim\boldsymbol{A}$；

(3) 传递性　若 $\boldsymbol{A}$ 与 $\boldsymbol{B}$ 相似，且 $\boldsymbol{B}$ 与 $\boldsymbol{C}$ 相似，则 $\boldsymbol{A}$ 与 $\boldsymbol{C}$ 也相似，即若 $\boldsymbol{A}\sim\boldsymbol{B}$，且 $\boldsymbol{B}\sim\boldsymbol{C}$，则 $\boldsymbol{A}\sim\boldsymbol{C}$.

例 4.6　设有矩阵 $\boldsymbol{A}=\begin{pmatrix}3&1\\5&-1\end{pmatrix}$，$\boldsymbol{B}=\begin{pmatrix}4&0\\0&-2\end{pmatrix}$，试验证存在矩阵 $\boldsymbol{P}=\begin{pmatrix}1&1\\1&-5\end{pmatrix}$，使得 $\boldsymbol{A}$ 与 $\boldsymbol{B}$ 相似.

解　易见 $|\boldsymbol{P}|=\begin{vmatrix}1&1\\1&-5\end{vmatrix}=-6\neq0$，所以 $\boldsymbol{P}$ 可逆，且 $\boldsymbol{P}^{-1}=\dfrac{1}{6}\begin{pmatrix}5&1\\1&-1\end{pmatrix}$，由于

$$\boldsymbol{P}^{-1}\boldsymbol{A}\boldsymbol{P}=\frac{1}{6}\begin{pmatrix}5&1\\1&-1\end{pmatrix}\begin{pmatrix}3&1\\5&-1\end{pmatrix}\begin{pmatrix}1&1\\1&-5\end{pmatrix}=\begin{pmatrix}4&0\\0&-2\end{pmatrix}=\boldsymbol{B},$$

故 $\boldsymbol{A}$ 与 $\boldsymbol{B}$ 相似.

注　类似地，若矩阵 $\boldsymbol{A}$ 能与对角矩阵 $\boldsymbol{\Lambda}$ 相似，则称 $\boldsymbol{A}$ **可以相似对角化**，

$\boldsymbol{\Lambda}$ 称为矩阵 $\boldsymbol{A}$ 的相似对角矩阵.

4.2.2 相似矩阵的性质

定理 4.3 若 n 阶矩阵 $\boldsymbol{A}$ 与 $\boldsymbol{B}$ 相似，则 $\boldsymbol{A}$ 与 $\boldsymbol{B}$ 的特征多项式相同，从而 $\boldsymbol{A}$ 与 $\boldsymbol{B}$ 的特征值也相同.

证 因为 $\boldsymbol{A}$ 与 $\boldsymbol{B}$ 相似，故存在可逆矩阵 $\boldsymbol{P}$，使得 $\boldsymbol{P}^{-1}\boldsymbol{AP}=\boldsymbol{B}$，于是

$$\begin{aligned}|\lambda\boldsymbol{I}-\boldsymbol{B}|&=|\boldsymbol{P}^{-1}\lambda\boldsymbol{IP}-\boldsymbol{P}^{-1}\boldsymbol{AP}|=|\boldsymbol{P}^{-1}(\lambda\boldsymbol{I}-\boldsymbol{A})\boldsymbol{P}|\\&=|\boldsymbol{P}^{-1}||\lambda\boldsymbol{I}-\boldsymbol{A}||\boldsymbol{P}|=|\lambda\boldsymbol{I}-\boldsymbol{A}|,\end{aligned}$$

即 $\boldsymbol{A}$ 与 $\boldsymbol{B}$ 有相同的特征多项式，从而有相同的特征值. □

注 此定理的逆命题不一定成立. 例如，$\boldsymbol{I}=\begin{pmatrix}1&0\\0&1\end{pmatrix}$，$\boldsymbol{A}=\begin{pmatrix}1&1\\0&1\end{pmatrix}$，不难求出 $\boldsymbol{A}$ 与 $\boldsymbol{I}$ 的特征值都为 1，但对于任何可逆矩阵 $\boldsymbol{P}$，都有 $\boldsymbol{P}^{-1}\boldsymbol{IP}=\boldsymbol{I}\neq\boldsymbol{A}$，从而 $\boldsymbol{A}$ 与 $\boldsymbol{I}$ 不相似.

相似矩阵的其他性质：

(1) 相似矩阵的秩相等；

(2) 相似矩阵的行列式相等；

(3) 相似矩阵具有相同的可逆性，当它们可逆时，它们的逆矩阵也相似；

(4) 相似矩阵的转置矩阵也相似；

(5) 相似矩阵的幂也相似；

(6) 若 n 阶矩阵 $\boldsymbol{A}$ 与对角矩阵

$$\boldsymbol{\Lambda}=\begin{pmatrix}\lambda_1&&&\\&\lambda_2&&\\&&\ddots&\\&&&\lambda_n\end{pmatrix}$$

相似，则 $\lambda_1,\lambda_2,\cdots,\lambda_n$ 即为矩阵 $\boldsymbol{A}$ 的 n 个特征值.

4.2.3 矩阵与对角矩阵相似的条件

定理 4.4 n 阶矩阵 $\boldsymbol{A}$ 与对角矩阵

$$\boldsymbol{\Lambda}=\begin{pmatrix}\lambda_1&&&\\&\lambda_2&&\\&&\ddots&\\&&&\lambda_n\end{pmatrix}$$

相似的充分必要条件是矩阵 $\boldsymbol{A}$ 有 n 个线性无关的特征向量.

证明从略.

推论　若 n 阶矩阵 $\boldsymbol{A}$ 有 n 个互异的特征值 $\lambda_1,\lambda_2,\cdots,\lambda_n$，则 $\boldsymbol{A}$ 与对角矩阵

$$\boldsymbol{\Lambda}=\begin{pmatrix}\lambda_1 & & & \\ & \lambda_2 & & \\ & & \ddots & \\ & & & \lambda_n\end{pmatrix}$$

相似.

定理 4.5　n 阶矩阵 $\boldsymbol{A}$ 可对角化的充分必要条件是每个特征值的线性无关的特征向量个数恰好等于特征值的重数.

例 4.7　设 $\boldsymbol{A}=\begin{pmatrix}0 & 0 & 1\\ 1 & 1 & a\\ 1 & 0 & 0\end{pmatrix}$，问 a 为何值时，矩阵 $\boldsymbol{A}$ 可对角化？

解　由

$$|\lambda\boldsymbol{I}-\boldsymbol{A}|=\begin{vmatrix}\lambda & 0 & -1\\ -1 & \lambda-1 & -a\\ -1 & 0 & \lambda\end{vmatrix}=(\lambda-1)\begin{vmatrix}\lambda & -1\\ -1 & \lambda\end{vmatrix}$$

$$=(\lambda-1)^2(\lambda+1),$$

得 $\lambda_1=\lambda_2=1$，$\lambda_3=-1$. 要使矩阵 $\boldsymbol{A}$ 可对角化，由定理 4.5 知，对应的二重根 $\lambda_1=\lambda_2=1$ 应有两个线性无关的特征向量，即方程 $(\boldsymbol{I}-\boldsymbol{A})\boldsymbol{x}=\boldsymbol{0}$ 有两个线性无关的基础解系，也即矩阵 $\boldsymbol{I}-\boldsymbol{A}$ 的秩等于 1.

由

$$\boldsymbol{I}-\boldsymbol{A}=\begin{pmatrix}1 & 0 & -1\\ -1 & 0 & -a\\ -1 & 0 & 1\end{pmatrix}\to\begin{pmatrix}1 & 0 & -1\\ 0 & 0 & a+1\\ 0 & 0 & 0\end{pmatrix}$$

知，要使 $\mathrm{r}(\boldsymbol{I}-\boldsymbol{A})=1$，必须 $a+1=0$，即 $a=-1$.

因此，当 $a=-1$ 时，矩阵 $\boldsymbol{A}$ 可对角化.

例 4.8　设矩阵 $\boldsymbol{A}=\begin{pmatrix}1 & -2 & 2\\ -2 & -2 & 4\\ 2 & 4 & -2\end{pmatrix}$，对 $\boldsymbol{A}$ 的每个特征值求出相应的一组线性无关的特征向量，并判断 $\boldsymbol{A}$ 能否化为对角矩阵.

解　$\boldsymbol{A}$ 的特征多项式为

$$|\lambda \boldsymbol{I}-\boldsymbol{A}|=\begin{vmatrix}\lambda-1 & 2 & -2\\ 2 & \lambda+2 & -4\\ -2 & -4 & \lambda+2\end{vmatrix}=(\lambda-2)^2(\lambda+7),$$

得特征值为 $\lambda_1=\lambda_2=2$, $\lambda_3=-7$.

对应于 $\lambda_1=\lambda_2=2$，由齐次线性方程组 $(\lambda_1\boldsymbol{I}-\boldsymbol{A})\boldsymbol{x}=\boldsymbol{0}$，可求出其基础解系

$$\boldsymbol{\xi}_1=\begin{pmatrix}2\\0\\1\end{pmatrix},\quad \boldsymbol{\xi}_2=\begin{pmatrix}0\\1\\1\end{pmatrix}.$$

同理，对应于 $\lambda_3=-7$，由齐次线性方程组 $(\lambda_3\boldsymbol{I}-\boldsymbol{A})\boldsymbol{x}=\boldsymbol{0}$，可求出其基础解系

$$\boldsymbol{\xi}_3=\begin{pmatrix}1\\2\\-2\end{pmatrix}.$$

从而 $\boldsymbol{A}$ 有 3 个线性无关的特征向量，因此 $\boldsymbol{A}$ 可对角化.

若矩阵 $\boldsymbol{A}$ 可对角化，则可按下列步骤来实现：

(1) 求出 $\boldsymbol{A}$ 的全部特征值 $\lambda_1,\lambda_2,\cdots,\lambda_s$.

(2) 对每个特征值 λ_i，设其重数为 n_i，则对应齐次线性方程组

$$(\lambda_i\boldsymbol{I}-\boldsymbol{A})\boldsymbol{x}=\boldsymbol{0}$$

的基础解系由 n_i 个向量 $\boldsymbol{\xi}_{i1},\boldsymbol{\xi}_{i2},\cdots,\boldsymbol{\xi}_{in_i}$ 构成，即 $\boldsymbol{\xi}_{i1},\boldsymbol{\xi}_{i2},\cdots,\boldsymbol{\xi}_{in_i}$ 为对应 λ_i 的线性无关的特征向量.

(3) 上面求出的特征向量 $\boldsymbol{\xi}_{11},\boldsymbol{\xi}_{12},\cdots,\boldsymbol{\xi}_{1n_1},\boldsymbol{\xi}_{21},\boldsymbol{\xi}_{22},\cdots,\boldsymbol{\xi}_{2n_2},\cdots,\boldsymbol{\xi}_{s1},\boldsymbol{\xi}_{s2},\cdots,\boldsymbol{\xi}_{sn_s}$ 恰好为矩阵 $\boldsymbol{A}$ 的 n 个线性无关的特征向量.

(4) 令 $\boldsymbol{P}=(\boldsymbol{\xi}_{11},\boldsymbol{\xi}_{12},\cdots,\boldsymbol{\xi}_{1n_1},\boldsymbol{\xi}_{21},\boldsymbol{\xi}_{22},\cdots,\boldsymbol{\xi}_{2n_2},\cdots,\boldsymbol{\xi}_{s1},\boldsymbol{\xi}_{s2},\cdots,\boldsymbol{\xi}_{sn_s})$，则

$$\boldsymbol{P}^{-1}\boldsymbol{A}\boldsymbol{P}=\boldsymbol{\Lambda}=\begin{pmatrix}\lambda_1 &&&&&&&& \\ & \ddots &&&&&&& \\ && \lambda_1 &&&&&& \\ &&& \lambda_2 &&&&& \\ &&&& \ddots &&&& \\ &&&&& \lambda_2 &&& \\ &&&&&& \ddots && \\ &&&&&&& \lambda_s & \\ &&&&&&&& \ddots \\ &&&&&&&&& \lambda_s\end{pmatrix}.$$

其主对角线上的元素恰好是矩阵 $\boldsymbol{A}$ 的所有不相等的特征值，并且矩阵 $\boldsymbol{P}$ 的列

向量顺序与对角元素的顺序相对应.

注　如果仅仅判断矩阵是否可对角化，只需做上述前两步，再利用定理4.5即可.

例 4.9　设矩阵 $\boldsymbol{A}=\begin{pmatrix}5 & 0 & 0\\ 0 & 3 & -2\\ 0 & -2 & 3\end{pmatrix}$，问矩阵 $\boldsymbol{A}$ 是否可与对角矩阵相似？若相似，求对角矩阵 $\boldsymbol{\Lambda}$ 及可逆矩阵 $\boldsymbol{P}$，使 $\boldsymbol{P}^{-1}\boldsymbol{AP}=\boldsymbol{\Lambda}$.

解　矩阵 $\boldsymbol{A}$ 的特征多项式为

$$|\lambda\boldsymbol{I}-\boldsymbol{A}|=\begin{vmatrix}\lambda-5 & 0 & 0\\ 0 & \lambda-3 & 2\\ 0 & 2 & \lambda-3\end{vmatrix}=(\lambda-5)^2(\lambda-1),$$

所以 $\boldsymbol{A}$ 的特征值为 $\lambda_1=\lambda_2=5$，$\lambda_3=1$.

当 $\lambda_1=\lambda_2=5$ 时，解方程组 $(5\boldsymbol{I}-\boldsymbol{A})\boldsymbol{x}=\boldsymbol{0}$，即

$$\begin{pmatrix}0 & 0 & 0\\ 0 & 2 & 2\\ 0 & 2 & 2\end{pmatrix}\begin{pmatrix}x_1\\ x_2\\ x_3\end{pmatrix}=\begin{pmatrix}0\\ 0\\ 0\end{pmatrix},$$

得基础解系含两个线性无关的解向量

$$\boldsymbol{\xi}_1=\begin{pmatrix}1\\ 0\\ 0\end{pmatrix},\quad \boldsymbol{\xi}_2=\begin{pmatrix}0\\ 1\\ -1\end{pmatrix}.$$

当 $\lambda_3=1$ 时，解方程组 $(\boldsymbol{I}-\boldsymbol{A})\boldsymbol{x}=\boldsymbol{0}$，即

$$\begin{pmatrix}-4 & 0 & 0\\ 0 & -2 & 2\\ 0 & 2 & -2\end{pmatrix}\begin{pmatrix}x_1\\ x_2\\ x_3\end{pmatrix}=\begin{pmatrix}0\\ 0\\ 0\end{pmatrix},$$

得基础解系含一个解向量

$$\boldsymbol{\xi}_3=\begin{pmatrix}0\\ 1\\ 1\end{pmatrix}.$$

从而矩阵 $\boldsymbol{A}$ 能与对角矩阵相似，取 $\boldsymbol{P}=(\boldsymbol{\xi}_1,\boldsymbol{\xi}_2,\boldsymbol{\xi}_3)=\begin{pmatrix}1 & 0 & 0\\ 0 & 1 & 1\\ 0 & -1 & 1\end{pmatrix}$ 及 $\boldsymbol{\Lambda}=\begin{pmatrix}5 & & \\ & 5 & \\ & & 1\end{pmatrix}$，可使 $\boldsymbol{P}^{-1}\boldsymbol{AP}=\boldsymbol{\Lambda}$.

需要指出的是，矩阵 $\boldsymbol{P}$ 的列向量的顺序要与相似对角矩阵 $\boldsymbol{\Lambda}$ 对角元素的顺序一致，即 $\boldsymbol{P}$ 的第 i 列应是相似对角矩阵对角线上从上往下数第 i 个特征向量.

例 4.10 设 $\boldsymbol{A}=\begin{pmatrix}1 & -2\\ -2 & 1\end{pmatrix}$，求 $\boldsymbol{A}^n$.

解 矩阵 $\boldsymbol{A}$ 的特征多项式为

$$|\lambda \boldsymbol{I}-\boldsymbol{A}|=\begin{vmatrix}\lambda-1 & 2\\ 2 & \lambda-1\end{vmatrix}=(\lambda+1)(\lambda-3),$$

求得矩阵 $\boldsymbol{A}$ 的特征值为 $\lambda_1=-1$，$\lambda_2=3$.

当 $\lambda_1=-1$ 时，解方程组 $(-\boldsymbol{I}-\boldsymbol{A})\boldsymbol{x}=\boldsymbol{0}$，即

$$\begin{pmatrix}-2 & 2\\ 2 & -2\end{pmatrix}\begin{pmatrix}x_1\\ x_2\end{pmatrix}=\begin{pmatrix}0\\ 0\end{pmatrix},$$

得基础解系 $\boldsymbol{\xi}_1=\begin{pmatrix}1\\ 1\end{pmatrix}$.

当 $\lambda_2=3$ 时，解方程组 $(3\boldsymbol{I}-\boldsymbol{A})\boldsymbol{x}=\boldsymbol{0}$，即

$$\begin{pmatrix}2 & 2\\ 2 & 2\end{pmatrix}\begin{pmatrix}x_1\\ x_2\end{pmatrix}=\begin{pmatrix}0\\ 0\end{pmatrix},$$

得基础解系 $\boldsymbol{\xi}_2=\begin{pmatrix}1\\ -1\end{pmatrix}$.

令 $\boldsymbol{P}=(\boldsymbol{\xi}_1,\boldsymbol{\xi}_2)=\begin{pmatrix}1 & 1\\ 1 & -1\end{pmatrix}$，则 $\boldsymbol{P}^{-1}\boldsymbol{A}\boldsymbol{P}=\boldsymbol{\Lambda}=\begin{pmatrix}-1 & 0\\ 0 & 3\end{pmatrix}$. 而 $\boldsymbol{P}^{-1}=\frac{1}{2}\begin{pmatrix}1 & 1\\ 1 & -1\end{pmatrix}$，$\boldsymbol{\Lambda}^n=\begin{pmatrix}(-1)^n & 0\\ 0 & 3^n\end{pmatrix}$，所以

$$\begin{aligned}\boldsymbol{A}^n=\boldsymbol{P}\boldsymbol{\Lambda}^n\boldsymbol{P}^{-1}&=\frac{1}{2}\begin{pmatrix}1 & 1\\ 1 & -1\end{pmatrix}\begin{pmatrix}(-1)^n & 0\\ 0 & 3^n\end{pmatrix}\begin{pmatrix}1 & 1\\ 1 & -1\end{pmatrix}\\ &=\frac{1}{2}\begin{pmatrix}(-1)^n+3^n & (-1)^n-3^n\\ (-1)^n-3^n & (-1)^n+3^n\end{pmatrix}.\end{aligned}$$

习 题 4.2

1. 判断题

(1) 和任一 n 阶矩阵 $\boldsymbol{A}$ 相似的矩阵有无限多个. ( )

(2) 若 $\boldsymbol{A}$ 与 $\boldsymbol{B}$ 相似，且 $\boldsymbol{A}$ 与 $\boldsymbol{B}$ 均可逆，则 $\boldsymbol{A}^{-1}$ 与 $\boldsymbol{B}^{-1}$ 也相似. ( )

(3) 若 $\boldsymbol{A}$ 与 $\boldsymbol{B}$ 相似，则 $\boldsymbol{A}$ 与 $\boldsymbol{B}$ 的特征向量相同. ( )

(4) 若 $\boldsymbol{A}$ 与 $\boldsymbol{B}$ 相似，则齐次线性方程组 $\boldsymbol{Ax}=\boldsymbol{0}$ 与 $\boldsymbol{Bx}=\boldsymbol{0}$ 同解.　(　　)

(5) 若 $\boldsymbol{A}$ 与 $\boldsymbol{B}$ 有相同的特征值，则 $\boldsymbol{A}$ 与 $\boldsymbol{B}$ 相似.　(　　)

(6) 若 $\boldsymbol{A}$ 与 $\boldsymbol{B}$ 相似，且 $\boldsymbol{P}^{-1}\boldsymbol{AP}=\boldsymbol{B}$，则 $\boldsymbol{P}$ 是唯一的.　(　　)

2. 设三阶矩阵 $\boldsymbol{A}$ 的特征值为 $\lambda_1=2$，$\lambda_2=-2$，$\lambda_3=1$，对应的特征向量依次为 $\boldsymbol{\xi}_1=(0,1,1)^{\mathrm{T}}$，$\boldsymbol{\xi}_2=(1,1,1)^{\mathrm{T}}$，$\boldsymbol{\xi}_3=(1,1,0)^{\mathrm{T}}$，求 $\boldsymbol{A}$.

3. 设矩阵 $\boldsymbol{A}=\begin{pmatrix}2&0&1\\3&1&x\\4&0&5\end{pmatrix}$ 可相似对角化，求 x.

4. 设方阵 $\boldsymbol{A}=\begin{pmatrix}1&-2&-4\\-2&x&-2\\-4&-2&1\end{pmatrix}$ 与 $\boldsymbol{\Lambda}=\begin{pmatrix}5&&\\&y&\\&&-4\end{pmatrix}$ 相似，求 x,y.

5. 判断矩阵 $\boldsymbol{A}=\begin{pmatrix}4&6&0\\-3&-5&0\\-3&-6&1\end{pmatrix}$ 能否相似对角化. 若能相似对角化，求出一可逆矩阵 $\boldsymbol{P}$，使得 $\boldsymbol{P}^{-1}\boldsymbol{AP}=\boldsymbol{\Lambda}$（其中 $\boldsymbol{\Lambda}$ 为对角阵).

总习题四

1. 填空题

(1) 已知三阶矩阵 $\boldsymbol{A}$ 的特征值是 2,3,4，则 $|\boldsymbol{A}|=$__________.

(2) 已知二阶矩阵 $\boldsymbol{A}$ 的主对角线元素之和为 3，且 $|\boldsymbol{A}|=2$，则 $\boldsymbol{A}$ 的特征值是__________.

(3) 已知 $\boldsymbol{A}$ 与 $\boldsymbol{B}$ 相似，其中 $\boldsymbol{A}=\begin{pmatrix}-2&0&0\\3&x&2\\-5&1&1\end{pmatrix}$，$\boldsymbol{B}=\begin{pmatrix}-1&0&0\\0&2&0\\0&0&y\end{pmatrix}$，则 $x=$__________，$y=$__________.

(4) 设矩阵 $\boldsymbol{A}$ 相似于对角矩阵 $\boldsymbol{\Lambda}=\mathrm{diag}(1,2,3)$，则 $|\boldsymbol{A}|=$__________.

(5) 设 $\boldsymbol{\alpha}=(1,-1,2)^{\mathrm{T}}$ 是矩阵 $\boldsymbol{A}=\begin{pmatrix}2&1&2\\2&b&a\\1&a&3\end{pmatrix}$ 的一个特征向量，则 $a=$__________，$b=$__________.

2. 选择题

(1) 设 $\boldsymbol{A}$ 为 n 阶可逆矩阵，λ 是 $\boldsymbol{A}$ 的一个特征值，则 $\boldsymbol{A}$ 的伴随矩阵 $\boldsymbol{A}^*$ 必有特征值(　　).

(A) $\lambda^{-1}|\boldsymbol{A}|$ (B) $\lambda^{-1}|\boldsymbol{A}|^n$ (C) $\lambda|\boldsymbol{A}|$ (D) $\lambda|\boldsymbol{A}|^n$

(2) 设 $\boldsymbol{A}$ 为 n 阶方阵，且 $\boldsymbol{A}^2=\boldsymbol{I}$，则必有 $\boldsymbol{A}=($　　$)$.

(A) $\boldsymbol{A}^{\mathrm{T}}$ (B) $\boldsymbol{I}$ (C) $\boldsymbol{A}^{-1}$ (D) $\boldsymbol{A}^*$

(3) 设矩阵

$$\boldsymbol{A}=\begin{pmatrix}1 & 1 & 1 & 1\\ 0 & 2 & 2 & 2\\ 0 & 0 & 3 & 3\\ 0 & 0 & 0 & 4\end{pmatrix},$$

则 $\boldsymbol{A}$ 的线性无关的特征向量的个数是(　　).

(A) 1 (B) 2 (C) 3 (D) 4

(4) 当满足下列(　　)条件时，矩阵 $\boldsymbol{A}$ 与 $\boldsymbol{B}$ 相似.

(A) $|\boldsymbol{A}|=|\boldsymbol{B}|$ (B) $\mathrm{r}(\boldsymbol{A})=\mathrm{r}(\boldsymbol{B})$

(C) $\boldsymbol{A}$ 与 $\boldsymbol{B}$ 有相同的特征多项式

(D) n 阶方阵 $\boldsymbol{A}$ 与 $\boldsymbol{B}$ 有相同的特征值，且 n 个特征值互不相等

3. 求下列矩阵在实数域 $\mathbf{R}$ 内的特征值和相应的特征向量：

(1) $\boldsymbol{A}=\begin{pmatrix}3 & 4\\ 5 & 2\end{pmatrix}$；　　(2) $\boldsymbol{A}=\begin{pmatrix}3 & -2 & 0\\ -1 & 3 & -1\\ -5 & 7 & -1\end{pmatrix}$.

4. 已知三阶矩阵 $\boldsymbol{A}$ 的特征值为 $1,-1,2$，设矩阵 $\boldsymbol{B}=\boldsymbol{A}^3-5\boldsymbol{A}^2$，试求 $\boldsymbol{B}$ 的特征值.

5. 已知 $\boldsymbol{A}=\begin{pmatrix}2 & 3 & 2\\ 1 & 4 & 2\\ 1 & -3 & 1\end{pmatrix}$，问 $\boldsymbol{A}$ 是否可以相似对角化？若不能，给出理由；若能，写出相应的可逆矩阵 $\boldsymbol{P}$ 和对角矩阵 $\boldsymbol{\Lambda}$，使 $\boldsymbol{P}^{-1}\boldsymbol{A}\boldsymbol{P}=\boldsymbol{\Lambda}$.

6. 设矩阵 $\boldsymbol{A}$ 与 $\boldsymbol{B}$ 相似，且 $\boldsymbol{A}=\begin{pmatrix}1 & -1 & 1\\ 2 & 4 & -2\\ -3 & -3 & a\end{pmatrix}$，$\boldsymbol{B}=\begin{pmatrix}2 & 0 & 0\\ 0 & 2 & 0\\ 0 & 0 & b\end{pmatrix}$.

(1) 求 a,b 的值.

(2) 求可逆矩阵 $\boldsymbol{P}$，使 $\boldsymbol{P}^{-1}\boldsymbol{A}\boldsymbol{P}=\boldsymbol{B}$.

7. 若矩阵 $\boldsymbol{A}=\begin{pmatrix}2 & 2 & 0\\ 8 & 2 & a\\ 0 & 0 & 6\end{pmatrix}$，试确定常数 a 的值，并求可逆矩阵 $\boldsymbol{P}$，使 $\boldsymbol{P}^{-1}\boldsymbol{A}\boldsymbol{P}=\boldsymbol{\Lambda}$.

第五章 事件与概率

5.1 随机事件

5.1.1 随机现象

概率论是研究随机现象的数量规律的数学分支. 为了说明什么是随机现象，我们先看几个例子：

E_1：向上抛一枚硬币，则硬币落下.

E_2：在不受外力作用的条件下，做匀速直线运动的物体改变其运动状态.

E_3：掷一枚骰子，观察出现的点数.

E_4：一只灯管的使用寿命.

在前面两个例子中，在一定条件下，必然发生或者必然不发生，我们把这种现象称为**确定性现象**. 在一定条件下必然会发生的现象，称为**必然现象**，如 E_1. 在一定条件下必然不会发生的现象，称为**不可能现象**，如 E_2.

确定性现象的特征：条件完全决定结果.

E_3 中，骰子出现的点数可能为 1 到 6 点中的某一个，至于具体是哪一个，事先不知道. E_4 中，灯管的使用寿命可长可短，具体能用多久事先也不知道. 我们把这种在一定的条件下，并不总出现相同的结果，但在大量重复试验中其结果又具有统计规律性的现象，称为**随机现象**.

随机现象的特征：条件不能完全决定结果.

5.1.2 随机试验和样本空间

对随机现象的观测或实验称为**试验**.

在 5.1.1 节的 E_3,E_4 中，这些试验具有以下特点：

(1) 试验可以在相同条件下重复进行；

(2) 试验的所有可能结果是事前已知且结果不止一种；

(3) 在每次试验中，究竟是哪一种结果是事先无法确定的.

我们把这样的试验称为**随机试验**，简称为试验，通常用字母 E 表示. E_3，E_4 都是随机试验. 本书中以后提到的都是随机试验.

随机试验 E 的每一个可能的结果称为 E 的一个**样本点**，一般用 ω 表示. E 的所有样本点所组成的集合称为 E 的**样本空间**，记为 Ω. 下面写出前面试验 E_3,E_4 所对应的样本空间：

$$E_3: \Omega_3=\{1,2,3,4,5,6\}, \quad E_4: \Omega_4=\{t \mid t \geqslant 0\}.$$

5.1.3 随机事件的概念

随机现象的结果称为**随机事件**，简称**事件**，常用大写字母 A,B,C 等表示. 由前面关于样本点的定义知，随机事件也可以视为随机试验中某些样本点构成的集合. 例如，在 E_3 中若用 A 表示"出现偶数点"这一事件，则 A 是由 2,4,6 三个样本点构成的，即 $A=$"出现偶数点"$=\{2,4,6\}$，它是相应样本空间 $\Omega=\{1,2,3,4,5,6\}$ 的一个子集.

关于事件要注意以下几点：

(1) 任一事件是相应样本空间的一个子集；

(2) 事件发生当且仅当它所包含的某一个样本点发生；

(3) 事件可用集合表示也可用文字语言表示，甚至还可用随机变量表示，后面将会讲到.

另外，我们还要注意到两个特殊的事件. 一个是样本空间 Ω 的最大子集(Ω)，称为**必然事件**，仍然用 Ω 表示. 必然事件是每次试验一定要发生的事件，如掷一枚骰子时，"出现点数不超过6"就是一必然事件. 另一个是样本空间 Ω 的最小子集($\varnothing$)，称为**不可能事件**，仍然用 $\varnothing$ 表示. 不可能事件就是每次试验一定不会发生的事件，如掷一枚骰子时，"出现 7 点"就是一个不可能事件.

注 必然事件与不可能事件原不是随机事件，但为讨论问题需要，人们将其看成是随机事件的两种极端形式，且在概率论中起着重要的作用.

5.1.4 随机事件的关系与运算

下面讨论事件间的关系及事件的运算，先讨论两个事件 A 与 B 之间的关系.

1. 事件间的关系

(1) 包含 事件 A 发生必然导致事件 B 发生，则称事件 B **包含**事件 A（事件 A 包含于事件 B），记为 $A \subset B$ $(B \supset A)$.

(2) 相等 若事件 A 与事件 B 中任一事件发生必然导致另一事件的发生，则称事件 A 与事件 B **相等**，记为 $A = B$.

(3) 互不相容 若事件 A 与事件 B 不能同时发生，则称事件 A 与事件 B 是**互不相容**的(互斥的).

2. 事件间的运算

(1) 并 "事件 A 与事件 B 中至少有一个发生"，这一事件称为事件 A 与事件 B 的**并事件**，记为 $A \cup B$. 特别地，当 A 与 B 互不相容时，$A \cup B$ 也称为 A 与 B 的**和事件**，记为 $A + B$.

(2) 交 "事件 A 与事件 B 同时发生"，这一事件称为事件 A 与事件 B 的**交事件**(积事件)，记为 $A \cap B$ (AB).

事件的并与交运算可推广到有限个或可列个事件，譬如有一列事件 A_1，$A_2, \cdots$，则 $\bigcup\limits_{i=1}^{n} A_i$ 称为**有限并**，$\bigcup\limits_{i=1}^{\infty} A_i$ 称为**可列并**，$\bigcap\limits_{i=1}^{n} A_i$ 称为**有限交**，$\bigcap\limits_{i=1}^{\infty} A_i$ 称为**可列交**.

(3) 差 "事件 A 发生而事件 B 不发生"，这一事件称为事件 A 与事件 B 的**差**，记为 $A - B$.

特别地，必然事件 Ω 对任一事件 A 的差 $\Omega - A$ 称为事件 A 的**对立事件**，记为 $\overline{A}$，即事件 A 不发生. 事件 A 与事件 B 互为对立事件的充要条件是

$$AB = \varnothing \quad \text{且} \quad A \cup B = \Omega,$$

这也是判断两事件能否成为对立事件的准则. 可见，对立事件一定是互不相容事件，但互不相容事件未必是对立事件.

例 5.1 设事件 A, B, C 是同一样本空间中的三个事件，则

(1) 事件 A, B, C 同时发生可以表示为 ABC 或 $A \cap B \cap C$；

(2) 事件 A, B, C 中至少有一个发生可以表示为 $A \cup B \cup C$；

(3) 事件 A 发生而 B, C 都不发生可以表示为 $A\overline{B}\,\overline{C}$ 或 $A - B - C$ 或 $A - (B \cup C)$；

(4) 事件 A, B, C 中恰好发生一个可以表示为 $A\overline{B}\,\overline{C} \cup \overline{A}B\overline{C} \cup \overline{A}\,\overline{B}C$；

(5) 事件 A, B, C 中恰好发生两个可以表示为 $\overline{A}BC \cup A\overline{B}C \cup AB\overline{C}$；

(6) 事件 A, B, C 中没有一个发生可以表示为 $\overline{A \cup B \cup C}$ 或 $\overline{A}\,\overline{B}\,\overline{C}$.

3. 事件的运算性质

(1) 交换律：$A \cup B = B \cup A, AB = BA$；

(2) 结合律：$(A \cup B) \cup C = A \cup (B \cup C)$，$(AB)C = A(BC)$；

(3) 分配律：$(A \cup B) \cap C = AC \cup BC$，$(A \cap B) \cup C = (A \cup C) \cap (B \cup C)$；

(4) 对偶律：$\overline{A \cup B} = \overline{A} \cap \overline{B}$，$\overline{A \cap B} = \overline{A} \cup \overline{B}$；

(5) $A - B = A - AB = A\overline{B}$.

上述性质可以推广到多个事件的场合.

习 题 5.1

1. 写出下列随机试验的样本空间及随机事件：

(1) 观察某交通路口某时段机动车的流量，事件 A =“机动车的辆数不超过 4 辆”；

(2) 观察某地区的气温，事件 A =“气温不超过 28℃”；

(3) 10 件产品中有 1 件是不合格品，事件 A =“从中任取 2 件得 1 件不合格品”；

(4) 一个家庭有两个小孩，事件 A =“该家庭至少有一女孩”.

2. 一个工人生产了 n 个零件，以事件 A_i 表示“他生产的第 i 个零件是合格品”($1 \leqslant i \leqslant n$)，用 A_i 表示下列事件：

(1) 没有一个零件是不合格品；

(2) 至少有一个零件是不合格品；

(3) 仅仅只有一个零件是不合格品；

(4) 至少有两个零件是不合格品.

3. 在数学系的学生中任选一名学生，事件 A 表示“被选学生是男生”，事件 B 表示“被选学生是三年级学生”，事件 C 表示“该生是运动员”.

(1) 叙述 $AB\overline{C}$ 的意义.

(2) 在什么条件下 $ABC = C$ 成立?

(3) 什么时候关系式 $C \subset B$ 是正确的?

(4) 什么时候 $\overline{A} = B$ 成立?

4. 设 $\Omega = \{x \mid 0 \leqslant x \leqslant 3\}$，$A = \{x \mid 1 < x \leqslant 3\}$，$B = \left\{x \,\middle|\, \frac{1}{2} < x \leqslant 1\right\}$，试求：$AB, A \cup B, A\overline{B}, \overline{AB}, B - A$.

5.2　事件的概率

5.2.1　频率与概率

定义 5.1　在相同的条件下，进行 n 次试验，在这 n 次试验中，事件 A 发生的次数 m 称为事件 A 发生的**频数**，$\frac{m}{n}$ 称为事件 A 发生的**频率**，记为 $f_n(A)$.

由定义，不难验证频率具有如下性质：

(1) $0 \leqslant f_n(A) \leqslant 1$；

(2) $f_n(\Omega)=1$，$f_n(\varnothing)=0$；

(3) 若 $A_1, A_2, \cdots, A_k$ 是两两互不相容的事件，则

$$f_n(A_1 \cup A_2 \cup \cdots \cup A_k)=f_n(A_1)+f_n(A_2)+\cdots+f_n(A_k).$$

尽管每进行一连串试验，所得到的频率各不相同，但只要 n 相当大，频率会接近一个常数，我们把这个现象称为**频率的稳定性**(频率的统计规律).

我们来看一个验证频率稳定性的著名试验 —— 高尔顿板试验.

试验模型如图 5-1 所示，自上端放入一小球，任其自由下落，在下落过程中当小球碰到钉子时，从左边落下与从右边落下的机会相等，碰到下一排钉子时又是如此，最后落入底板中的某一格子. 因此，任意放入一球，此球落入哪一个格子，预先难以确定. 但是如果放入大量小球，则其最后所呈现的曲线，几乎总是一样的.

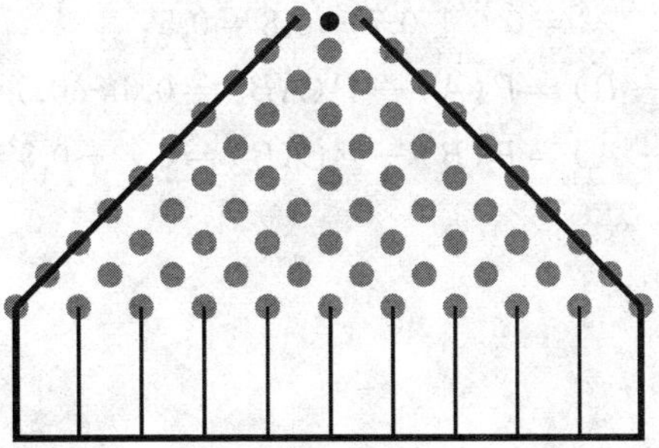

高尔顿板

图 5-1

从频率的稳定性得到启发：当试验次数 n 逐渐增大时，事件 A 出现的频率 $f_n(A)$ 会接近于某一个常数，我们把这个常数作为度量事件 A 发生可能性的大小，并称为事件 A 的**概率**，记为 $P(A)$.

在实际中，当概率不易求出时，人们常取试验次数很大时事件的频率作为概率的估计值，称此概率为**统计概率**. 这种确定概率的方法称为**频率方法**. 它的理论依据我们将在后面介绍.

由频率的性质，不难得到概率有如下性质：

(1) $0 \leqslant P(A) \leqslant 1$;

(2) $P(\Omega)=1$, $P(\varnothing)=0$;

(3) 若 $A_1, A_2, \cdots, A_k$ 是两两互不相容的事件，则

$$P(A_1 \cup A_2 \cup \cdots \cup A_k)=P(A_1)+P(A_2)+\cdots+P(A_k).$$

由这些性质，不难推出概率还具有下列性质：

(4) $P(A)+P(\overline{A})=1$;

(5) 若 $A \subset B$，则 $P(B-A)=P(B)-P(A)$;

(6) 对任意事件 A 与 B，有 $P(B-A)=P(B)-P(AB)$;

(7) 对任意事件 A 与 B，有

$$P(A \cup B)=P(A)+P(B)-P(AB),$$

这称为**加法公式**. 加法公式可以推广到三个事件 A, B, C 的情形，即

$$P(A \cup B \cup C)=P(A)+P(B)+P(C)-P(AB)-P(AC)-P(BC)+P(ABC).$$

例 5.2 设 A, B 为两个事件，已知 $P(A)=0.6$, $P(B)=0.7$, $P(A \cup B)=0.8$，求 $P(AB), P(A-B), P(B-A)$.

解 由于 $P(A \cup B)=P(A)+P(B)-P(AB)$，因此

$$P(AB)=P(A)+P(B)-P(A \cup B)=0.6+0.7-0.8=0.5,$$

$$P(A-B)=P(A)-P(AB)=0.6-0.5=0.1,$$

$$P(B-A)=P(B)-P(AB)=0.7-0.5=0.2.$$

5.2.2 古典概率

1. 古典概型

若一个随机试验具有如下特点：

(1) 试验的样本空间 Ω 包含有限个样本点；

(2) 试验中每个样本点发生的可能性是均等的，

则称此试验为**古典概型试验**.

2. 古典概率

定义 5.2　在古典概型试验中，若样本空间 Ω 中样本点的个数为 n，事件 A 包含的样本点的个数为 k，则事件 A 的**概率**为

$$P(A)=\frac{k}{n}.$$

3. 古典概率的例子

例 5.3　将一枚均匀的骰子连掷两次，求

(1)　两次点数之和为 8 的概率；

(2)　两次点数中较大的一个不超过 3 的概率.

解　该试验的样本空间为

$$\Omega=\{(1,1),(1,2),(1,3),(1,4),\cdots,(6,4),(6,5),(6,6)\},$$

共 36 个样本点. 由于骰子是均匀的，故每个样本点发生的可能性是相等的，属于古典概型.

(1)　设事件 $A=$“两次点数之和为 8”，则

$$A=\{(i,j)\mid i+j=8\}=\{(2,6),(3,5),(4,4),(5,3),(6,2)\},$$

A 中共包含 5 个样本点，故 $P(A)=\frac{5}{36}$.

(2)　设事件 $B=$“两次点数中较大的一个不超过 3”，则

$$\begin{aligned}B&=\{(i,j)\mid \max\{i,j\}\leqslant 3\}\\&=\{(1,1),(1,2),(1,3),(2,1),(2,2),(2,3),(3,1),(3,2),(3,3)\},\end{aligned}$$

B 中共包含 9 个样本点，故 $P(B)=\frac{9}{36}=\frac{1}{4}$.

例 5.4　设有 N 件产品，其中有 n 件次品，今从中任取 m 件，问其中恰有 k $(k\leqslant n)$ 件次品的概率是多少？

解　所求的概率显然与抽样方式有关，下面分别来讨论.

(1)　放回抽样场合　把 N 件产品进行编号，有放回地任取 m 次，则总的样本点数为 N^m，其中恰有 k $(k\leqslant n)$ 件次品这种情况下包含的样本点数为 $C_m^k n^k(N-n)^{m-k}$，故所求概率为

$$P=\frac{C_m^k n^k(N-n)^{m-k}}{N^m}=C_m^k\left(\frac{n}{N}\right)^k\left(\frac{N-n}{N}\right)^{m-k}.$$

它是二项式 $\left(\frac{n}{N}+\frac{N-n}{N}\right)^m$ 展开式的一般项，上述概率称为**二项分布**，后面章节将会具体讲到.

(2) 不放回抽样场合　从 N 件产品中抽取 m 件产品，总的样本点数为 C_N^m，其中恰有 k $(k\leqslant n)$ 件次品这种情况下包含的样本点数为 $C_n^kC_{N-n}^{m-k}$，故所求概率为

$$P=\frac{C_n^kC_{N-n}^{m-k}}{C_N^m}.$$

这个概率称为**超几何分布**.

例 5.5　袋中有 a 只白球，b 只红球，k 个人依次在袋中任取一只球，求第 i $(i=1,2,\cdots,k)$ 人取到白球(记为事件 A) 的概率$(k\leqslant a+b)$.

解　(1) 放回抽取场合　显然有 $P(A)=\dfrac{a}{a+b}$.

(2) 不放回抽取场合　将 a 只白球及 b 只红球都看做是不同的，各人取一只球，则总的取法有 A_{a+b}^k 种. 当事件 A 发生时，第 i 人取到的应是白球，于是 A 中包含了 aA_{a+b-1}^{k-1} 种取法，故

$$P(A)=\frac{aA_{a+b-1}^{k-1}}{A_{a+b}^k}=\frac{a}{a+b}.$$

值得注意的是放回抽取和不放回抽取场合下 $P(A)$ 是一样的，并且 $P(A)$ 与 i 无关，尽管取球的先后次序不同，各人取到白球的概率是一样的，大家机会是相同的，即抽签与顺序无关.

习　题　5.2

1. 在整数 0～9 中任取 3 个数，能组成一个三位偶数的概率是多少？

2. 在 1～2011 的整数中随机地取一个数，问取到的整数既不能被 6 整除，又不能被 8 整除的概率是多少？

3. 在有 n $(n\leqslant 365)$ 个人的年级中，至少有两个人生日是在同一天的概率有多大？

4. 已知在 10 只产品中有 2 只次品，在其中取两次，每次任取一只，不放回选取，求下列事件的概率：

(1) 两只都是正品；

(2) 两只都是次品；

(3) 一只是正品，一只是次品；

(4) 第二次取出的是次品.

5. 某城市共发行甲、乙、丙三种报纸，在这个城市的居民中，订甲报的有 45%，订乙报的有 35%，订丙报的有 30%，同时订甲、乙两报的有 10%，同时订甲、丙两报的有 8%，同时订乙、丙两报的有 5%，同时订三种报纸的

有 3%，求下述百分比：

(1) 只订甲报的；

(2) 只订甲、乙两报的；

(3) 只订一种报纸的；

(4) 正好订两种报纸的；

(5) 至少订一种报纸的；

(6) 不订任何报纸的.

5.3 条件概率

5.3.1 条件概率与乘法公式

1. 条件概率的定义

设一试验中事件 A 发生的概率为 $P(A)$，若又获得一些新的有关信息，且可综合为事件 B，这时在事件 B 发生的条件下，事件 A 再发生的概率将会有所变化，这种在新的条件下的概率称为**条件概率**，记为 $P(A|B)$，而 $P(A)$ 称为**无条件概率**. 条件概率是概率论中的一个基本概念，也是解决复杂问题的一个重要工具.

定义 5.3 设事件 A,B 是样本空间 Ω 中的两个事件，且 $P(B)>0$，在事件 B 发生的条件下，事件 A 发生的**条件概率** $P(A|B)$ 定义为 $\dfrac{P(AB)}{P(B)}$，即

$$P(A|B)=\frac{P(AB)}{P(B)},$$

其中 $P(A|B)$ 也称为**给定事件 B 下，事件 A 的条件概率**.

例 5.6 市场上供应的灯泡中，甲厂的产品占 60%，乙厂的产品占 40%，甲厂产品的合格率是 90%，乙厂产品的合格率是 80%. 若用事件 $A,\overline{A}$ 分别表示甲、乙两厂的产品，B 表示产品为合格品，试写出有关事件的概率和条件概率.

解 依题意有 $P(A)=60\%$，$P(\overline{A})=40\%$，$P(B|A)=90\%$，$P(B|\overline{A})=80\%$.

例 5.7 一个家庭中有两个小孩，已知其中有一个是女孩，问这时另一个小孩也是女孩的概率是多大?

解 根据题意，样本空间 $\Omega=\{$(男,男),(男,女),(女,男),(女,女)$\}$，

且

$$B=\{已知有一个是女孩\}=\{(男,女),(女,男),(女,女)\},$$
$$A=\{另一个也是女孩\}=\{(女,女)\},$$

于是所求概率为

$$P(A|B)=\frac{P(AB)}{P(B)}=\frac{1/4}{3/4}=\frac{1}{3}.$$

2. 条件概率的性质

不难验证条件概率具有如下性质：

(1) $P(A|B)\geqslant 0$；

(2) $P(\Omega|B)=1,\ P(\varnothing|B)=0$；

(3) 若事件 $A_1,A_2,\cdots,A_n,\cdots$ 是两两互不相容的事件，且 $P(B)>0$，则

$$P\left(\bigcup_{n=1}^{\infty}A_n\,|\,B\right)=\sum_{n=1}^{\infty}P(A_n|B);$$

(4) $P(A|B)+P(\overline{A}|B)=1$.

3. 乘法公式

定理 5.1 对任意事件 A,B，有

$$P(AB)=P(A)P(B|A)=P(B)P(A|B),$$

其中第一个等式成立要求 $P(A)>0$，第二个等式成立要求 $P(B)>0$.

乘法公式还可以推广到 n 个事件的场合：

$$P(A_1A_2\cdots A_n)=P(A_1)P(A_2|A_1)\cdots P(A_n|A_1A_2\cdots A_{n-1}),$$

其中 $P(A_1A_2\cdots A_n)>0$.

例 5.8 设袋中装有 a 只白球及 b 只红球，每次从袋中任取一只球，观察其颜色后放回，并再放入 c 只与所取出的那只球同色的球. 若在袋中连续取球 3 次，试求第一、二次取到红球而第三次取到白球的概率.

解 设 $A_i\,(i=1,2,3)$ 表示"第 i 次取到红球"，则 $\overline{A_i}\,(i=1,2,3)$ 表示"第 i 次取到白球"，则

$$P(A_1)=\frac{b}{a+b},\ P(A_2|A_1)=\frac{b+c}{a+b+c},\ P(\overline{A_3}|A_1A_2)=\frac{a}{a+b+2c}.$$

从而所求概率为

$$P(A_1A_2\overline{A_3})=P(A_1)P(A_2|A_1)P(\overline{A_3}|A_1A_2)$$
$$=\frac{b}{a+b}\cdot\frac{b+c}{a+b+c}\cdot\frac{a}{a+b+2c}.$$

5.3.2 全概率公式与贝叶斯公式

定理 5.2 (全概率公式) 设 $B_1, B_2, \cdots, B_n$ 是两两互不相容事件，且有 $\sum_{i=1}^{n} B_i = \Omega$，$P(B_i) > 0$，$i = 1, 2, \cdots$，则对任一事件 A，有

$$P(A) = \sum_{i=1}^{n} P(B_i) P(A \mid B_i).$$

证 如图 5-2，有

$$\begin{aligned} P(A) &= P(A \cap \Omega) = P\left(A \cap \sum_{i=1}^{n} B_i\right) = P\left(\sum_{i=1}^{n} AB_i\right) \\ &= \sum_{i=1}^{n} P(AB_i) = \sum_{i=1}^{n} P(B_i) P(A \mid B_i). \end{aligned}$$ □

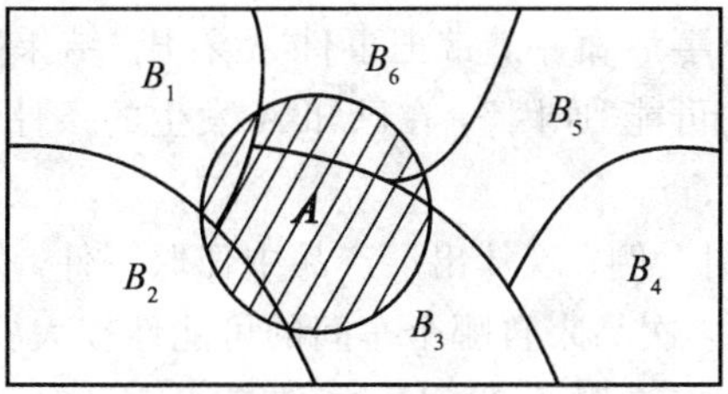

图 5-2

该公式常用在预测推断中，称为**事前概率**，运用时关键在于寻找到一串合适的 $B_1, B_2, \cdots, B_n$，使 $P(B_i)$ 及条件概率 $P(A \mid B_i)$ 容易求得.

例 5.9 某工厂有 4 个车间生产同一种产品，产品分别占总产量的 15%，20%，30% 和 35%，各车间的次品率依次为 0.05，0.04，0.03 和 0.02. 现从出厂产品中任取一件，问恰好取到次品的概率是多少？

解 设 $A = \{$恰好取到次品$\}$，$B_i = \{$恰好取到第 i 个车间的产品$\}$，$i = 1, 2, 3, 4$. 由题意有 $P(B_1) = 0.15$，$P(B_2) = 0.2$，$P(B_3) = 0.3$，$P(B_4) = 0.35$，$P(A \mid B_1) = 0.05$，$P(A \mid B_2) = 0.04$，$P(A \mid B_3) = 0.03$，$P(A \mid B_4) = 0.02$. 于是，由全概率公式，得

$$P(A) = \sum_{i=1}^{n} P(B_i) P(A \mid B_i) = 0.031\,5.$$

根据条件概率及概率的乘法公式并考虑全概率公式可推得贝叶斯公式.

定理 5.3 (贝叶斯公式) 设 $B_1, B_2, \cdots, B_n$ 是两两互不相容事件，且有 $\sum_{i=1}^{n} B_i = \Omega$，$P(B_i) > 0$，$i = 1, 2, \cdots$，则对任一事件 A，有

$$P(B_i|A) = \frac{P(B_i)P(A|B_i)}{\sum_{i=1}^{n} P(B_i)P(A|B_i)}, \quad i = 1, 2, \cdots, n.$$

证 由定理 5.1 得

$$P(B_i|A) = \frac{P(AB_i)}{P(A)} = \frac{P(B_i)P(A|B_i)}{P(A)}.$$

再利用全概率公式 $P(A) = \sum_{i=1}^{n} P(B_i)P(A|B_i)$，有

$$P(B_i|A) = \frac{P(B_i)P(A|B_i)}{\sum_{i=1}^{n} P(B_i)P(A|B_i)}, \quad i = 1, 2, \cdots, n. \qquad \square$$

该公式用来计算事后概率，常把事件 A 看成“结果”，把 $B_1, B_2, \cdots, B_n$ 看成是导致该结果的可能“原因”，在已知 A 发生的条件下，去找出最有可能导致它发生的“原因”.

例 5.10 条件同上例，现从出厂产品中任取一件，发现该产品是次品而且其标志已脱落，问：次品来自哪个车间的可能性较大？

分析 关注次品来自哪个车间可能性最大，设 $A = \{$恰好取到次品$\}$，$B_i = \{$恰好取到第 i 个车间的产品$\}$，$i = 1, 2, 3, 4$，事件 A 已成为“结果”，需考虑哪一个“原因”所致的可能性较大，即求条件概率 $P(B_i|A)$.

解 $P(B_1|A) = \dfrac{P(AB_1)}{P(A)} = \dfrac{P(B_1)P(A|B_1)}{P(A)} = \dfrac{0.15 \times 0.05}{0.0315} = \dfrac{15}{63}.$

同理，$P(B_2|A) = \dfrac{16}{63}$，$P(B_3|A) = \dfrac{18}{63}$，$P(B_4|A) = \dfrac{14}{63}$.

可知次品来自第三个车间的可能性较大.

习 题 5.3

1. 长期统计资料得知，某一地区三月份下雨(记为事件 A)的概率为 $\dfrac{4}{15}$，刮风(记为事件 B)的概率为 $\dfrac{7}{15}$，既刮风又下雨的概率为 $\dfrac{1}{10}$. 试求 $P(A|B)$，$P(B|A)$，$P(A \cup B)$.

2. 某射击小组共有 20 名射手，其中一级射手 4 人，二级射手 6 人，三级射手 8 人，四级射手 2 人，一、二、三、四级射手能通过选拔进入决赛的概率

分别是 0.9,0.7,0.5,0.2. 求在一组内任选一名射手，该射手能通过选拔进入决赛的概率.

3. 某种诊断肝癌的检查法有如下结果：用 A 表示"被检验者反应为阳性"，B 表示"被检查者患有肝癌"，则 $P(A|B)=0.95$，$P(\overline{A}|\overline{B})=0.90$. 现在自然人群中进行普查，设 $P(B)=0.0004$，求 $P(B|A)$.

4. 有朋友自远方来访，他乘火车、轮船、汽车、飞机来的概率分别是 0.3,0.2,0.1,0.4. 如果他乘火车、轮船、汽车来的话，迟到的概率分别是 $\frac{1}{4}$，$\frac{1}{3}$，$\frac{1}{12}$，而乘飞机不会迟到. 结果他迟到了，试判断他是怎样来的可能性大.

5.4 事件的独立性

5.4.1 事件的独立性

1. 两个事件的独立性

在 5.3.1 节中，我们给出了条件概率 $P(A|B)$，一般说来 $P(A|B)\neq P(A)$，也即事件 B 发生与否对事件 A 有影响. 但若事件 B 发生与不发生对事件 A 没有影响，则应有 $P(A|B)=P(A)$，此时由概率的乘法公式有 $P(AB)=P(A)P(B)$. 因此，我们给出如下定义.

定义 5.4 对任意两个事件 A 与 B，若

$$P(AB)=P(A)P(B),$$

则称事件 A 与 B **相互独立**，或简称**独立**，否则称事件 A 与 B **不独立或相关**.

注 (i) $P(A)=0$ 或 $P(B)=0$ 时，$P(AB)=P(A)P(B)$ 仍然成立.

(ii) 事件 A 与 B 独立时，有

$$P(A|B)=P(A),\quad P(B|A)=P(B).$$

(iii) 事件 A 与 B 独立的实质是事件 B (A) 发生对事件 A (B) 没有影响.

(iv) 两独立事件未必是互斥事件或对立事件.

定理 5.4 若事件 A 与 B 独立，则 $\overline{A}$ 与 B，A 与 $\overline{B}$，$\overline{A}$ 与 $\overline{B}$ 都相互独立.

证 下面只证明 $\overline{A}$ 与 $\overline{B}$ 相互独立，其余留给读者自己证明.

$$\begin{aligned}P(\overline{A}\,\overline{B})&=P(\overline{A\cup B})=1-P(A\cup B)\\&=1-(P(A)+P(B)-P(AB))\\&=(1-P(A))(1-P(B))\\&=P(\overline{A})P(\overline{B}),\end{aligned}$$

由事件的独立性定义知，$\overline{A}$ 与 $\overline{B}$ 相互独立. □

注 事件 A 与 B，$\overline{A}$ 与 B，A 与 $\overline{B}$，$\overline{A}$ 与 $\overline{B}$ 四对中只要有一对相互独立，则其余三对都是相互独立的. 在实际中，我们判断两事件的独立性可从定义 5.4 出发，但更多的是根据经验去判定.

例 5.11 甲、乙二人独立地同时向同一目标射击一次，他们的命中率分别为 0.6 和 0.5，求目标被击中的概率.

解 设事件 A 表示"甲击中目标"，B 表示"乙击中目标"，C 表示"目标被击中"，则 $C=A\cup B$，且 $P(A)=0.6$，$P(B)=0.5$，事件 A 与 B 相互独立，因此

$$\begin{aligned}P(C)&=P(A\cup B)=P(A)+P(B)-P(AB)\\&=P(A)+P(B)-P(A)P(B)\\&=0.6+0.5-0.6\times0.5=0.8,\end{aligned}$$

或者

$$\begin{aligned}P(C)&=P(A\cup B)=P(\overline{\overline{A}\,\overline{B}})=1-P(\overline{A}\,\overline{B})=1-P(\overline{A})P(\overline{B})\\&=1-(1-0.6)(1-0.5)=0.8.\end{aligned}$$

2. 多个事件的独立性

定义 5.5 设有 n 个事件 $A_1,A_2,\cdots,A_n$，若对于任意的整数 k $(1\leqslant k\leqslant n)$ 和任意的 k 个整数 $i_1,i_2,\cdots,i_k(1\leqslant i_1<i_2<\cdots<i_k\leqslant n)$，有

$$P(A_{i_1}A_{i_2}\cdots A_{i_k})=P(A_{i_1})P(A_{i_2})\cdots P(A_{i_k}),$$

则称 $A_1,A_2,\cdots,A_n$ **相互独立**，简称 $A_1,A_2,\cdots,A_n$ **独立**.

注 (ⅰ) 若 n 个事件相互独立，则其中任意的 k 个事件亦相互独立.

(ⅱ) 若 n 个事件相互独立，则其中部分换为对立事件，组成的新的 n 个事件仍相互独立.

(ⅲ) 部分相互独立，合起来不一定相互独立.

例 5.12 甲、乙、丙三人独立地去破译密码，他们能够译出的概率分别为 $\frac{1}{5},\frac{1}{4},\frac{1}{3}$，问能将密码破译出的概率是多少？

解 设事件 A,B,C 分别表示甲、乙、丙三人译出密码，则事件"能将密码破译出"可以表示 $A\cup B\cup C$.

由于 A,B,C 独立，且 $P(A)=\frac{1}{5}$，$P(B)=\frac{1}{4}$，$P(C)=\frac{1}{3}$，则

$$\begin{aligned}P(A\cup B\cup C)&=1-P(\overline{A\cup B\cup C})=1-P(\overline{A}\,\overline{B}\,\overline{C})\\&=1-P(\overline{A})P(\overline{B})P(\overline{C})\\&=1-\frac{4}{5}\times\frac{3}{4}\times\frac{2}{3}=0.6.\end{aligned}$$

5.4.2 n 重伯努利试验

定义 5.6 若试验满足下列条件：

(1) 每次试验只有两种可能结果 $A,\overline{A}$；

(2) A 在每次的试验中出现的概率 p 保持不变；

(3) 各次试验是相互独立的；

(4) 共进行 n 次试验，

则称这种试验为n **重伯努利试验**. 譬如，抛三枚硬币(或一个硬币抛三次)，检查 10 个产品，诞生 100 个婴儿等都可归为多重伯努利试验.

定理 5.5 n 重伯努利试验中，设每次试验中事件 A 发生的概率 $P(A)=p\ (0<p<1)$，则事件 A 恰好发生 k 次的概率为

$$P_n(k)=C_n^k p^k(1-p)^{n-k},\quad k=0,1,2,\cdots,n.$$

注 若记 $q=1-p$，则 $P_n(k)=C_n^k p^k q^{n-k}$，$p+q=1$，而 $C_n^k p^k q^{n-k}$ 恰好是 $(p+q)^n$ 的展开式中的第 $k+1$ 项，所以此公式也称**二项概率公式**.

例 5.13 若在 N 件产品中有 n 件次品，现进行 m 次有放回的抽样检查，问共抽得 k 件次品的概率是多少？

解 因为是有放回的抽样检查，所以可看成是 n 重伯努利试验. 记 A 表示"每次试验中抽到次品"，则 $p=\frac{n}{N}$，故所求的概率为

$$P_m(k)=C_m^k\left(\frac{n}{N}\right)^k\left(1-\frac{n}{N}\right)^{m-k}.$$

习 题 5.4

1. 有甲、乙两枚导弹独立地向飞机射击，甲击中的概率为 0.8，乙击中的概率为 0.7. 试求

(1) 都击中的概率；

(2) 甲击中乙击不中的概率；

(3) 甲击不中乙击中的概率.

2. 袋中有4个形状大小完全一样的球，其中一个是红色，一个是蓝色，一个是黄色，还有一个是红黄蓝三色球. 随机从中任取一只球，用 A,B,C 分别表示取出的球有红色，有蓝色和有黄色，试讨论 A,B,C 的独立性.

3. 将一枚硬币连续抛掷10次，恰有4次出现正面的概率是多大？有5～7次出现正面的概率又是多大？

4. 某射击选手的命中率为 $\frac{2}{3}$，他独立地向目标射击4次，求目标被击中的概率是多大.

5. 设有两门高射炮，每一门击中目标的概率都是0.6. 求同时发射一发炮弹而击中飞机的概率是多少. 又若有一架敌机入侵领空，欲以99%以上的概率击中它，问至少需要多少门高射炮？

总习题五

1. 填空题

(1) 一口袋装有3只红球，2只黑球，今从中任意取出2只球，则这两只恰为一红一黑的概率是________.

(2) 袋中有50个球，其中20个黄球、30个白球，今有2人依次随机地从袋中各取一球，取后不放回，则第2个人取得黄球的概率为________.

(3) 设 A,B 为互不相容的两随机事件，$P(B)=0.2$，$P(A\cup B)=0.5$，则 $P(A)=$________.

(4) 设 A,B 为互不相容的两随机事件，$P(A)=0.4$，$P(B)=0.3$，则 $P(\overline{AB})=$________，$P(\overline{A}\cup B)=$________.

(5) 设 A,B 为相互独立的两随机事件，$P(A)=\frac{1}{2}$，$P(B)=\frac{1}{3}$，则 $P(\overline{A}B)=$________.

(6) 设 A,B 为随机事件，且 $P(A)=0.8$，$P(B)=0.4$，$P(B|A)=0.25$，则 $P(A|B)=$________.

(7) 在三次独立试验中，事件 B 至少出现一次的概率为 $\frac{19}{27}$，若每次试验中 B 出现的概率均为 p，则 $p=$________.

2. 选择题

(1) 设 A 为随机事件，则下列命题中错误的是(　　).

(A) A 与 $\overline{A}$ 互为对立事件　　(B) A 与 $\overline{A}$ 互不相容

(C) $\overline{A \cup \overline{A}} = \Omega$　　(D) $\overline{\overline{A}} = A$

(2) 以 A 表示事件“甲种产品畅销，乙种产品滞销”，则其对立事件 $\overline{A}$ 为(　　).

(A) “甲种产品滞销，乙种产品畅销”

(B) “甲、乙两种产品均畅销”

(C) “甲种产品滞销”

(D) “甲种产品滞销或乙种产品畅销”

(3) 设 A,B 为随机事件，且 $P(A)>0$，$P(B)>0$，则有(　　).

(A) 若 A,B 相容，必有 A,B 相互独立

(B) 若 A,B 不相容，必有 A,B 相互独立

(C) 若 A,B 相容，必有 A,B 不相互独立

(D) 若 A,B 不相容，必有 A,B 不相互独立

(4) 设事件 A,B 相互独立，且 $P(A)>0$，$P(B)>0$，则下列等式成立的是(　　).

(A) $P(AB)=0$　　(B) $P(A-B)=P(A)P(\overline{B})$

(C) $P(A)+P(B)=1$　　(D) $P(\overline{AB})=0$

(5) 同时抛掷 3 枚均匀的硬币，则恰好有两枚正面朝上的概率为(　　).

(A) 0.125　　(B) 0.25　　(C) 0.375　　(D) 0.50

(6) 设 A,B 为互不相容的两随机事件，$P(A)=0.2$，$P(B)=0.4$，则 $P(B|A)=$(　　).

(A) 0　　(B) 0.2　　(C) 0.4　　(D) 1

(7) 设事件 A 与 B 互不相容，已知 $P(A)=0.4$，$P(B)=0.5$，则 $P(\overline{A}\,\overline{B})=$(　　).

(A) 0.1　　(B) 0.4　　(C) 0.9　　(D) 1

3. 写出下列随机试验的样本空间与随机事件：

(1) 记录一个小班一次数学考试的平均分数(以百分制记分)；

(2) 观察某十字路口某时段机动车的流量，事件 A 表示“通过的机动车的辆数不超过 5 辆”；

(3) 从一批灯泡中随机抽取一只，记录其使用寿命(单位：h)，事件 A 表示“寿命在 1 000 ～ 2 000 h 之间”；

(4) 同时抛掷两颗骰子，事件 A 表示“两颗骰子出现点数之和为奇数”，事件 B 表示“两颗骰子出现点数之差为 0”，C 表示“两颗骰子出现点数之积不超过 20”.

4. 设 A,B,C 表示三个随机事件，用 A,B,C 表示下列随机事件：

(1) A 发生但 B,C 都不发生；

(2) A,B,C 三个事件至少有一个发生；

(3) A,B,C 恰有两个发生；

(4) A,B,C 不多于一个发生；

(5) A,B,C 不多于两个发生；

(6) A,B,C 中至少有两个发生.

5. 市场上供应的电风扇中，甲厂产品占 70%，乙厂占 30%，甲厂产品的合格率为 95%，乙厂的合格率为 85%. 若用事件 A 表示甲厂的产品，B 表示产品为合格品，试写出有关事件的概率.

6. 抛一枚硬币观察其出现的点数，设事件 $A=\{1,3,5\}$，$B=\{4,6\}$，$C=\{1,4\}$，求 $A\cap B, B\cup C, A\cup(B\cap C), \overline{A\cup B}, C-A$.

7. 问事件"至少有 A,B 一个发生"与"A,B 至多发生一个"是否为对立事件?

8. 袋中有球 10 个，3 白 7 黑，现从中取 4 个. 试求

(1) 恰有一个白球的概率；

(2) 至少有一个白球的概率.

9. 设 $A\subset B$，$P(A)=0.2$，$P(B)=0.3$. 求

(1) $P(\overline{A}),P(\overline{B})$；　(2) $P(AB)$；　(3) $P(A\cup B)$；

(4) $P(\overline{A}B)$；　(5) $P(A-B)$.

10. 设事件 A,B 的概率分别为 $P(A)=\frac{1}{5}$，$P(B)=\frac{1}{2}$. 求在下列情况下的 $P(\overline{A}B),P(A\overline{B})$：

(1) A 与 B 不相容；　(2) $A\subset B$；　(3) $P(AB)=\frac{1}{10}$.

11. 设 A 与 B 是两个随机事件，且 $P(A)=0.7$，$P(B)=0.6$. 问：

(1) 在何条件下 $P(AB)$ 取到最大值，最大值是多少?

(2) 在何条件下 $P(AB)$ 取到最小值，最小值是多少?

12. 设 A,B,C 是三个随机事件，且 $P(A)=P(B)=P(C)=\frac{1}{4}$，$P(AB)=P(BC)=0$，$P(AC)=\frac{1}{8}$. 求

(1) A,B,C 中至少有一个发生的概率；

(2) A,B,C 都不发生的概率.

13. 已知 $P(A)=\frac{1}{4}$，$P(B\mid A)=\frac{1}{3}$，$P(A\mid B)=0.5$，求 $P(A\cup B)$.

14. 某厂有甲、乙、丙三个车间生产同一种产品，各车间的产量分别占全厂总产量的 20%，30%，50%，根据以往产品质量检验记录知道甲、乙、丙三个车间的次品率分别为 4%，3%，2%.

(1) 从该厂产品中任取一件，其为次品的概率为多大？

(2) 若从该厂产品中任取一件发现其为次品，问该产品为甲车间生产的概率是多大？

15. 设肺癌发病率为 0.1%，患肺癌的人中吸烟者占 90%，不患肺癌的人中吸烟者占 20%. 试求吸烟者与不吸烟者中患肺癌的概率各是多少.

16. 甲、乙两人独立地对同一目标各射击一次，其命中率分别为 0.6 和 0.5. 求

(1) 两人同时击中的概率；

(2) 目标被击中的概率；

(3) 现已知目标被命中，则它是仅由甲射中的概率.

17. 一幢大楼装有 5 个同一型号的供水设备，已知在任意时刻 t，每个设备被使用的概率为 0.1. 求在同一时刻，

(1) 恰有两个设备被使用的概率；

(2) 至少有一个设备被使用的概率.

18. n 个人每人带一件礼品参加联欢会，联欢会开始后，把所有礼品编号，然后每人各取一个号码，按号码取礼品. 求所有参加的人都取到别人赠送的礼品的概率.

第六章

随机变量及其分布

6.1 离散型随机变量

6.1.1 随机变量的概念

很多随机现象的结果总能跟实数联系起来，如掷一枚骰子，骰子出现的点数，其样本空间 $\Omega=\{1,2,3,4,5,6\}$，若事件“出现 1 点”发生，则跟实数 1 对应；在 n 重伯努利试验中，事件 A 出现的次数，其样本空间 $\Omega=\{0,1,\cdots,n\}$，若事件 A 恰好发生 k 次，则跟实数 k 对应. 虽说有些随机现象跟实数之间没有这种自然的联系，但可以为其建立一个对应关系，如抛掷一枚硬币，试验结果可能出现正面也可能出现反面，我们约定出现正面则跟实数 1 对应，出现反面跟实数 0 对应.

在上述例子中，试验结果是随机的，因而跟试验结果对应的那个实数也是随机的. 简单地说，用来表示随机现象结果的变量称为随机变量.

定义 6.1 定义在样本空间 Ω 上，取值于实数域 $\mathbf{R}$，若对于样本空间的任意一个样本点 ω，都有唯一的实数 $X(\omega)$ 与之对应，则称 $X(\omega)$ 为**随机变量**，常用大写字母 X,Y,Z 等表示. 用小写字母表示随机变量的取值.

定义了随机变量后，就可以用随机变量来刻画随机事件.

注 （ⅰ） 随机变量 $X(\omega)$ 的定义域为样本空间 Ω，而未必是实数集.

（ⅱ） 随机变量 $X(\omega)$ 的取值是随机的，它的每一个可能取值都有一定的概率.

（ⅲ） 随机变量是随机事件的数量化，即 $X(\omega)$ 的任意范围都表示随机事件.

随机变量一般可分为离散型和非离散型两大类，非离散型又可以分为连续型和混合型. 由于实际工作中我们经常碰到的是离散型和连续型，因此下面我们仅讨论离散型和连续型这两种类型的随机变量.

6.1.2 离散型随机变量及其分布列

定义 6.2 如果随机变量 $X(\omega)$ 所有可能取值是有限个或可列多个，则称 $X(\omega)$ 为**离散型随机变量**.

一些离散型随机变量的例子：某时刻正在工作的车床数；某段时间中的话务量；三次投掷硬币中，出现正面的总次数；某段时间内候车室的旅客人数.

正如对随机事件一样，我们所关心的不仅是这些随机变量的可能取值，而且还要知道它取这些数值的概率.

定义 6.3 设 X 是离散型随机变量，它的所有可能取值是 $x_1, x_2, \cdots$. 假如 X 取 x_i 的概率为 $P(X=x_i)=p_i$，$i=1,2,\cdots$，且满足

(1) $p_i \geqslant 0$，$i=1,2,\cdots$；

(2) $\sum\limits_{i=1}^{\infty} p_i = 1$，

则称 $\{p_i\}$ 为随机变量 X 的**分布列**(**概率分布**)，也可以表示为

X	x_1	x_2	$\cdots$	x_n	$\cdots$
P	p_1	p_2	$\cdots$	p_n	$\cdots$

例 6.1 用随机变量描述掷一枚骰子的试验.

解 令 X 表示骰子出现的点数，它的所有可能取值为 $X=1,2,3,4,5,6$，相应的概率都是 $\frac{1}{6}$，故随机变量 X 的分布列(概率分布)为

X	1	2	3	4	5	6
P	$\frac{1}{6}$	$\frac{1}{6}$	$\frac{1}{6}$	$\frac{1}{6}$	$\frac{1}{6}$	$\frac{1}{6}$

例 6.2 判断下面的数列能否成为一个随机变量的分布列：

(1)

X	-1	2	3
P	0.2	0.4	0.3

(2) $P(X=k)=\dfrac{k-2}{2}$，$k=1,2,3,4$；

(3) $P(X=k)=\left(\dfrac{1}{2}\right)^k$，$k=1,2,\cdots$.

解 (1) 不能组成一个概率分布，因为所有的概率之和为 $0.9<1$.

(2) 不能组成一个概率分布，因为 $P(X=1)=\dfrac{1-2}{2}=-\dfrac{1}{2}<0$.

(3) 能组成一个概率分布，因为 $P(X=k)\geqslant 0$，$k=1,2,\cdots$；同时

$$\sum_{k=1}^{\infty}P(X=k)=\sum_{k=1}^{\infty}\left(\frac{1}{2}\right)^k=\frac{\frac{1}{2}}{1-\frac{1}{2}}=1.$$

6.1.3 几种常见的离散型随机变量的概率分布

1. 0-1 分布(两点分布)

设随机变量 X 只可能取 0 和 1 两个值，且取各值的概率是

$$P(X=k)=p^k(1-p)^{1-k},\quad k=0,1\ (0<p<1),$$

则称 X **服从两点分布**，记为 $X\sim B(1,p)$，也可以写成

X	0	1
P	$1-p$	p

只要试验结果有两种可能，都可以确定一个服从两点分布的随机变量. 例如，对新生婴儿的性别登记，抛硬币，产品的质量是否合格等都可以用服从两点分布的随机变量来描述.

2. 二项分布

设随机变量 X 的所有可能取值为 $0,1,\cdots,n$，且取各值的概率为

$$P(X=k)=C_n^k p^k(1-p)^{n-k},\quad k=0,1,\cdots,n\ (0<p<1),$$

则称 X **服从参数为 n,p 的二项分布**，记为 $X\sim B(n,p)$.

特别地，当 $n=1$ 时，二项分布 $X\sim B(1,p)$，即为 0-1 分布.

n 重伯努利试验中，记随机变量 X 为事件 A 发生的次数，则 $X\sim B(n,p)$. 例如，某射击选手的命中率为 0.9，记 X 为 8 次射击中命中目标的次数，则 $X\sim B(8,0.9)$.

3. 泊松分布

设随机变量 X 所有可能取值为 $0,1,2,\cdots$，且它取各值的概率为

$$P(X=k)=\frac{\lambda^k e^{-\lambda}}{k!},\quad k=0,1,2,\cdots\ (\lambda>0，为常数),$$

则称 X **服从参数为 λ 的泊松分布**，记为 $X\sim P(\lambda)$.

一般地，许多随机现象服从泊松分布，例如，一段时间内，车祸发生的次数；电话总站接错电话的次数；来到车站等候公共汽车的人数；100 页书上，错别字的个数；放射性分裂落到某区域的质点数等都是服从或者近似服从泊松分布的.

在实际应用中，泊松分布还被用来作为二项分布的近似. 设随机变量 $X \sim B(n,p)$，当 n $(n \geqslant 30)$ 很大，p $(p \leqslant 0.1)$ 很小，np 适中时，X 近似服从参数为 np 的泊松分布，即 $X \sim P(\lambda = np)$.

例 6.3　已知某种疾病的发病率为 0.001，某区有 5 000 人，问该区患有这种疾病的人数不超过 10 人的概率.

解　设该区患有这种疾病的人数为 X，则 $X \sim B(5\,000, 0.001)$. "该区患有这种疾病的人数不超过 10 人"这一事件可表示为 $\{X \leqslant 10\}$，这一事件的概率记为 $P(X \leqslant 10)$，故

$$P(X \leqslant 10) = \sum_{k=0}^{10} C_{5\,000}^{k} 0.001^{k} (1-0.001)^{5\,000-k}.$$

直接计算比较麻烦，由于 $n = 5\,000$ 很大，$p = 0.001$ 很小，$np = 5$，故可用泊松分布来求近似值. 查表可得

$$P(X \leqslant 10) \approx \sum_{k=0}^{10} \frac{5^k}{k!} e^{-5} = 0.986\,0.$$

习　题　6.1

1. 下列表中所列出的是否为某个随机变量的分布列：

(1)

X	1	2	3
P	0.7	0.1	0.1

(2)

X	-1	0	3
P	0.5	0.2	0.3

(3)

X	1	2	…	n	…
P	$\frac{1}{2}$	$\frac{1}{2}\left(\frac{1}{3}\right)$	…	$\frac{1}{2}\left(\frac{1}{3}\right)^n$	…

2. 设随机变量 X 的分布列为 $P(X=k) = \frac{c}{N}$ $(k = 1, 2, \cdots, N)$，试确定常数 c.

3. 设随机变量 X 只取正整数 N，且 $P(X=N)$ 与 N^2 成反比，求 X 的分布列.

4. 一袋中有 5 只球，编号为 1,2,3,4,5，在袋中同时取 3 只，X 表示取出的 3 只球中的最大号码，试写出随机变量 X 的分布列.

5. 抛掷一枚质地均匀的硬币 4 次，设随机变量 X 表示出现正面的次数，试求 X 的分布列.

6. 设随机变量 ξ 服从泊松分布，且 $P(\xi=1)=P(\xi=2)$，求 $P(\xi=4)$.

7. 一本500页的书共有500个错误，每个错误等可能地出现在每一页上(每一页的印刷符号超过500个). 试求指定的一页上至少有三个错误的概率.

6.2 随机变量的分布函数

6.2.1 分布函数的概念及性质

对于离散型随机变量而言，取每个值的概率可以一一列出，但对于连续型随机变量，由于其取值是不可列的，通常是考虑随机变量在某个区间的概率. 下面我们引入随机变量的分布函数的概念.

定义 6.4 设 X 是一个随机变量，对任意实数 x，函数

$$F(x)=P(X\leqslant x)\quad(-\infty<x<+\infty)$$

称为 X 的**分布函数**.

注 (ⅰ) 分布函数 $F(x)$ 是定义域为$(-\infty,+\infty)$，值域为$[0,1]$的实值函数.

(ⅱ) 分布函数 $F(x)$ 对于任何类型的随机变量都适用.

(ⅲ) 分布函数 $F(x)$ 在 x 处的函数值表示随机变量 X 落在区间$(-\infty,x]$的概率.

定理 6.1 分布函数 $F(x)$ 具有下列性质：

(1) $0\leqslant F(x)\leqslant 1$；

(2) $\lim\limits_{x\to-\infty}F(x)=0$，$\lim\limits_{x\to+\infty}F(x)=1$；

(3) $F(x)$ 是单调不减函数，即对任意的 $x_1<x_2$，都有

$$F(x_1)\leqslant F(x_2);$$

(4) $F(x)$ 是右连续函数，即 $F(x)=F(x+0)=\lim\limits_{t\to x+0}F(t)$.

上述性质也是验证函数能否成为某个随机变量的分布函数的充要条件. 利用分布函数的性质，不仅可以用分布函数 $F(x)$ 表示随机变量 X 落在区间$(-\infty,x]$的概率，还可以表示随机变量落在任一区间的概率. 如

$$P(X<x)=F(x-0),$$

$$P(X>x)=1-P(X\leqslant x)=1-F(x),$$

$$P(X\geqslant x)=1-P(X<x)=1-F(x-0),$$

$$\begin{aligned} P(x_1 < X \leqslant x_2) &= P(X \leqslant x_2) - P(X \leqslant x_1) \\ &= F(x_2) - F(x_1), \\ P(x_1 \leqslant X \leqslant x_2) &= P(X \leqslant x_2) - P(X < x_1) \\ &= F(x_2) - F(x_1 - 0), \\ P(x_1 < X < x_2) &= P(X < x_2) - P(X \leqslant x_1) \\ &= F(x_2 - 0) - F(x_1). \end{aligned}$$

例 6.4　下列 4 个函数中，哪个是随机变量 X 的分布函数？

(1) $F(x)=\begin{cases} 0, & x<-2, \\ \dfrac{1}{2}, & -2 \leqslant x<0, \\ 2, & x \geqslant 0; \end{cases}$

(2) $F(x)=\begin{cases} 0, & x<0, \\ \sin x, & 0 \leqslant x<\pi, \\ 1, & x \geqslant \pi; \end{cases}$

(3) $F(x)=\begin{cases} 0, & x<0, \\ \sin x, & 0 \leqslant x<\dfrac{\pi}{2}, \\ 1, & x \geqslant \dfrac{\pi}{2}; \end{cases}$

(4) $F(x)=\begin{cases} 0, & x \leqslant 0, \\ x+\dfrac{1}{3}, & 0<x<\dfrac{1}{2}, \\ 1, & x \geqslant \dfrac{1}{2}. \end{cases}$

解　(1) 不满足 $0 \leqslant F(x) \leqslant 1$，(2) 不满足 $F(x)$ 是单调不减函数，(4) 不满足 $F(x)$ 是右连续函数，故只有(3) 才是随机变量 X 的分布函数.

例 6.5　设随机变量 X 的分布函数为

$$F(x)=\begin{cases} 0, & x<1, \\ \ln x, & 1 \leqslant x<\mathrm{e}, \\ 1, & x \geqslant \mathrm{e}. \end{cases}$$

求(1) $P(X \geqslant 2)$；(2) $P(0<X \leqslant 3)$.

解　(1) $P(X \geqslant 2)=1-P(X<2)=1-F(2-0)$
$=1-\ln 2.$

(2) $P(0<X \leqslant 3)=F(3)-F(0)=1-0=1.$

6.2.2 离散型随机变量的分布函数

已知$\{p_k\}$是离散型随机变量 X 的分布列，则由前面知识可以求出随机变量 X 的分布函数，以及随机变量在某区间的概率：

(1) 随机变量 X 的分布函数：

$$F(x)=P(X\leqslant x)=\sum_{x_k\leqslant x}P(X=x_k)=\sum_{x_k\leqslant x}p_k\quad(x\in\mathbf{R});$$

(2) 随机事件$\{a<X\leqslant b\}$的概率：

$$P(a<X\leqslant b)=\sum_{a<x_k\leqslant b}P(X=x_k)=\sum_{a<x_k\leqslant b}p_k.$$

例 6.6 汽车行驶需通过三个设有红、绿信号灯的路口，每个信号灯或红或绿与其他信号灯是相互独立的. 以 X 表示首次遇到红灯前已通过的路口的个数，求

(1) X 的分布列；

(2) X 的分布函数；

(3) $P(X\leqslant 1.8)$,$P(1.5<X<2.5)$,$P(2\leqslant X<3)$.

解 X 的可能取值为 0,1,2,3，设 A_i 表示"汽车在第 i 个路口首次遇到红灯"$(i=1,2,3)$，则 $P(A_i)=\frac{1}{2}$，且 A_1,A_2,A_3 相互独立，

$$P(X=0)=P(A_1)=\frac{1}{2},$$

$$P(X=1)=P(\overline{A_1}A_2)=P(\overline{A_1})P(A_2)=\frac{1}{2}\times\frac{1}{2}=\frac{1}{4},$$

$$P(X=2)=P(\overline{A_1}\,\overline{A_2}A_3)=P(\overline{A_1})P(\overline{A_2})P(A_3)=\frac{1}{8},$$

$$P(X=3)=P(\overline{A_1}\,\overline{A_2}\,\overline{A_3})=P(\overline{A_1})P(\overline{A_2})P(\overline{A_3})=\frac{1}{8}.$$

(1) X 的分布列为

X	0	1	2	3
P	$\frac{1}{2}$	$\frac{1}{4}$	$\frac{1}{8}$	$\frac{1}{8}$

(2) 当 $x<0$ 时，$\{X\leqslant x\}$ 为不可能事件，则

$$F(x)=P(X\leqslant x)=0;$$

当 $0\leqslant x<1$ 时，$\{X\leqslant x\}=\{X=0\}$，则

$$F(x)=P(X\leqslant x)=P(X=0)=\frac{1}{2};$$

当 $1 \leqslant x < 2$ 时，$\{X \leqslant x\} = \{X=0\} \cup \{X=1\}$，则

$$F(X \leqslant x) = P(X \leqslant x) = P(X=0) + P(X=1) = \frac{3}{4};$$

当 $2 \leqslant x < 3$ 时，$\{X \leqslant x\} = \{X=0\} \cup \{X=1\} \cup \{X=2\}$，则

$$F(X \leqslant x) = P(X \leqslant x) = P(X=0) + P(X=1) + P(X=2) = \frac{7}{8};$$

当 $x \geqslant 3$ 时，$\{X \leqslant x\} = \{X=0\} \cup \{X=1\} \cup \{X=2\} \cup \{X=3\}$，则

$$\begin{aligned} F(X \leqslant x) &= P(X \leqslant x) = P(X=0) + P(X=1) + P(X=2) + P(X=3) \\ &= 1. \end{aligned}$$

故 X 的分布函数为

$$F(x) = \begin{cases} 0, & x < 0, \\ \frac{1}{2}, & 0 \leqslant x < 1, \\ \frac{3}{4}, & 1 \leqslant x < 2, \\ \frac{7}{8}, & 2 \leqslant x < 3, \\ 1, & x \geqslant 3. \end{cases}$$

(3) $P(X \leqslant 1.8) = F(1.8) = \frac{3}{4}$ 或

$$P(X \leqslant 1.8) = P(X=0) + P(X=1) = \frac{3}{4};$$

$P(1.5 < X < 2.5) = F(2.5-0) - F(1.5) = \frac{7}{8} - \frac{3}{4} = \frac{1}{8}$ 或

$$P(1.5 < X < 2.5) = P(X=2) = \frac{1}{8};$$

$P(2 \leqslant X < 3) = F(3-0) - F(2-0) = \frac{1}{8}$ 或

$$P(2 \leqslant X < 3) = P(X=2) = \frac{1}{8}.$$

可以看出，离散型随机变量的分布函数是含有跳跃间断点的一阶梯形曲线，此跳跃间断点即为随机变量的所有可能取值点，相应的跳跃度即为该点的概率. 于是，由离散型随机变量的分布函数可求出其分布列：间断点即为随机变量的可能取值，而取值处的概率为

$$\begin{aligned} P(x_k) &= P(X = x_k) = P(X \leqslant x_k) - P(X < x_k) \\ &= F(x_k) - F(x_k - 0). \end{aligned}$$

习 题 6.2

1. 下列函数是否为某个随机变量的分布函数：

(1) $F(x)=\begin{cases}0, & x<-2,\\ \frac{1}{2}, & -2\leqslant x<0,\\ 1, & x\geqslant 0;\end{cases}$

(2) $F(x)=\frac{1}{1+x^2}, -\infty<x<+\infty$.

2. 设随机变量 X 的分布函数为 $F(x)=\begin{cases}0, & x\leqslant 0,\\ a+be^{-\lambda x}, & x>0,\end{cases}$ 其中 $\lambda>0$ 为常数. 试求

(1) 常数 a,b；

(2) $P(-1<X\leqslant 2), P(X>1)$.

3. 设随机变量 X 的分布列为 $P(X=1)=0.5$，$P(X=2)=0.3$，$P(X=3)=0.2$，写出其分布函数.

4. 从合肥工大北区到南区共有 6 个交通岗，假设在各个交通岗遇到红灯的事件是相互独立的，并且概率均为 $\frac{1}{3}$.

(1) 设 X 为途中遇到的红灯次数，求随机变量 X 的分布列及分布函数.

(2) 求从合肥工大北区到南区至少遇到一次红灯的概率.

5. 设随机变量 X 的分布函数为 $F(x)=\begin{cases}0, & x<-2,\\ 0.4, & -2\leqslant x<1,\\ 1, & x\geqslant 1.\end{cases}$ 求

(1) X 的概率分布列；

(2) $P(-1<X\leqslant 2), P(X>0.3)$.

6.3 连续型随机变量及其概率密度

6.3.1 连续型随机变量及其概率密度

前面讨论了离散型随机变量，对于连续型随机变量，由于其可能取值充满某个区间，因此不能借用研究离散型随机变量的方法. 下面介绍连续型随

机变量及其相关知识.

定义 6.5 设 X 是随机变量，$f(x)$ 是定义在整个实数轴上的一个函数，且满足下列条件：

(1) $f(x) \geqslant 0$；

(2) $\int_{-\infty}^{+\infty} f(x)\mathrm{d}x = 1$；

(3) $P(a \leqslant X \leqslant b) = \int_a^b f(x)\mathrm{d}x$，

则称 X 是**连续型随机变量**，$f(x)$ 称为 X 的**概率分布**(**概率密度函数或密度函数**).

注 (ⅰ) 上述定义中的前两个条件是判定一个函数是否为连续型随机变量的概率密度函数的充要条件.

(ⅱ) X 落入区间$[a,b]$内的概率为密度函数在该区间的积分.

(ⅲ) 连续型随机变量 X 仅取一点的概率均为零，即

$$P(X=c)=0.$$

在概率论中，概率为零的事件称为零概率事件，它与不可能事件 $\varnothing$ 是有差别的，同样，概率为 1 的事件与必然事件也是有差别的.

(ⅳ) 连续型随机变量 X 取值落在区间的概率与区间的开闭无关.

(ⅴ) 密度函数 $f(x)$ 在某点处的数值并不能反映随机变量在该值处的概率，但能反映随机变量在该值附近处的概率的大小，这里如果把概率理解为质量，则 $f(x)$ 相当于密度.

(ⅵ) $F(x)=P(X \leqslant x)=P(-\infty < X \leqslant x)=\int_{-\infty}^{x} f(x)\mathrm{d}x$，若 $f(x)$ 是可积函数，由高等数学的知识，分布函数 $F(x)$ 一定是连续函数；若 $f(x)$ 在 x 处连续，则 $F(x)$ 在 x 处可导且 $F'(x)=f(x)$.

例 6.7 证明：函数 $f(x)=\dfrac{1}{2}\mathrm{e}^{-|x|}$ $(-\infty < x < +\infty)$ 是一个连续型随机变量的概率密度函数.

证 显然 $f(x) \geqslant 0$ $(-\infty < x < +\infty)$. 又因为

$$\int_{-\infty}^{+\infty} f(x)\mathrm{d}x = \int_{-\infty}^{+\infty} \frac{1}{2}\mathrm{e}^{-|x|}\mathrm{d}x = 2\int_{0}^{+\infty} \frac{1}{2}\mathrm{e}^{-x}\mathrm{d}x = 1,$$

故函数 $f(x)=\dfrac{1}{2}\mathrm{e}^{-|x|}$ $(-\infty < x < +\infty)$ 是一个连续型随机变量的概率密度函数.

例 6.8 设连续型随机变量 X 的概率密度函数 $f(x)$ 为

$$f(x)=\begin{cases}cx^2, & 0<x<1,\\ 0, & 其他.\end{cases}$$

求(1) 常数 c；(2) $P\left(-\frac{1}{3}\leqslant X<\frac{1}{2}\right)$；(3) 随机变量 X 的分布函数 $F(x)$.

解 (1) 因 $\int_{-\infty}^{+\infty}f(x)\mathrm{d}x=1$，即 $\int_0^1 cx^2\mathrm{d}x=1$，所以 $c=3$.

(2) $P\left(-\frac{1}{3}\leqslant X<\frac{1}{2}\right)=\int_{-\frac{1}{3}}^{0}0\mathrm{d}x+\int_0^{\frac{1}{2}}3x^2\mathrm{d}x=\frac{1}{8}.$

(3) 由于 $F(x)=\int_{-\infty}^{x}f(x)\mathrm{d}x$，故当 $x<0$ 时，$F(x)=0$；当 $0\leqslant x<1$ 时，

$$F(x)=\int_{-\infty}^{x}f(x)\mathrm{d}x=\int_{-\infty}^{0}0\mathrm{d}x+\int_0^x 3x^2\mathrm{d}x=x^3;$$

当 $x\geqslant 1$ 时，

$$F(x)=\int_{-\infty}^{x}f(x)\mathrm{d}x=\int_{-\infty}^{0}0\mathrm{d}x+\int_0^1 3x^2\mathrm{d}x+\int_1^{+\infty}0\mathrm{d}x=1.$$

因此，$F(x)=\begin{cases}0, & x<0,\\ x^3, & 0\leqslant x<1,\\ 1, & x\geqslant 1.\end{cases}$

例 6.9 设连续型随机变量 X 的分布函数为

$$F(x)=\begin{cases}0, & x\leqslant -a,\\ A+B\arcsin\frac{x}{a}, & -a<x\leqslant a,\\ 1, & x>a.\end{cases}$$

求(1) 系数 A,B 的值；(2) $P\left(-a<X<\frac{a}{2}\right)$；(3) 随机变量 X 的概率密度函数.

解 (1) 因 X 是连续型随机变量，故 $F(x)$ 是连续函数，有

$$F(-a-0)=F(-a+0)=F(-a),\quad F(a-0)=F(a+0)=F(a),$$

即

$$0=A+B\arcsin\frac{-a}{a}=A-\frac{\pi}{2}B,\quad A+B\arcsin\frac{a}{a}=A+\frac{\pi}{2}B=1,$$

解得 $A=\frac{1}{2}$，$B=\frac{1}{\pi}$.

(2)
$$P\left(-a<X<\frac{a}{2}\right)=F\left(\frac{a}{2}\right)-F(-a)=\frac{1}{2}+\frac{1}{\pi}\arcsin\frac{a}{2a}-0=\frac{2}{3}.$$

(3) 随机变量 X 的概率密度函数为

$$f(x)=F'(x)=\begin{cases}\dfrac{1}{\pi\sqrt{a^2-x^2}}, & -a<x<a,\\ 0, & \text{其他}.\end{cases}$$

6.3.2 几种常见的连续型随机变量的概率分布

人们在生产实践中，已经找到很多满足连续型随机变量的概率密度函数，下面将列举三种重要的连续型随机变量.

1. 均匀分布

若连续型随机变量 X 的概率密度函数为

$$f(x)=\begin{cases}\dfrac{1}{b-a}, & a\leqslant x\leqslant b,\\ 0, & \text{其他},\end{cases}$$

则称 X 在区间 $[a,b]$ 上服从**均匀分布**，记为 $X\sim U[a,b]$. 其相应的分布函数为

$$F(x)=\begin{cases}0, & x<a,\\ \dfrac{x-a}{b-a}, & a\leqslant x<b,\\ 1, & x\geqslant b.\end{cases}$$

可以看出均匀分布的概率密度在区间内为区间长度的倒数.

若 $X\sim U[a,b]$，则对于 $[a,b]$ 内的任意子区间 $[c,d]\subset[a,b]$，

$$P(c\leqslant X\leqslant d)=\int_c^d\frac{1}{b-a}\mathrm{d}x=\frac{d-c}{b-a},$$

即在区间 $[a,b]$ 上服从均匀分布的随机变量 X 具有以下意义：它落在区间 $[a,b]$ 中任意长度相等的子区间内的可能性是相同的，只依赖于子区间的长度而与子区间的位置无关.

均匀分布常见于下列情形：如近似计算中，一般认为四舍五入误差，以及公交系统中乘客的候车时间等服从均匀分布.

例 6.10 设随机变量 ξ 在 $(0,6)$ 内服从均匀分布，求方程

$$x^2+2\xi x+5\xi-4=0$$

有实根的概率.

解 由题意知，ξ 的密度函数为

$$f(x)=\begin{cases}\dfrac{1}{6}, & 0<x<6,\\ 0, & \text{其他}.\end{cases}$$

因为方程有实根的充要条件是

$$\Delta=(2\xi)^2-4(5\xi-4)\geqslant 0,$$

解得 $\xi\geqslant 4$ 或者 $\xi\leqslant 1$，故所求的概率为

$$P(\{\xi\leqslant 1\}\cup\{\xi\geqslant 4\})=P(\xi\leqslant 1)+P(\xi\geqslant 4)=\int_0^1\frac{1}{6}\mathrm{d}x+\int_4^6\frac{1}{6}\mathrm{d}x=\frac{1}{2}.$$

2. 指数分布

若连续型随机变量 X 的概率密度函数为

$$f(x)=\begin{cases}\lambda\mathrm{e}^{-\lambda x}, & x>0,\\ 0, & x\leqslant 0,\end{cases}$$

其中 $\lambda>0$ 为常数，则称 X 服从参数为 λ 的**指数分布**，记为 $X\sim E(\lambda)$. 其相应的分布函数为

$$F(x)=\begin{cases}1-\mathrm{e}^{-\lambda x}, & x>0,\\ 0, & x\leqslant 0.\end{cases}$$

一般指数分布被称为“寿命分布”，如：某些没有明显“衰老”机理的原件或者设备的寿命服从指数分布，动物的寿命服从指数分布，随机服务系统中接受服务的时间等都可以认为是服从指数分布的.

指数分布的重要性还体现在它具有“无记忆性”. 设随机变量 $X\sim E(\lambda)$，则对任意的 $s,t>0$ 有

$$\begin{aligned}P(X\geqslant s+t\,|\,X\geqslant s)&=\frac{P(X\geqslant s+t)}{P(X\geqslant s)}=\frac{\mathrm{e}^{-\lambda(s+t)}}{\mathrm{e}^{-\lambda s}}\\&=\mathrm{e}^{-\lambda t}=P(X\geqslant t).\end{aligned}$$

若随机变量解释为寿命，则这个条件概率表明，元件对它已使用过 s 小时没有记忆，有时又风趣地称指数分布是“永远年轻”的.

例 6.11 设电视机的使用年数 $X\sim E(0.1)$. 某人买了一台旧电视机，求还能使用 5 年以上的概率.

解 由题意知，X 的概率密度为

$$f(x)=\begin{cases}0.1\mathrm{e}^{-0.1x}, & x>0,\\ 0, & x\leqslant 0.\end{cases}$$

设某人购买的这台旧电视机已经使用了 s 年，该电视机还能使用 5 年以上的概率为

$$\begin{aligned}P(X\geqslant s+5\,|\,X\geqslant s)&=P(X\geqslant 5)=\int_5^{+\infty}\mathrm{e}^{-0.1x}\,\mathrm{d}x\\&=-\mathrm{e}^{-0.1x}\Big|_5^{+\infty}=\mathrm{e}^{-0.5}.\end{aligned}$$

3. 正态分布

若连续型随机变量 X 的概率密度函数为

$$f(x)=\frac{1}{\sqrt{2\pi}\sigma}e^{-\frac{(x-\mu)^2}{2\sigma^2}},\quad -\infty<x<+\infty,$$

其中 $\mu,\sigma\ (\sigma>0)$ 为常数，则称 X 服从参数为 μ,σ 的**正态分布或高斯分布**，记为 $X\sim N(\mu,\sigma^2)$.

正态分布的概率密度函数的图形是一条单峰、对称的钟形曲线，常简称为“中间高，两边低，左右对称”. $f(x)$ 的图形关于 $x=\mu$ 对称；$f(x)$ 在 $x=\mu\pm\sigma$ 处曲线有拐点，且曲线以 x 轴为渐近线；在 $x=\mu$ 处达到极大值和最大值 $\frac{1}{\sqrt{2\pi}\sigma}$；参数 μ 是对称中心，随机变量 X 在 μ 附近取值的机会大，在离 μ 越远处取值的机会越小；参数 μ 是位置参数，当 σ 不变时，不同的 μ 只改变正态曲线的位置，不改变形状，如图 6-1 所示；参数 σ 是尺度参数，当 μ 不变时，不同的 σ 只改变正态曲线的散布大小，不改变钟形的位置，σ 越大，散布越大，图形越平缓，σ 越小，散布越小，图形越尖锐，如图 6-2 所示.

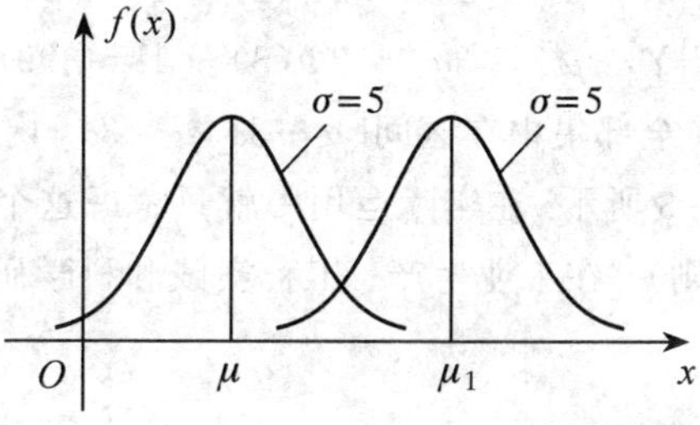

图 6-1

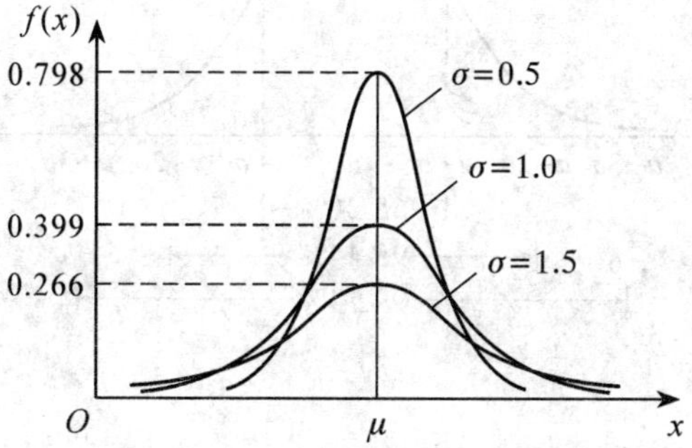

图 6-2

特别地，当 $\mu=0$，$\sigma=1$ 时，称随机变量 X 服从**标准正态分布**，记为 $X\sim N(0,1)$. 习惯上把其概率密度函数和分布函数分别记为 $\varphi(x)$ 和 $\Phi(x)$，即

$$\varphi(x)=\frac{1}{\sqrt{2\pi}}\mathrm{e}^{-\frac{x^2}{2}},\quad -\infty<x<+\infty,$$

$$\Phi(x)=\frac{1}{\sqrt{2\pi}}\int_{-\infty}^{x}\mathrm{e}^{-\frac{x^2}{2}}\mathrm{d}x,\quad -\infty<x<+\infty.$$

概率密度函数 $\varphi(x)$ 和分布函数 $\Phi(x)$ 具有下列性质：

(1) $\varphi(x)$ 为偶函数；

(2) $\Phi(x)+\Phi(-x)=1$，$\Phi(0)=\frac{1}{2}$；

(3) 若 $X\sim N(\mu,\sigma^2)$，则 $F(x)=P(X\leqslant x)=\Phi\left(\frac{x-\mu}{\sigma}\right)$.

根据性质(3)，可以利用标准正态分布的分布函数数值表解决一般正态分布的概率计算问题.

另外，由标准正态分布的查表计算可以求得，当 $Y\sim N(\mu,\sigma^2)$ 时，

$$P(|Y-\mu|\leqslant\sigma)=2\Phi(1)-1=0.682\,6,$$
$$P(|Y-\mu|\leqslant 2\sigma)=2\Phi(2)-1=0.954\,4,$$
$$P(|Y-\mu|\leqslant 3\sigma)=2\Phi(3)-1=0.997\,4.$$

这说明Y的取值几乎全部集中在区间$[\mu-3\sigma,\mu-3\sigma]$内，而在其他区间取值的概率很小，如图 6-3 所示. 在实际运用中就只考虑这个区间，这称为“3σ 准则”（三倍标准差准则），在工业生产、工程实践和科学研究中多采用 3σ 作为限差.

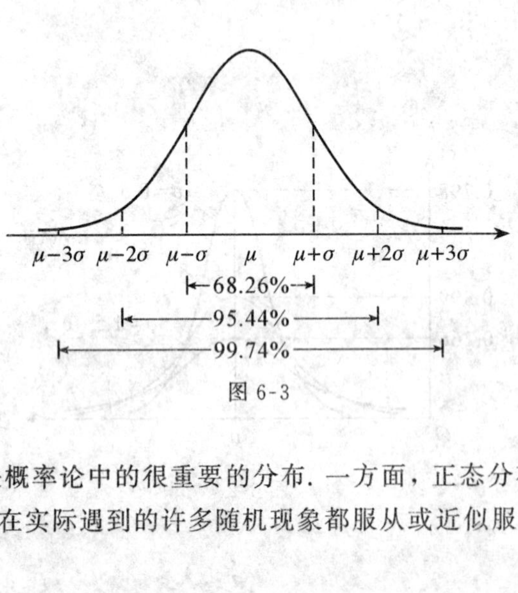

图 6-3

正态分布是概率论中的很重要的分布. 一方面，正态分布是自然界最常见的一种分布，在实际遇到的许多随机现象都服从或近似服从正态分布，广

泛应用于自然界、生物界及科学技术的许多领域中，如：测量误差，同一群体的某一特征尺寸等. 另一方面，正态分布具有许多良好的性质，许多分布都可以用正态分布来近似，一些分布还可以通过正态分布来导出，在理论上，正态分布十分重要.

例 6.12　将一温度调节器放置在存储着某种液体的容器内，调节器定在 d ℃，液体的温度 X（以 ℃ 计）是一个随机变量，且 $X \sim N(d, 0.5^2)$.

（1） 若 $d = 90$ ℃，求 $X < 89$ 的概率.

（2） 若要求保持液体的温度至少为 80 ℃ 的概率不低于 0.99，问 d 至少为多少度？

解　（1） 所求概率为

$$P(X < 89) = P\left(\frac{X-90}{0.5} < \frac{89-90}{0.5}\right) = \Phi(-2) = 1 - \Phi(2)$$
$$= 1 - 0.977\,2 = 0.022\,8.$$

（2） 按题意，需求 d 满足

$$0.99 \leqslant P(X \geqslant 80) = P\left(\frac{X-d}{0.5} \geqslant \frac{80-d}{0.5}\right) = 1 - \Phi\left(\frac{80-d}{0.5}\right),$$

于是

$$\Phi\left(\frac{80-d}{0.5}\right) \leqslant 1 - 0.99 = 1 - \Phi(2.33) = \Phi(-2.33),$$

亦即 $\dfrac{80-d}{0.5} \leqslant -2.33$. 故需 $d \geqslant 84.66$.

习　题　6.3

1. 设随机变量 X 的分布函数为

$$F(x) = \begin{cases} 0, & x < 0, \\ Ax^2, & 0 \leqslant x < 1, \\ 1, & x \geqslant 1. \end{cases}$$

试求

（1） 常数 A；

（2） $P(-1 < X < 0.5)$，$P\left(X > \dfrac{1}{3}\right)$；

（3） X 的密度函数.

2. 设连续型随机变量 X 的密度函数为

$$f(x) = \begin{cases} ax, & 0 \leqslant x \leqslant 2, \\ 0, & \text{其他}. \end{cases}$$

试求

(1) 常数 a；

(2) X 的分布函数；

(3) $P(-1 < X < 1.5)$.

3. 设 $X \sim N(3,2^2)$.

(1) 求 $P(2 < X \leqslant 5), P(-4 < X \leqslant 10), P(X > 3), P(|X| > 3)$.

(2) 设 d 满足 $P(X > d) \geqslant 0.9$，求 d 的范围.

4. 某人上班所需时间 $X \sim N(30,10^2)$（单位：分钟）. 已知上班时间为 8:00，他每天 7:20 出门，求

(1) 某天他迟到的概率；

(2) 一周以 5 天计，他一周最多迟到一次的概率.

6.4 随机变量函数的概率分布

定义 6.6 设有函数 $Y=g(X)$，其定义域为随机变量 X 的一切可能取值构成的集合. 如果对于 X 的每一个可能取值 x，另一个随机变量 Y 相应的取值为 $y=g(x)$，则称 Y 为**随机变量 X 的函数**，记为 $Y=g(X)$.

由已知随机变量 X 的概率分布，寻求 $Y=g(X)$ 的分布，不仅可以导出新的分布，还可以深入认识分布之间的关系，这对应用与研究都十分有益. 由于方法上的差异，下面分离散和连续两种场合分别讨论.

6.4.1 离散型随机变量函数的概率分布

若 X 是离散型随机变量，则 $Y=g(X)$ 也是一个离散型随机变量，$g(X)$ 的分布可由 X 的分布直接求出. 设 X 的概率分布为

X	x_1	x_2	$\cdots$	x_n	$\cdots$
$P(X=x_i)$	p_1	p_2	$\cdots$	p_n	$\cdots$

则 $Y=g(X)$ 的概率分布为

Y	$g(x_1)$	$g(x_2)$	$\cdots$	$g(x_n)$	$\cdots$
$P(Y=y_i)$	p_1	p_2	$\cdots$	p_n	$\cdots$

若 $g(x_i)$ 的值中有相等的，那么就把那些相等的值分别合并，并根据概率加法公式将相应的概率相加，便得到 Y 的分布.

例 6.13　设离散型随机变量 X 的分布列为

X	-1	0	1
$P(X=x_i)$	0.2	0.3	0.5

求(1) $Y=2X+1$ 的分布；(2) $Y=X^2$ 的分布.

解　(1) $Y=2X+1$ 仍然是离散型随机变量，它可取 $-1,1,3$ 三个值. 由于它们没有相同的值，故 Y 取这些值的概率同已知表，即 Y 的概率分布为

$Y=2X+1$	-1	1	3
$P(Y=y_i)$	0.2	0.3	0.5

(2) $Y=X^2$ 仍然是离散型随机变量，它可取 $1,1,0$ 三个值. 由于出现相同的取值，需将 Y 取相同值的概率相加起来，如：

$$P(Y=1)=P(X^2=1)=P(X=\pm 1)=P(X=1)+P(X=-1)$$
$$=0.5+0.2=0.7,$$

于是 Y 的概率分布为

$Y=X^2$	1	0
$P(Y=y_i)$	0.7	0.3

6.4.2　连续型随机变量函数的概率分布

例 6.14　设连续型随机变量 X 的概率密度函数为 $f_X(x)$，试求 $Y=aX+b\ (a\neq 0)$ 的概率密度函数 $f_Y(y)$.

解　先求 Y 的分布函数 $F_Y(y)=P(Y\leqslant y)=P(aX+b\leqslant y)$.

当 $a>0$ 时，$F_Y(y)=P\left(X\leqslant\dfrac{y-b}{a}\right)=\displaystyle\int_{-\infty}^{\frac{y-b}{a}}f_X(x)\mathrm{d}x$，故

$$f_Y(y)=F'_Y(y)=\frac{1}{a}f_X\left(\frac{y-b}{a}\right);$$

当 $a<0$ 时，

$$F_Y(y)=P\left(X\geqslant\frac{y-b}{a}\right)=1-P\left(X<\frac{y-b}{a}\right)=1-\int_{-\infty}^{\frac{y-b}{a}}f_X(x)\mathrm{d}x,$$

故

$$f_Y(y)=F'_Y(y)=-\frac{1}{a}f_X\left(\frac{y-b}{a}\right).$$

综上，$f_Y(y)=\dfrac{1}{|a|}f_X\left(\dfrac{y-b}{a}\right)$.

从上例可以看出，用分布函数定义法求连续型随机变量 $Y=g(X)$ 的概率密度函数的关键是：用定积分的有关计算先求出 Y 的分布函数，再求出其概率密度函数. 一般地，对于连续型随机变量，有以下结论：

定理 6.2 设连续型随机变量 X 的概率密度函数为 $f_X(x)$，$y=g(x)$ 是一个单调可导函数($g'(x)>0$ 或 $g'(x)<0$)，则 $Y=g(X)$ 是连续型随机变量，且 Y 的概率密度函数为

$$f_Y(y)=\begin{cases}f_X(h(y))\,|h'(y)|, & \alpha<y<\beta,\\ 0, & \text{其他},\end{cases}$$

其中 $h(y)$ 是 $y=g(x)$ 的反函数，$\alpha=\min\{g(x)\}$，$\beta=\max\{g(x)\}$.

例 6.15 设 $X\sim N(\mu,\sigma^2)$，求

(1) $Y=\dfrac{X-\mu}{\sigma}$ 的概率密度；

(2) $Y=aX+b\ (a\neq 0)$ 的概率密度函数.

解 由 $X\sim N(\mu,\sigma^2)$，知 $f_X(x)=\dfrac{1}{\sqrt{2\pi}\sigma}\mathrm{e}^{-\frac{(x-\mu)^2}{2\sigma^2}}$.

(1) 利用定理 6.2，$h(y)=\sigma y+\mu$，$\alpha=-\infty$，$\beta=+\infty$，得

$$\begin{aligned}f_Y(y)&=f_X(h(y))\,|h'(y)|=\sigma f_X(\sigma y+\mu)\\&=\sigma\cdot\frac{1}{\sqrt{2\pi}\sigma}\mathrm{e}^{-\frac{(\sigma y+\mu-\mu)^2}{2\sigma^2}}=\frac{1}{\sqrt{2\pi}}\mathrm{e}^{-\frac{y^2}{2}},\end{aligned}$$

即 $Y\sim N(0,1)$.

(2) 同理，

$$\begin{aligned}f_Y(y)&=f_X(h(y))\,|h'(y)|=\frac{1}{|a|}f_X\left(\frac{y-b}{a}\right)\\&=\frac{1}{|a|}\frac{1}{\sqrt{2\pi}\sigma}\mathrm{e}^{-\frac{\left(\frac{y-b}{a}-\mu\right)^2}{2\sigma^2}}=\frac{1}{\sqrt{2\pi}\sigma|a|}\mathrm{e}^{-\frac{[y-(a\mu+b)]^2}{2(|a|\sigma)^2}},\end{aligned}$$

即 $Y\sim N(a\mu+b,a^2\sigma^2)$.

注 这个例子说明两个重要结论：

(1) 若 $X\sim N(\mu,\sigma^2)$，则 $Y=\dfrac{X-\mu}{\sigma}\sim N(0,1)$，此称为随机变量的**标准化**；

(2) 正态随机变量的线性函数仍服从正态分布，即

$$Y=aX+b\sim N(a\mu+b,a^2\sigma^2).$$

习　题　6.4

1. 设随机变量 X 的分布列为

X	-1	0	1	2
P	0.2	0.3	0.1	0.4

试求

(1) $Y=2X-1$ 的分布列；

(2) $Y=X^2$ 的分布列.

2. 设随机变量 $X\sim U(0,1)$，求 $Y=2X+1$ 的概率密度函数.

3. 随机变量 X 的概率密度函数为 $f(x)=\begin{cases}\mathrm{e}^{-x}, & x>0,\\ 0, & \text{其他}.\end{cases}$ 试求

(1) $Y=\mathrm{e}^X$ 的概率密度函数；

(2) $Y=X^2$ 的概率密度函数.

4. 设随机变量 $X\sim N(0,1)$，试求

(1) $Y=X^2+1$ 的概率密度函数；

(2) $Y=|X|$ 的概率密度函数.

6.5　多维随机变量及其分布

1. 多维随机变量

定义 6.7　设随机变量 $X_1(\omega),X_2(\omega),\cdots,X_n(\omega)$ 定义在同一样本空间 Ω 上. 若对于样本空间的任一个样本点 ω，都有确定的 n 个实数与之对应，则称 $\boldsymbol{X}(\omega)=(X_1(\omega),X_2(\omega),\cdots,X_n(\omega))$ 为 n **维随机变量**.

例 6.16　多维随机变量的例子.

(1) 在研究儿童生长发育过程中，注重每个儿童的身高 $X_1(\omega)$ 和体重 $X_2(\omega)$，这里 $(X_1(\omega),X_2(\omega))$ 就是一个二维随机变量.

(2) 遗传学中很关心儿子的身高 X 与父亲的身高 Y 之间的关系，这里 (X,Y) 就是一个二维随机变量.

一般说来，若需要研究某个事物的多个方面，就会遇到多维随机变量.

像一维随机变量一样，多维随机变量也分为离散型与非离散型两类，这里只研究二维离散型随机变量和二维连续型随机变量.

2. 二维离散型随机变量

定义 6.8 假如随机变量(X,Y)的每个分量都是一维离散型随机变量，则称(X,Y)为**二维离散型随机变量**. 若设$\{x_n\}$与$\{y_n\}$分别为X与Y的全部可能取值，则概率

$$P(X=x_i, Y=y_j)=p_{ij}, \quad i=1,2,\cdots, j=i=1,2,\cdots$$

全体称为(X,Y)的**联合概率分布**.

显然，二维离散型随机变量的联合概率分布$\{p_{ij}\}$应满足：

(1) $p_{ij}\geqslant 0$;

(2) $\sum_i \sum_j p_{ij}=1.$

若记$p_{i\cdot}=\sum_j p_{ij}$，$p_{\cdot j}=\sum_i p_{ij}$，则$(X,Y)$的两个边际分布分别为

$$P(X=x_i)=\sum_j p_{ij}=p_{i\cdot}, \quad i=1,2,\cdots;$$

$$P(Y=y_j)=\sum_i p_{ij}=p_{\cdot j}, \quad j=1,2,\cdots.$$

3. 多维随机变量的联合分布

定义 6.9 设$\boldsymbol{X}=(X_1,X_2,\cdots,X_n)$是$n$维随机变量. 对任意$n$个实数$x_1,x_2,\cdots,x_n$所组成的$n$个事件“$X_1\leqslant x_1$”，“$X_2\leqslant x_2$”，…，“$X_n\leqslant x_n$”同时发生的概率

$$F(x_1,x_2,\cdots,x_n)=P(X_1\leqslant x_1, X_2\leqslant x_2, \cdots, X_n\leqslant x_n)$$

称为n维随机变量$\boldsymbol{X}$的**联合分布函数**.

显然二维随机变量联合分布函数为$F(x,y)=P(X\leqslant x, Y\leqslant y)$，如图6-4所示.

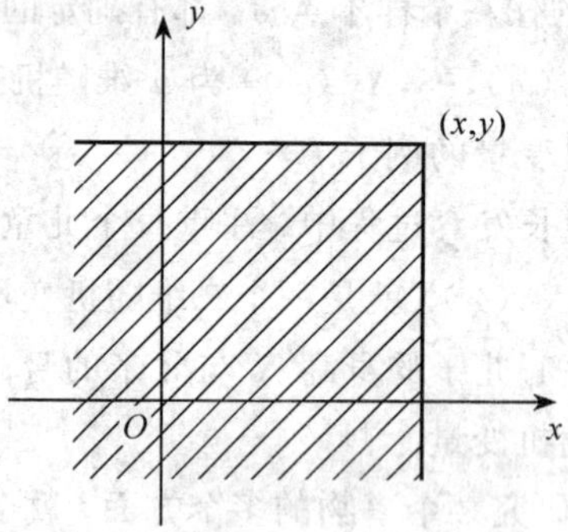

图 6-4

二维随机变量(X,Y)的联合分布函数$F(x,y)$具有以下性质：

(1) 对于任意x,y，有$0\leqslant F(x,y)\leqslant 1$；

(2) $F(x,y)$是分别关于x、关于y的单调不减函数；

(3) $F(-\infty,y)=\lim\limits_{x\to-\infty}F(x,y)=0$，$F(x,-\infty)=\lim\limits_{y\to-\infty}F(x,y)=0$，

$$F(+\infty,+\infty)=\lim_{\substack{x\to+\infty\\ y\to+\infty}}F(x,y)=1;$$

(4) $F(x,y)$关于x、关于y右连续，即

$$F(x+0,y)=F(x,y),\quad F(x,y+0)=F(x,y);$$

(5) $P(x_1<X\leqslant x_2,\ y_1<Y\leqslant y_2)=F(x_2,y_2)-F(x_1,y_2)-F(x_2,y_1)+F(x_1,y_1)$. 如图 6-5 所示.

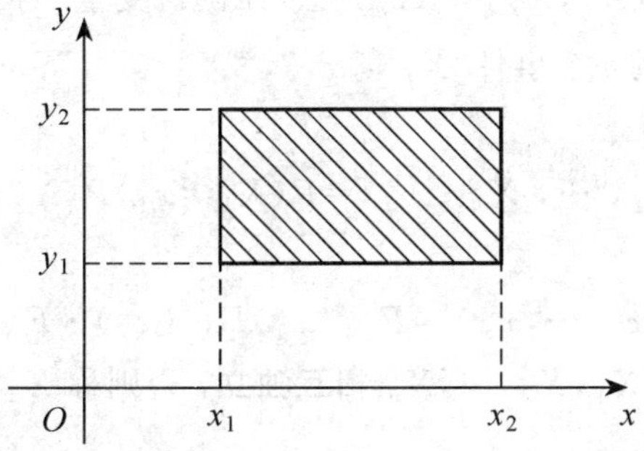

图 6-5

注 (ⅰ) 二维联合分布函数$F(x,y)$的两个边际分布函数：

$$F(x,+\infty)=\lim_{y\to+\infty}P(X\leqslant x,Y\leqslant y)=P(X\leqslant x)=F_X(x),$$

$$F(+\infty,y)=\lim_{x\to+\infty}P(X\leqslant x,Y\leqslant y)=P(Y\leqslant y)=F_Y(y).$$

(ⅱ) 二维离散型随机变量联合分布函数的边际分布：

$$F_X(x)=\sum_{x_i\leqslant x}p_{ij},\quad F_Y(y)=\sum_{y_j\leqslant y}p_{ij}.$$

4. 二维连续型随机变量

定义 6.10 设二维随机变量(X,Y)的联合分布函数为$F(x,y)$. 假如各分量X和Y都是一维连续型随机变量，并对于任意实数x与y，若存在一个二元非负函数$f(x,y)$，使

$$F(x,y)=\int_{-\infty}^{x}\int_{-\infty}^{y}f(x,y)\mathrm{d}x\,\mathrm{d}y,$$

则称(X,Y)为**二维连续型随机变量**，$f(x,y)$称为(X,Y)的**联合概率密度函数**.

(X,Y) 的两个边际分布函数分别为

$$F_X(x)=F(x,+\infty)=\int_{-\infty}^{x}\left(\int_{-\infty}^{+\infty}f(x,y)\mathrm{d}y\right)\mathrm{d}x,$$

$$F_Y(y)=F(+\infty,y)=\int_{-\infty}^{y}\left(\int_{-\infty}^{+\infty}f(x,y)\mathrm{d}x\right)\mathrm{d}y;$$

(X,Y) 关于 X 和 Y 的边际密度函数分别为

$$f_X(x)=F'_X(x)=\int_{-\infty}^{+\infty}f(x,y)\mathrm{d}y,$$

$$f_Y(y)=F'_Y(y)=\int_{-\infty}^{+\infty}f(x,y)\mathrm{d}x.$$

5. 随机变量间的独立性

定义 6.11 设$(X_1,X_2,\cdots,X_n)$是 n 维随机变量. 若对任意 n 个实数 x_1，$x_2,\cdots,x_n$ 所组成的 n 个事件“$X_1\leqslant x_1$”，“$X_2\leqslant x_2$”，…，“$X_n\leqslant x_n$”相互独立，即有

$$P(X_1\leqslant x_1,X_2\leqslant x_2,\cdots,X_n\leqslant x_n)=P(X_1\leqslant x_1)P(X_2\leqslant x_2)\cdots P(X_n\leqslant x_n)$$

或

$$F(x_1,x_2,\cdots,x_n)=F_{X_1}(x_1)F_{X_2}(x_2)\cdots F_{X_n}(x_n),$$

则称 n 个随机变量 $X_1,X_2,\cdots,X_n$ **相互独立**，否则称 $X_1,X_2,\cdots,X_n$ **不相互独立**.

注 （ⅰ） 二维离散型随机变量相互独立的充要条件为

$$P(X=x_i,Y=y_j)=P(X=x_i)P(Y=y_j),\quad i,j=1,2,\cdots,$$

即 $P_{ij}=P_{i\cdot}P_{\cdot j}$，$i,j=1,2,\cdots$.

（ⅱ） 二维连续型随机变量相互独立的充要条件为

$$f(x,y)=f_X(x)f_Y(y).$$

总习题六

1. 填空题

(1) 设随机变量 $X\sim B(2,p)$，$Y\sim B(3,p)$. 若 $P(X\geqslant 1)=\frac{5}{9}$，则 $P(Y\geqslant 1)=$________.

(2) 设随机变量 X 服从区间$[0,10]$上的均匀分布，则 $P(X>4)=$________.

(3) 某射手对一目标独立射击 4 次，每次射击的命中率为 0.5，则 4 次射击中恰好命中 3 次的概率为________.

(4) 设离散型随机变量 X 的分布函数为

$$F(x)=\begin{cases}0, & x<-1,\\ \frac{1}{3}, & -1\leqslant x<2,\\ 1, & x\geqslant 2,\end{cases}$$

则 $P(X=2)=$__________.

(5) 设随机变量 X 的概率密度为

$$f(x)=\begin{cases}x, & 0<x\leqslant 1,\\ 2-x, & 1<x\leqslant 2,\\ 0, & \text{其他},\end{cases}$$

则 $P(0.2<X<1.2)=$__________.

(6) 设随机变量(X,Y)的联合分布如下：

Y \ X	1	2
1	$\frac{1}{6}$	$\frac{1}{9}$
2	$\frac{1}{2}$	a

则 $a=$__________.

(7) 设随机变量 $X\sim N(0,4)$，则 $P(X\geqslant 0)=$__________.

2. 选择题

(1) 设随机变量 X,Y 相互独立，其联合分布为

Y \ X	1	2	3
1	$\frac{1}{6}$	$\frac{1}{9}$	$\frac{1}{18}$
2	$\frac{1}{3}$	α	β

则有(　　).

(A) $\alpha=\frac{1}{9},\beta=\frac{2}{9}$　　(B) $\alpha=\frac{2}{9},\beta=\frac{1}{9}$

(C) $\alpha=\frac{1}{3},\beta=\frac{2}{3}$　　(D) $\alpha=\frac{2}{3},\beta=\frac{1}{3}$

(2) 设随机变量 X 的概率密度为 $f(x)=\begin{cases}ax^3, & 0\leqslant x\leqslant 1,\\ 0, & \text{其他},\end{cases}$ 则常数 $a=$(　　).

(A) $a=\frac{1}{4}$ (B) $a=\frac{1}{3}$

(C) $a=3$ (D) $a=4$

(3) 设随机变量 X 和 Y 相互独立，且 $X \sim N(3,4)$，$Y \sim N(2,9)$，则 $Z=3X-Y \sim$ ( ).

(A) $N(7,21)$ (B) $N(7,27)$

(C) $N(7,45)$ (D) $N(11,45)$

(4) 已知随机变量 X 的概率密度为 $f_X(x)$，令 $Y=2X$，则 Y 的概率密度函数 $f_Y(y)$ 为( ).

(A) $2f_X(-2y)$ (B) $f_X\left(-\frac{y}{2}\right)$

(C) $-\frac{1}{2}f_X\left(-\frac{y}{2}\right)$ (D) $\frac{1}{2}f_X\left(\frac{y}{2}\right)$

3. 求常数 c 使下列能成为随机变量 X 的分布列：

(1) $P(X=k)=\frac{c}{2^k}$, $k=1,2,\cdots$;

(2) $P(X=k)=\frac{c\lambda^k}{k!}$, $k=1,2,\cdots$, $\lambda>0$.

4. 对某一目标进行射击，直到击中为止. 如果每次的命中率为 p，求射击次数的分布律和分布函数.

5. 设随机变量的分布函数为

$$F(x)=\begin{cases}0, & x<-1,\\ \frac{1}{8}, & x=-1,\\ ax+b, & -1<x<1,\\ 1, & x\geqslant 1.\end{cases}$$

已知 $P(X=1)=\frac{1}{4}$, 求

(1) 常数 a,b;

(2) $P\left(-\frac{1}{2}<X<\frac{1}{2}\right), P\left(\frac{1}{2}<X<\frac{3}{2}\right)$.

6. 设随机变量 X 的概率密度函数为 $f(x)=\begin{cases}A\mathrm{e}^{-3x}, & x\geqslant 0,\\ 0, & x<0.\end{cases}$ 求

(1) 常数 A;

(2) 随机变量 X 的分布函数 $F(x)$;

(3) $P(X<3), P(-1<X<2)$.

7. 设随机变量 X 的分布函数为

$$F(x)=\begin{cases}0, & x<0,\\ kx, & 0\leqslant x<1,\\ 1, & x\geqslant 1.\end{cases}$$

求(1) 系数 k；(2) X 的概率密度函数；(3) $P(|X|<0.5)$.

8. 一大楼装有 5 个同类型的供水设备，调查表明在任一时刻 t 每个设备被使用的概率为 0.1. 问在同一时刻，

(1) 恰有 2 个设备被使用的概率是多大?

(2) 至少有 3 个设备被使用的概率是多大?

9. 已知某种疾病的发病率为 0.001，某单位共有人 5 000. 问该单位患有这种疾病的人数超过 5 的概率为多大?

10. 一电话交换台每分钟收到呼叫次数服从泊松分布，且每分钟恰有一次呼叫与恰有两次呼叫的概率相等. 求

(1) 每分钟恰有 5 次呼叫的概率；

(2) 每分钟呼叫次数大于 10 的概率.

11. 设随机变量 $X\sim U(1,6)$，求关于 x 的一元二次方程 $x^2+Xx+1=0$ 有实根的概率.

12. 设顾客在某银行的窗口等待服务时间(单位：分) $X\sim E\left(\frac{1}{5}\right)$. 某顾客在窗口等待服务，若超过 10 分钟，他就离开，他一个月要到银行 5 次. 以 Y 表示一个月内他未等到服务而离开窗口的次数，写出 Y 的分布列，并求 $P(Y\geqslant 1)$.

13. 设 $X\sim N(3,2^2)$.

(1) 求 $P(2<X\leqslant 5), P(X>3), P(|X|>2)$.

(2) 确定常数 c，使 $P(X>c)=P(X\leqslant c)$.

(3) 若 d 满足 $P(X<d)\leqslant 0.1$，则 d 至多为多少?

14. 已知随机变量 X 的分布列为

X	-1	0	1	2
$P(X=x_i)$	0.2	0.3	0.4	0.1

求

(1) $Y=2X+1$ 的分布列；

(2) $Y=X^2$ 的分布列.

15. 设随机变量 $X\sim U(0,1)$，求

(1) $Y=-2\ln X$ 的概率密度函数；

(2) $Y = X^2$ 的概率密度函数.

16. 设随机变量 $X \sim N(0,1)$，求

(1) $Y = e^X$ 的概率密度函数；

(2) $Y = 2X^2 - 1$ 的概率密度函数；

(3) $Y = |X|$ 的概率密度函数.

第七章

随机变量的数字特征

前面讨论了随机变量的分布函数，分布函数能全面描述随机变量的统计特性. 但在实际问题中，有时求分布函数是困难的，有时并不需要了解全貌，而只需了解随机变量的某些特征. 常用的数字特征有数学期望、方差、协方差、相关系数和矩等，本章将着重介绍数学期望和方差.

7.1 数学期望

7.1.1 离散型随机变量的数学期望

定义 7.1 设离散型随机变量 X 的分布列为 $P(X=x_i)=p_i$, $i=1,2,\cdots$. 若级数 $\sum_{i=1}^{\infty} x_i p_i$ 绝对收敛，即 $\sum_{i=1}^{\infty} |x_i| p_i < +\infty$，则称随机变量 X 的数学期望存在且该级数之和为 X 的**数学期望**，或简称为**期望**，记为 $E(X)$，即

$$E(X)=\sum_{i=1}^{\infty} x_i p_i.$$

若级数 $\sum_{i=1}^{\infty} x_i p_i$ 不绝对收敛，则该随机变量 X 的数学期望不存在.

注 (i) 数学期望 $E(X)$ 是一个实数，它由随机变量 X 的概率分布唯一确定.

(ii) 数学期望 $E(X)$ 的数学解释就是 X 加权平均，权就是其分布列.

(iii) 级数 $\sum_{i=1}^{\infty} x_i p_i$ 绝对收敛保证了级数的和不随各项次序的改变而改变，这是因为 x_i 的顺序对随机变量并不是本质的.

下面来计算一些常见的离散型随机变量的数学期望.

1. 0-1 分布　$X \sim B(1,p)$

0-1 分布的随机变量 X 的分布列为

X	0	1
P	$1-p$	p

其数学期望为

$$E(X)=0\cdot(1-p)+1\cdot p=p.$$

由此可看出，概率 p 是随机变量 X 的期望.

2. 二项分布　$X \sim B(n,p)$

二项分布的随机变量 X 的分布列为

$$P(X=k)=C_n^k p^k(1-p)^{n-k}=C_n^k p^k q^{n-k},\quad q=1-p,\ k=0,1,\cdots,n,$$

其数学期望为

$$E(X)=\sum_{i=1}^{\infty}x_i p_i=\sum_{i=1}^{n}kC_n^k p^k q^{n-k}=np\sum_{k=1}^{n}C_{n-1}^{k-1}p^{k-1}q^{n-k}$$
$$=np(p+q)^{n-1}=np.$$

3. 泊松分布　$X \sim P(\lambda)$

泊松分布的随机变量 X 的分布列为

$$P(X=k)=\frac{\lambda^k e^{-\lambda}}{k!},\quad k=0,1,2,\cdots,$$

其数学期望为

$$E(X)=\sum_{i=1}^{\infty}x_i p_i=\sum_{k=0}^{\infty}k\frac{\lambda^k}{k!}e^{-\lambda}=\sum_{k=1}^{\infty}\frac{\lambda^k}{(k-1)!}e^{-\lambda}$$
$$=\lambda\sum_{k=1}^{\infty}\frac{\lambda^{k-1}}{(k-1)!}e^{-\lambda}=\lambda\sum_{m=0}^{\infty}\frac{\lambda^m}{m!}e^{-\lambda}=\lambda.$$

由此看出，泊松分布的参数就是其期望.

例 7.1　随机变量的数学期望可能不存在.

解　如设随机变量 X 的取值为 $x_k=(-1)^k\dfrac{2^k}{k}$，$k=1,2,\cdots$，对应的概率为 $P(X=x_k)=\dfrac{1}{2^k}$，于是

$$\sum_{i=1}^{\infty}x_i p_i=\sum_{i=1}^{\infty}(-1)^k\frac{1}{k}=-\ln 2,$$

但 $\sum\limits_{i=1}^{\infty}|x_i|p_i=\sum\limits_{i=1}^{\infty}\dfrac{1}{k}=\infty$，因此，随机变量 X 的数学期望不存在.

7.1.2　连续型随机变量的数学期望

下面我们考虑连续型随机变量的数学期望. 连续型随机变量的数学期望的定义和含义完全类似于离散型场合，用密度函数代替分布列，积分代替和式，就可以把离散型场合推广到连续场合.

定义 7.2　设连续型随机变量 X 的密度函数为 $f(x)$. 若积分 $\int_{-\infty}^{+\infty} xf(x)\mathrm{d}x$ 绝对收敛，即 $\int_{-\infty}^{+\infty} |x| f(x)\mathrm{d}x < \infty$，则称 $\int_{-\infty}^{+\infty} xf(x)\mathrm{d}x$ 的值为随机变量 X 的**数学期望**，记为 $E(X)$，即

$$E(X) = \int_{-\infty}^{+\infty} xf(x)\mathrm{d}x.$$

注　（ⅰ）数学期望 $E(X)$ 是一个实数，它由分布唯一确定.

（ⅱ）数学期望 $E(X)$ 的数学解释就是 X 加权平均，权就是密度函数. 若 X 表示价格，则 $E(X)$ 表示平均价格. 从分布观点看数学期望，则数学期望是分布的重心位置.

（ⅲ）定义中要求积分 $\int_{-\infty}^{+\infty} xf(x)\mathrm{d}x$ 绝对收敛，其原因同离散型情形一样.

下面来计算一些常见的连续型随机变量的数学期望.

1. 均匀分布　$X \sim U(a,b)$

均匀分布的密度函数为

$$f(x) = \begin{cases} \dfrac{1}{b-a}, & a < x < b, \\ 0, & \text{其他}, \end{cases}$$

于是

$$E(X) = \int_{-\infty}^{+\infty} xf(x)\mathrm{d}x = \int_a^b \frac{1}{b-a} x\,\mathrm{d}x = \frac{a+b}{2}.$$

可见均匀分布的数学期望是区间的中点. 如均匀分布 $U(1,6)$ 的数学期望为 3.5.

2. 指数分布　$X \sim E(\lambda)$

指数分布的密度函数为

$$f(x) = \begin{cases} \lambda \mathrm{e}^{-\lambda x}, & x \geqslant 0, \\ 0, & \text{其他} \end{cases} \quad (\lambda > 0),$$

于是

$$E(X)=\int_{-\infty}^{+\infty}xf(x)\mathrm{d}x=\int_{0}^{+\infty}\lambda x\mathrm{e}^{-\lambda x}\mathrm{d}x=-\int_{0}^{+\infty}x\,\mathrm{d}\,\mathrm{e}^{-\lambda x}$$

$$=\int_{0}^{+\infty}\mathrm{e}^{-\lambda x}\mathrm{d}x=\frac{1}{\lambda}.$$

可见，指数分布$E(\lambda)$的数学期望是参数λ的倒数$\frac{1}{\lambda}$. 若某个原件的寿命分布服从参数为λ的指数分布，则它的平均寿命为$\frac{1}{\lambda}$.

3. 正态分布　$X\sim N(\mu,\sigma^2)$

正态分布的密度函数为

$$f(x)=\frac{1}{\sqrt{2\pi}\sigma}\mathrm{e}^{-\frac{(x-\mu)^2}{2\sigma^2}},$$

于是

$$E(X)=\int_{-\infty}^{+\infty}xf(x)\mathrm{d}x=\frac{1}{\sqrt{2\pi}\sigma}\int_{-\infty}^{+\infty}x\mathrm{e}^{-\frac{(x-\mu)^2}{2\sigma^2}}\mathrm{d}x.$$

令$u=\frac{x-\mu}{\sigma}$，得

$$E(X)=\frac{1}{\sqrt{2\pi}}\int_{-\infty}^{+\infty}(\mu+\sigma u)\mathrm{e}^{-\frac{u^2}{2}}\mathrm{d}u$$

$$=\mu\int_{-\infty}^{+\infty}\frac{1}{\sqrt{2\pi}}\mathrm{e}^{-\frac{u^2}{2}}\mathrm{d}u+\frac{\sigma}{\sqrt{2\pi}}\int_{-\infty}^{+\infty}u\mathrm{e}^{-\frac{u^2}{2}}\mathrm{d}u$$

$$=\mu.$$

可见，正态分布$N(\mu,\sigma^2)$中的参数μ正是它的数学期望.

4. 柯西分布　$f(x)=\frac{1}{\pi}\cdot\frac{1}{1+x^2}$

由于

$$\int_{-\infty}^{+\infty}|x|f(x)\mathrm{d}x=\int_{-\infty}^{+\infty}|x|\frac{1}{\pi(1+x^2)}\mathrm{d}x=\infty,$$

故柯西分布的数学期望不存在.

可见并不是所有的连续型随机变量的数学期望都存在.

7.1.3 随机变量函数的数学期望

在实际问题中，常遇到已知X的分布，求$Y=g(X)$的数学期望. 通常的想法是按照数学期望的定义，这要分两步进行：(1) 先求出$Y=g(X)$的分布

列或者概率密度函数；(2) 利用Y的分布计算$E(Y)$. 但一般求$Y=g(X)$的分布不是一件容易的事，故不采用这种方法，下面给出一定理：

定理 7.1 设随机变量Y是随机变量X的函数：$Y=g(X)$（g是连续函数）.

(1) 设X是离散型随机变量，其分布列为$P(X=x_k)=p_k$，$k=1,2,\cdots$. 若$\sum_{k=1}^{\infty}g(x_k)p_k$绝对收敛，则

$$E(Y)=E(g(X))=\sum_{k=1}^{\infty}g(x_k)p_k.$$

(2) 设X是连续型随机变量，其概率密度函数为$f(x)$. 若$\int_{-\infty}^{+\infty}g(x)f(x)\mathrm{d}x$绝对收敛，则

$$E(Y)=E(g(X))=\int_{-\infty}^{+\infty}g(x)f(x)\mathrm{d}x.$$

这个定理说明，在求$Y=g(X)$的数学期望时，不必求Y的分布，只需知道X的分布即可.

例 7.2 已知随机变量X的分布列为

X	0	1
P	$1-p$	p

求$E(X^2)$.

解 由定理 7.1，有

$$E(X^2)=\sum_{i=1}^{2}x_i{}^2p_i=0^2\cdot(1-p)+1^2\cdot p=p.$$

例 7.3 设$X\sim N(0,1)$，求$E(X^2)$.

解 $$E(X^2)=\int_{-\infty}^{+\infty}x^2f(x)\mathrm{d}x=\int_{-\infty}^{+\infty}x^2\frac{1}{\sqrt{2\pi}}\mathrm{e}^{-\frac{x^2}{2}}\mathrm{d}x$$
$$=\int_{-\infty}^{+\infty}x\,\mathrm{d}\left(-\frac{1}{\sqrt{2\pi}}\mathrm{e}^{-\frac{x^2}{2}}\right)$$
$$=-x\frac{1}{\sqrt{2\pi}}\mathrm{e}^{-\frac{x^2}{2}}\Bigg|_{-\infty}^{+\infty}+\int_{-\infty}^{+\infty}\frac{1}{\sqrt{2\pi}}\mathrm{e}^{-\frac{x^2}{2}}\mathrm{d}x=1.$$

7.1.4 数学期望的性质

利用定理 7.1 可以得到数学期望的几条重要性质：

(1) 常数C的数学期望等于C，即$E(C)=C$；

(2) 常数 C 可以移到数学期望运算符号外面来，即 $E(CX)=CE(X)$；

(3) 随机变量和的期望等于期望的和，即 $E(X+Y)=E(X)+E(Y)$；

(4) 期望具有线性性质，即

$$E\left(\sum_{i=1}^{n}a_iX_i\right)=\sum_{i=1}^{n}a_iE(X_i).$$

例 7.4 一民航送客车载有 20 位旅客自机场开出，有 8 站可下车，如到一站无旅客下车则不停车. 求停车次数 X 的数学期望.

解 引入随机变量 X_i 如下：

$$X_i=\begin{cases}1, & \text{在第 } i \text{ 站有人下车},\\ 0, & \text{在第 } i \text{ 站无人下车},\end{cases}\quad i=1,2,\cdots,8,$$

则 $X=X_1+X_2+\cdots+X_8$. 而

$$P(X_i=0)=\left(\frac{7}{8}\right)^{20},\ P(X_i=1)=1-\left(\frac{7}{8}\right)^{20},\quad i=1,2,\cdots,8,$$

故 $E(X_i)=1-\left(\frac{7}{8}\right)^{20}$，$i=1,2,\cdots,8$. 于是

$$\begin{aligned}E(X)&=E(X_1+X_2+\cdots+X_8)=E(X_1)+E(X_2)+\cdots+E(X_8)\\&=8\left[1-\left(\frac{7}{8}\right)^{20}\right].\end{aligned}$$

习 题 7.1

1. 设 X 为掷一枚均匀骰子所得到的点数，求 $E(X)$.

2. 在句子“THE GIRL PUT ON HER BEAUTIFUL RED HAT”中随机地取一单词，以 X 表示取到的单词所包含的字母个数，写出 X 的分布列并求 $E(X)$.

3. 设在某一规定的时间间隔里，某电器设备用于最大负荷的时间 X（以分计）是一个随机变量，其概率密度函数为

$$f(x)=\begin{cases}\dfrac{1}{1\,500^2}x, & 0\leqslant x\leqslant 1\,500,\\ \dfrac{1}{1\,500^2}(x+3\,000), & 1\,500<x\leqslant 3\,000,\\ 0, & \text{其他}.\end{cases}$$

求 $E(X)$.

4. 设随机变量 X 的分布列为

X	-2	0	2
P	0.4	0.3	0.3

求 $E(X)$，$E(X^2)$，$E(3X^2+5)$.

5. 设 $X \sim U(0,\pi)$，$Y=\sin X$，求 $E(Y)$.

6. 设随机变量 X 的概率密度函数为 $f(x)=\begin{cases} e^{-x}, & x>0, \\ 0, & x \leqslant 0. \end{cases}$ 求

(1) $Y=2X$ 的数学期望；

(2) $Y=e^{-2X}$ 的数学期望.

7. 将编号为 $1,2,\cdots,n$ 的 n 只球随机地放入编号为 $1,2,\cdots,n$ 的 n 只盒子中，一只盒子装有一只球. 若一只球装入与球同号的盒子中称为一个配对，试求总配对数 X 的数学期望 $E(X)$.

7.2 方差与标准差

7.2.1 方差的概念

数学期望是随机变量的一个重要数字特征，它表示了随机变量的平均水平，但有时仅用数学期望来描述随机变量是不够的. 如：有两名射击选手，他们每次射击命中的环数分别为 X_1, X_2，对应的分布列为

X_1	8	9	10
P	0.2	0.6	0.2

X_2	8	9	10
P	0.4	0.2	0.4

由于 $E(X_1)=E(X_2)=9$，可见从数学期望这个角度无法分出两射击选手水平的高低，故还需考虑其他因素. 通常做法是：比较两选手射击技术的稳定性，研究随机变量与均值的偏离程度. 首先看 $X-E(X)$，但这种偏差有正有负，可能出现正负抵消情况，于是考虑 $|X-E(X)|$ 来描述随机变量的波动大小，但绝对值在数学上处理不方便，故改用 $(X-E(X))^2$ 来消去符号，用 $E(X-E(X))^2$ 来度量随机变量取值的波动大小. 此例中，

$$E(X_1-E(X_1))^2=0.4, \quad E(X_2-E(X_2))^2=0.8,$$

由此可见第一名选手的技术更稳定一些.

定义 7.3 设 X 是随机变量. 若 $E(X-E(X))^2$ 存在，则称 $E(X-E(X))^2$ 为 X 的**方差**，记为 $D(X)$ 或 $\mathrm{Var}(X)$，即

$$D(X)=E(X-E(X))^2.$$

而$\sqrt{D(X)}$称为 X 的**标准差或均方差**，记为$\sigma(X)$.

注 (i) 方差是随机变量与其均值的离差平方的数学期望，仍是一种期望，它反映了随机变量取值与其均值的偏差程度.

(ii) $D(X)$越大，则随机变量 X 的取值越分散；$D(X)$越小，则随机变量 X 的取值越集中.

(iii) 既然方差是期望，且是随机变量函数 $g(X)=(X-E(X))^2$ 的数学期望，故

$$D(X)=E(X-E(X))^2 = \begin{cases} \sum_i (x_i - E(X))^2 p_i, & X \text{ 为离散型随机变量}, \\ \int_{-\infty}^{+\infty} (x-E(X))^2 f(x)\mathrm{d}x, & X \text{ 为连续型随机变量}. \end{cases}$$

(iv) $E(X)$可正可负，但$D(X)\geqslant 0$.

(v) $E(X)$存在时，$D(X)$不一定存在；但当$D(X)$存在时，$E(X)$一定存在.

另外，方差既然是期望，利用期望的性质，则有

$$\begin{aligned} D(X) &= E(X-E(X))^2 = E[X^2 - 2XE(X) + (E(X))^2] \\ &= E(X^2) - 2E(X)E(X) + (E(X))^2 \\ &= E(X^2) - (E(X))^2. \end{aligned}$$

在计算方差时，除用定义外有时也用$D(X)=E(X^2)-(E(X))^2$计算，具体选用哪一种，应根据实际情况而定.

7.2.2 离散型随机变量的方差

下面来计算常见的几种离散型随机变量的方差.

1. 0-1 分布 $X \sim B(1,p)$

0-1 分布的分布列为

X	0	1
P	$1-p$	p

由于 $E(X)=p$，$E(X^2)=0^2\cdot(1-p)+1^2\cdot p=p$，故

$$D(X)=E(X^2)-(E(X))^2=p-p^2=pq.$$

2. 二项分布 $X \sim B(n,p)$

二项分布的分布列为$P(X=k)=C_n^k p^k(1-p)^{n-k}$，$k=0,1,\cdots,n$，由于

$E(X)=np$，以及

$$\begin{aligned}E(X^2)&=\sum_{k=0}^{n}k^2C_n^kp^k(1-p)^{n-k}\\&=\sum_{k=0}^{n}k(k-1)C_n^kp^k(1-p)^{n-k}+\sum_{k=0}^{n}kC_n^kp^k(1-p)^{n-k}\\&=n(n-1)p^2\sum_{k=2}^{n}C_{n-2}^{k-2}p^{k-2}(1-p)^{n-k}+np\\&=n(n-1)p^2+np=n^2p^2+np(1-p)\\&=n^2p^2+npq,\end{aligned}$$

故 $D(X)=E(X^2)-(E(X))^2=n^2p^2+npq-(np)^2=npq.$

3. 泊松分布 $X\sim P(\lambda)$

泊松分布的分布列为 $P(X=k)=\dfrac{\lambda^k e^{-\lambda}}{k!}$，$k=0,1,2,\cdots$，由于 $E(X)=\lambda$，以及

$$\begin{aligned}E(X^2)&=\sum_{k=0}^{\infty}k^2\frac{\lambda^k}{k!}e^{-\lambda}=\sum_{k=1}^{\infty}k\frac{\lambda^k}{(k-1)!}e^{-\lambda}\\&=\sum_{k=1}^{\infty}(k-1+1)\frac{\lambda^k}{(k-1)!}e^{-\lambda}\\&=\lambda^2e^{-\lambda}\sum_{k=2}^{\infty}\frac{\lambda^{k-2}}{(k-2)!}+\lambda e^{-\lambda}\sum_{k=1}^{\infty}\frac{\lambda^{k-1}}{(k-1)!}\\&=\lambda^2+\lambda,\end{aligned}$$

故 $D(X)=E(X^2)-(E(X))^2=\lambda^2+\lambda-\lambda^2=\lambda.$

7.2.3 连续型随机变量的方差

1. 均匀分布 $X\sim U(a,b)$

均匀分布的密度函数为

$$f(x)=\begin{cases}\dfrac{1}{b-a}, & a<x<b,\\ 0, & \text{其他},\end{cases}$$

由于 $E(X)=\dfrac{a+b}{2}$，以及

$$E(X^2)=\int_{-\infty}^{+\infty}x^2f(x)dx=\int_a^b\frac{1}{b-a}x^2dx=\frac{a^2+ab+b^2}{3},$$

故有 $D(X)=E(X^2)-(E(X))^2=\frac{a^2+ab+b^2}{3}-\left(\frac{a+b}{2}\right)^2=\frac{(b-a)^2}{12}$.

2. 指数分布　$X \sim E(\lambda)$

指数分布的密度函数为

$$f(x)=\begin{cases}\lambda e^{-\lambda x}, & x \geqslant 0, \\ 0, & \text{其他}\end{cases} \quad (\lambda>0),$$

由于 $E(X)=\frac{1}{\lambda}$，以及

$$\begin{aligned} E(X^2) &= \int_{-\infty}^{+\infty} x^2 f(x)\mathrm{d}x=\int_0^{+\infty} x^2 \lambda e^{-\lambda x}\mathrm{d}x=-\int_0^{+\infty} x^2 \mathrm{d}\, e^{-\lambda x} \\ &= \int_0^{+\infty} 2x e^{-\lambda x}\mathrm{d}x=\frac{2}{\lambda^2}, \end{aligned}$$

故有 $D(X)=E(X^2)-(E(X))^2=\frac{2}{\lambda^2}-\left(\frac{1}{\lambda}\right)^2=\frac{1}{\lambda^2}$.

3. 正态分布　$X \sim N(\mu, \sigma^2)$

正态分布的密度函数为 $f(x)=\frac{1}{\sqrt{2\pi}\sigma}e^{-\frac{(x-\mu)^2}{2\sigma^2}}$，于是

$$D(X)=E(X-E(X))^2=\int_{-\infty}^{+\infty}(x-\mu)^2\frac{1}{\sqrt{2\pi}\sigma}e^{-\frac{(x-\mu)^2}{2\sigma^2}}\mathrm{d}x.$$

令 $\frac{x-\mu}{\sigma}=t$，则

$$\begin{aligned} D(X) &= \int_{-\infty}^{+\infty}\sigma^2 t^2 \sigma \frac{1}{\sqrt{2\pi}\sigma}e^{-\frac{t^2}{2}}\mathrm{d}t=\frac{\sigma^2}{\sqrt{2\pi}}\int_{-\infty}^{+\infty}t^2 e^{-\frac{t^2}{2}}\mathrm{d}t \\ &= \frac{\sigma^2}{\sqrt{2\pi}}\left[\left(-t e^{-\frac{t^2}{2}}\right)\Big|_{-\infty}^{+\infty}+\int_{-\infty}^{+\infty}e^{-\frac{t^2}{2}}\mathrm{d}t\right] \\ &= \frac{\sigma^2}{\sqrt{2\pi}}\sqrt{2\pi}=\sigma^2. \end{aligned}$$

7.2.4　方差的性质

由于方差也是一种期望，由期望的性质，可得到方差的几条重要性质：

(1)　常数 C 的方差等于零，即 $D(C)=0$；

(2)　常数 C 可以平方后移到方差运算符号外面来，即

$$D(CX)=C^2 D(X);$$

(3)　对任意常数 C 和随机变量 X，有 $D(X+C)=D(X)$；

(4) 对任意的常数 a,b 和随机变量 X，有 $D(aX+b)=a^2D(X)$；

(5) 独立的随机变量和或差的方差等于方差的和，即

$$D(X\pm Y)=D(X)+D(Y).$$

这里给出性质(1) 和性质(4) 的证明，其余留给读者作为练习.

对(1)，由于 $E(C)=C$，故

$$D(X)=E(X-E(X))^2=E(C-C)^2=0.$$

对(4)，

$$\begin{aligned}D(aX+b)&=E(aX+b-E(aX+b))^2=E(aX-aE(X))^2\\&=a^2E(X-E(X))^2=a^2D(X).\end{aligned}$$

例 7.5 设随机变量 X 的数学期望为 μ，方差为 σ^2，证明：X 的标准化随机变量 $X^*=\dfrac{X-\mu}{\sigma}$ 的数学期望为 0，方差为 1.

证 由数学期望和方差的性质，有

$$E(X^*)=E\left(\frac{X-\mu}{\sigma}\right)=\frac{1}{\sigma}E(X-\mu)=\frac{1}{\sigma}(E(X)-\mu)=0,$$

$$\begin{aligned}D(X^*)&=E(X^*-E(X^*))^2=E(X^{*2})=E\left(\frac{X-\mu}{\sigma}\right)^2\\&=\frac{1}{\sigma^2}E((X-\mu)^2)=1.\end{aligned}$$

习 题 7.2

1. 设随机变量 $X\sim B(n,p)$，$E(X)=2.4$，$D(X)=1.44$，求 n,p.

2. 设随机变量 X 的概率分布列为

X	-2	0	2
P	0.4	0.3	0.3

求 $D(X)$.

3. 设随机变量 X 的概率密度函数为

$$f(x)=\begin{cases}x, & 0\leqslant x\leqslant 1,\\ 2-x, & 1<x\leqslant 2,\\ 0, & \text{其他}.\end{cases}$$

求 $D(X)$.

4. 已知 100 个产品中有 10 个次品，求任意取出 5 个产品中的次品数的方差.

5. 5 家商店联营，它们每周售出的某种农产品的数量(以 kg 计算)分别为 X_1,X_2,X_3,X_4,X_5. 已知 $X_1\sim N(200,225)$，$X_2\sim N(240,240)$，$X_3\sim$

$N(180,225)$，$X_4 \sim N(260,265)$，$X_5 \sim N(320,270)$，且 X_1, X_2, X_3, X_4, X_5 相互独立，试求 5 家商店每周的总销售量的均值和方差.

总习题七

1. 填空题

(1) 设 $X \sim B(n,p)$，且 $E(X)=2$，$D(X)=1$，则 $P(X>1)=$________.

(2) 设 $X \sim U(a,b)$，且 $E(X)=2$，$D(X)=\frac{1}{3}$，则 $a=$________，$b=$________.

(3) 设 X 服从泊松分布，若 $P(X \geqslant 1)=1-e^{-2}$，则 $E(X)=$________，$D(X)=$________，$E(X^2)=$________.

(4) 设 $X \sim N(0,1)$，$Y=2X-3$，则 $E(Y)=$________，$D(Y)=$________.

(5) 设 $X \sim N(0,1)$，$Y \sim B\left(16,\frac{1}{2}\right)$，且两随机变量是相互独立的，则 $E(X+2Y)=$________，$D(X+2Y)=$________.

(6) 设随机变量 X 的分布律为

X	-1	1
P	$\frac{1}{3}$	$\frac{2}{3}$

则 $E(X^2)=$________.

2. 选择题

(1) 已知随机变量 X 服从参数为 2 的指数分布，则随机变量 X 的期望为(　　).

(A) $-\frac{1}{2}$　　(B) 0　　(C) $\frac{1}{2}$　　(D) 2

(2) 已知随机变量 X 服从参数为 2 的泊松分布，则随机变量 X 的方差为(　　).

(A) -2　　(B) 0　　(C) $\frac{1}{2}$　　(D) 2

(3) 已知 $X \sim B(n,p)$，且 $E(X)=2.4$，$D(X)=1.44$，则二项分布的参数为(　　).

(A) $n=4$，$p=0.6$　　(B) $n=6$，$p=0.4$

(C) $n=8$, $p=0.3$　　(D) $n=24$, $p=0.1$

(4) 设随机变量的$E(X)=\mu$, $D(X)=\sigma^2$ ($\mu,\sigma>0$且均为参数), 对任意常数C, 必有(　　).

(A) $E(X-C)^2=E(X^2)-C$

(B) $E(X-C)^2=E(X-\mu)^2$

(C) $E(X-C)^2<E(X-\mu)^2$

(D) $E(X-C)^2\geqslant E(X-\mu)^2$

3. 将3个球随机地放入3个盒子中, 以X表示盒中球的最多个数, 求$E(X)$.

4. 设离散型随机变量X的分布列为

X	-1	0	1	2	3
P	0.2	0.15	0.25	0.3	0.1

求(1) $E(X)$,$D(X)$; (2) $Y=2X^2+2$的分布列; (3) $E(Y)$,$D(Y)$.

5. 设随机变量X的概率密度函数为

$$f(x)=\begin{cases}1+x, & -1\leqslant x\leqslant 0,\\ a-x, & 0<x\leqslant 1,\\ 0, & \text{其他}.\end{cases}$$

求$E(X)$,$D(X)$.

6. 已知随机变量X的概率密度函数为

$$f(x)=\frac{1}{\sqrt{\pi}}\mathrm{e}^{-x^2+2x-1}\quad(-\infty<x<+\infty),$$

试求$E(X)$,$D(X)$.

7. 某车间生产的圆盘的直径$R\sim U(1,4)$, 试求圆盘面积的数学期望.

8. 设相互独立的随机变量X和Y, 有$E(X)=2$, $E(X^2)=4$, $E(Y)=3$, $E(Y^2)=18$, 求

(1) $E(X+Y)$,$D(X+Y)$;

(2) $E(X-Y)$,$D(X-Y)$;

(3) $E(3X+2Y)$,$D(3X+2Y)$.

9. 设随机变量$X\sim P(\lambda)$, 已知$E[(X-1)(X-2)]=1$, 求λ.

10. 设随机变量X的概率密度函数为

$$f(x)=\begin{cases}\mathrm{e}^{-x}, & x>0,\\ 0, & x\leqslant 0.\end{cases}$$

(1) $Y=2X$, 求$E(Y)$,$D(Y)$.

(2) $Y=\mathrm{e}^{-2X}$, 求$E(Y)$,$D(Y)$.

第八章
大数定律与中心极限定理

大数定律和中心极限定理是概率论的重要基本理论，它们揭示了随机现象的重要统计规律，在概率论与数理统计的理论研究和实际应用中都具有重要的意义. 本章将介绍这方面的主要内容.

在引入大数定律和中心极限定理之前，先介绍一个重要的不等式.

8.1 切比雪夫不等式

定理 8.1 对任一随机变量 X，若 $E(X),D(X)$ 均存在，则对任意 $\varepsilon>0$，恒有

$$P(|X-E(X)|\geqslant\varepsilon)\leqslant\frac{D(X)}{\varepsilon^2}.$$

证 这里仅给出 X 是连续型随机变量的情形. 设 $f(x)$ 是随机变量 X 的概率密度函数，则

$$\begin{aligned}P(|X-E(X)|\geqslant\varepsilon)&=\int_{|X-E(X)|\geqslant\varepsilon}f(x)\mathrm{d}x\\&\leqslant\int_{|X-E(X)|\geqslant\varepsilon}\frac{(X-E(X))^2}{\varepsilon^2}f(x)\mathrm{d}x\\&=\frac{1}{\varepsilon^2}\int_{|X-E(X)|\geqslant\varepsilon}(X-E(X))^2f(x)\mathrm{d}x\\&\leqslant\frac{1}{\varepsilon^2}\int_{-\infty}^{+\infty}(X-E(X))^2f(x)\mathrm{d}x\\&=\frac{D(X)}{\varepsilon^2}.\end{aligned}$$ □

注 (ⅰ) 切比雪夫不等式对离散型随机变量和连续型随机变量都成立.

(ⅱ) 切比雪夫不等式的另一种常用形式：

$$P(|X-E(X)|<\varepsilon)\geqslant1-\frac{D(X)}{\varepsilon^2}.$$

（ⅲ）在切比雪夫不等式中，方差起决定作用. 若 $D(X)$ 越小，则 $P(|X-E(X)|<\varepsilon)$ 越大，表明随机变量 X 取值越集中在 $E(X)$ 附近，分布就越集中；反之说明随机变量 X 取值越偏离 $E(X)$，分布就越分散，这也进一步说明了方差的意义.

（ⅳ）利用切比雪夫不等式，可以在分布未知的情况下，只需知道 $E(X)$，$D(X)$ 就可以估计出 $P(|X-E(X)|<\varepsilon)$，即 X 落在 $(E(X)-\varepsilon,E(X)+\varepsilon)$ 内的概率，但在一个具体问题中，它给出的概率估计是比较粗略的.

例 8.1　假设一批种子的优良种率为 $\frac{1}{6}$，从中任意选出 600 颗，试用切比雪夫不等式估计：这 600 颗种子中优良种子所占比例与 $\frac{1}{6}$ 之差的绝对值不超过 0.02 的概率.

解　设 X 表示 600 颗种子中的优良种子颗数，则 $X\sim B\left(600,\frac{1}{6}\right)$，于是

$$E(X)=np=600\times\frac{1}{6}=100,$$

$$D(X)=npq=600\times\frac{1}{6}\times\left(1-\frac{1}{6}\right)=\frac{250}{3},$$

取 $\varepsilon=600\times0.02=12$，由切比雪夫不等式有

$$P\left(\left|\frac{X}{600}-\frac{1}{6}\right|\leqslant 0.02\right)=P(|X-100|\leqslant 12)\geqslant 1-\frac{D(X)}{12^2}=0.4213.$$

定理 8.2　*方差为零的随机变量 X 必几乎处处为常数，且这个常数为它的数学期望 $E(X)$.*

证　由切比雪夫不等式，对任意 $\varepsilon>0$，恒有

$$P(|X-E(X)|\geqslant\varepsilon)\leqslant\frac{D(X)}{\varepsilon^2}=0,$$

即 $P(|X-E(X)|\geqslant\varepsilon)=0$. 由 ε 的任意性，因此 $P(X\neq E(X))=0$，即

$$P(X=E(X))=1.$$ □

习　题　8.1

1. 在每次试验中事件 A 发生的概率为 0.5. 利用切比雪夫不等式估计，在 1000 次独立试验中，事件 A 发生的次数在 $400\sim600$ 之间的概率.

2. 在每次试验中事件 A 发生的概率为 0.75. 若使 A 发生的频率为

0.74～0.76之间的概率至少为0.90，利用切比雪夫不等式估计至少需要多少次试验.

8.2 大数定律

在前面我们曾提到过，事件发生的频率随着独立重复试验次数不断增加，频率会接近一个固定的常数，称此为频率的稳定性(频率的统计规律).这个稳定性是什么含义呢？下面用大数定律来阐明.

定理8.3(伯努利大数定律) 设X_n是n重伯努利试验中事件A出现的次数，而A在每次试验中出现的概率为$P(A)=p$，则对任意的$\varepsilon>0$，有

$$\lim_{n\to\infty}P\left(\left|\frac{X_n}{n}-p\right|\geqslant\varepsilon\right)=0.$$

证 在n重伯努利试验中事件A出现的次数$X_n\sim B(n,p)$，故

$$E(X_n)=np,\quad D(X_n)=npq.$$

而$\frac{X_n}{n}$是n重伯努利试验中事件A出现的频率，其对应的数学期望和方差为

$$E\left(\frac{X_n}{n}\right)=p,\quad D\left(\frac{X_n}{n}\right)=\frac{pq}{n}.$$

由切比雪夫不等式，有

$$P\left(\left|\frac{X_n}{n}-p\right|\geqslant\varepsilon\right)\leqslant\frac{D\left(\frac{X_n}{n}\right)}{\varepsilon^2}=\frac{pq}{n\varepsilon^2}.$$

对任意的$\varepsilon>0$，$n\to\infty$，同时由概率的非负性，得

$$\lim_{n\to\infty}P\left(\left|\frac{X_n}{n}-p\right|\geqslant\varepsilon\right)=0.$$

也有$\lim\limits_{n\to\infty}P\left(\left|\frac{X_n}{n}-p\right|<\varepsilon\right)=1$，即$n\to\infty$时，$P\left(\frac{X_n}{n}=p\right)=1.$ □

伯努利大数定律建立在大量独立重复试验的前提下，它说明事件A出现的频率$\frac{X_n}{n}$与其概率p有较大偏差的可能性很小，为用频率来估计概率提供了理论依据.

例8.2 我们知道，抛一枚硬币出现正面(事件A)的概率为$\frac{1}{2}$.若把这

枚硬币抛10次或者20次，则正面出现的频率$\frac{X_n}{n}$与$\frac{1}{2}$的偏差有时会大些，有时会小些，总之不能保证大偏差发生的概率一定很小，但是当抛的次数很大时，出现大偏差的概率一定会很小. 若取偏差 $\varepsilon=0.01$，则

$$P\left(\left|\frac{X_n}{n}-\frac{1}{2}\right|\geqslant 0.01\right)\leqslant\frac{D\left(\frac{X_n}{n}\right)}{\varepsilon^2}=\frac{\frac{1}{2}\times\frac{1}{2}}{n\varepsilon^2}=\frac{10^4}{4n},$$

可见，当 $n=10^5$ 时，频率与概率的偏差超过 0.01 的机会不会超过$\frac{1}{40}$，当 $n=10^6$ 时，频率与概率的偏差超过 0.01 的机会不会超过$\frac{1}{400}$，随着试验次数增多，出现大偏差的可能性越小. 但并不是说不会出现大偏差，只是这种机会很小，以致不会影响人们决策，我们在生活和工作中作决策也是建立在这种概率意义下的.

定理 8.4（辛钦大数定律）　设 $X_1,X_2,\cdots$ 是一列独立同分布的随机变量，且 $E(X_i)=\mu$，$i=1,2,\cdots$，则对任意的 $\varepsilon>0$，有

$$\lim_{n\to\infty}P\left(\left|\frac{1}{n}\sum_{i=1}^{n}X_i-\mu\right|<\varepsilon\right)=1.$$

显然，伯努利大数定律是辛钦大数定律的特殊情况，辛钦大数定律在应用中很重要，辛钦大数定律为实际生活中经常采用的算术平均值法提供了理论依据. 例如测量某一物体的某种尺寸指标，通常采用的办法是多次测量然后求平均值. 我们知道测量时，有各种随机因素的影响，因此结果具有随机性，但若每次测量是相互独立的，且它们具有同一分布，当测量次数充分大时，则以概率1的保证程度，$\mu\approx\frac{1}{n}\sum_{i=1}^{n}X_i$. 可见用测量平均值比把一次测量值来作为物体的尺寸要精确得多. 另外辛钦大数定律为寻找随机变量的数学期望提供了一条可行的途径.

习　题　8.2

1. 在伯努利试验中，事件 A 出现的概率为 p，令

$$\varepsilon_n=\begin{cases}1, & \text{若在第 } n \text{ 次及第 } n+1 \text{ 次试验中 } A \text{ 出现},\\ 0, & \text{其他}.\end{cases}$$

证明$\{\varepsilon_n\}$服从大数定律.

2. 设$\{\varepsilon_n\}$为独立同分布的随机变量序列，共同分布为

$$P\left(\varepsilon_n=\frac{2^k}{k^2}\right)=\frac{1}{2^k},\quad k=1,2,\cdots,$$

试问$\{\varepsilon_n\}$是否服从大数定律?

8.3 中心极限定理

中心极限定理研究的是:在什么条件下多个相互独立的随机变量之和的分布可以用正态分布近似.即在这些条件下,其和以正态分布为极限分布.

它是概率论中最重要的一类定理,有广泛的实际应用背景.在自然界与生产中,一些现象受到许多相互独立的随机因素的影响,如果每个因素所产生的影响都很微小,且没有一个因素起主导作用,则总的共同影响可以看做是服从正态分布或近似正态分布的.中心极限定理就是从数学上证明了这一现象.本节将介绍几个常用的中心极限定理.

定理 8.5 (独立同分布序列的中心极限定理) 设$X_1,X_2,\cdots$是一列独立同分布的随机变量,且$E(X_i)=\mu$,$D(X_i)=\sigma^2$ $(0<\sigma<+\infty)$,$i=1,2,\cdots$,则有

$$\lim_{n\to\infty}P\left(\frac{\sum_{i=1}^{n}X_i-n\mu}{\sqrt{n}\sigma}<x\right)=\frac{1}{\sqrt{2\pi}}\int_{-\infty}^{x}\mathrm{e}^{-\frac{t^2}{2}}\,\mathrm{d}t.$$

定理说明,对独立同分布的随机变量序列,其共同分布可以是离散分布也可以是连续分布,只要其共同分布的方差存在且不为零,当n充分大时,

$$\frac{\sum_{i=1}^{n}X_i-n\mu}{\sqrt{n}\sigma}\overset{\text{近似}}{\sim}N(0,1),$$

从而$\sum_{i=1}^{n}X_i\overset{\text{近似}}{\sim}N(n\mu,n\sigma^2)$,并且$n$越大近似的效果越好.这两个结果在数理统计的大样本理论中有着很广泛的应用,同时也提供了大量独立同分布随机变量之和的有关事件概率的近似简便方法.另外,在中心极限定理中所涉及的一般条件可以非正式地概括为:在总和中的每个单独的项为总和的变化提供了一个不可忽视的量,而每一个单独的项都不可能给总和作出很大的贡献.如:在物理试验中的测量误差是由许多不可观测到的,而可看做可加的小误差所组成的.

例 8.3　设一加法器同时接收 20 个噪声电压 $V_k(k=1,2,\cdots,20)$，它们是相互独立的随机变量且都服从区间 $(0,10)$ 上的均匀分布，试求 $P\left(\sum_{k=1}^{20}V_k>105\right)$.

解　由于 $V_k\sim U(0,10)\ (k=1,2,\cdots,20)$，故

$$E(V_k)=5,\ D(V_k)=\frac{25}{3}\quad(k=1,2,\cdots,20).$$

由定理 8.5，得

$$P\left(\sum_{k=1}^{20}V_k>105\right)=1-P\left(\sum_{k=1}^{20}V_k\leqslant 105\right)\approx 1-\Phi\left(\frac{105-20\times 5}{\sqrt{20}\times\sqrt{\frac{25}{3}}}\right)$$

$$=1-\Phi(0.39)\approx 1-0.6517=0.3483.$$

现在我们来研究一个特殊的场合 —— 相互独立的伯努利试验序列，由于 $X_i\sim B(1,p)\ (i=1,2,\cdots)$，$E(X_i)=p$，$D(X_i)=p(1-p)\ (i=1,2,\cdots)$，且满足定理 8.5 的条件，于是得到下面定理：

定理 8.6（棣莫弗 - 拉普拉斯极限定理）　在 n 重伯努利试验中，事件 A 在每次试验中出现的概率为 $p\ (0<p<1)$，Y_n 是事件 A 在 n 重伯努利试验中出现的次数，则

$$\lim_{n\to\infty}P\left(\frac{Y_n-np}{\sqrt{npq}}<x\right)=\frac{1}{\sqrt{2\pi}}\int_{-\infty}^{x}\mathrm{e}^{-\frac{t^2}{2}}\,\mathrm{d}t.$$

定理的实质是用正态分布对二项分布作近似计算，常称为“二项分布的正态近似”. 这与前面所讲的“二项分布的泊松近似”都要求 n 很大，但在实际中为获得更好的近似，对 p 还是各有一个最佳适用范围：当 p 很小（$p\leqslant 0.1$），且 np 不太大时，用泊松近似；当 $np\geqslant 5$，$n(1-p)\geqslant 5$ 时，用正态近似.

例 8.4　某单位有 200 台电话分机，每台分机有 5% 的时间要使用外线通话. 假定每台分机是否使用外线是相互独立的，问该单位总机要安装多少条外线，才能以 90% 以上的概率保证分机使用外线时不等待？

解　设有 X 台电话分机使用外线，则 $X\sim B(200,0.05)$. 设要安装 N 条外线，由题意有

$$P(X\leqslant N)=P\left(\frac{X-np}{\sqrt{npq}}\leqslant\frac{N-np}{\sqrt{npq}}\right)\approx\Phi\left(\frac{N-200\times 0.05}{\sqrt{200\times 0.05\times(1-0.05)}}\right)$$

$$=\Phi\left(\frac{N-10}{3.08}\right)\geqslant 0.9.$$

查表得 $\Phi(1.29)=0.9$，故$\dfrac{N-10}{3.08}\geqslant 1.29$，即 $N\geqslant 13.9732$，取 $N=14$.

故该单位总机要安装 14 条外线，才能以 90% 以上的概率保证分机使用外线时不等待.

有时，使用"二项分布的正态近似"时还有一项修正：

$$P\left(\frac{Y_n-np}{\sqrt{npq}}\leqslant b\right)\approx\Phi\left(\frac{b+0.5-np}{\sqrt{npq}}\right),$$

$$P\left(\frac{Y_n-np}{\sqrt{npq}}\geqslant b\right)\approx\Phi\left(\frac{b-0.5-np}{\sqrt{npq}}\right).$$

这样可以提高精度.

例 8.5 某车间有 200 台车床，它们独立地工作着，开工率各为 0.6，开工时耗电各为 1 千瓦. 问供电所至少要供给这个车间多少电力才能以 99.9% 的概率保证这个车间不会因供电不足而影响生产？

解 记 X_n 为某时车间工作着的车床数，则 $X_n\sim B(200,0.6)$. 问题是要求 r，使

$$P(X_n\leqslant r)=\sum_{k=0}^{r}\binom{200}{k}(0.6)^k(0.4)^{200-k}\geqslant 99.9\%.$$

用极限定理计算这个概率，

$$\begin{aligned}&\sum_{k=0}^{r}\binom{200}{k}(0.6)^k(0.4)^{200-k}\\&\approx\Phi\left(\frac{r+0.5-200\times0.6}{\sqrt{200\times0.6\times0.4}}\right)-\Phi\left(\frac{0-0.5-200\times0.6}{\sqrt{200\times0.6\times0.4}}\right)\\&\approx\Phi\left(\frac{r-119.5}{\sqrt{48}}\right)-\Phi(-17.39)\approx\Phi\left(\frac{r-119.5}{\sqrt{48}}\right)\\&\geqslant 0.999.\end{aligned}$$

查表得$\dfrac{r-119.5}{\sqrt{48}}=3.1$，故 $r=141$.

习　题　8.3

1. 一盒同型号螺丝钉共有 100 个，已知该型号的螺丝钉的重量是一个随机变量，期望值为 100 g，标准差为 10 g，求一盒螺丝钉的重量超过 10.2 kg 的概率是多少.

2. 某国新闻周报报道，该国早产婴儿占 10%. 假如随机选出 250 个婴儿，其中早产婴儿数记为 X，求 $P(15\leqslant X\leqslant 30)$，$P(X<20)$.

3. 抛掷一枚质地均匀的硬币，试用中心极限定理求解：至少抛掷多少次才能保证正面出现的频率在 0.4 ～ 0.6 之间的概率不小于 0.9.

总习题八

1. 填空题

(1) 设随机变量 X 的 $E(X)=\mu$，$D(X)=\sigma^2$. 利用切比雪夫不等式估计，$P(|X-\mu|<3\sigma^2)\geqslant$ ________.

(2) 设随机变量 $X\sim U(0,1)$,用切比雪夫不等式估计，$P\left(\left|X-\dfrac{1}{2}\right|\geqslant\dfrac{1}{\sqrt{3}}\right)\leqslant$ ________.

(3) 设随机变量 $X\sim B(100,0.8)$，由中心极限定理知 $P(74<X\leqslant 86)\approx$ ________. ($\Phi(1.5)=0.933\,2$)

2. 选择题

(1) 设 μ_n 是 n 次独立重复试验中事件 A 出现的次数，p 是事件 A 在每次试验中发生的概率，则对于任意的 $\varepsilon>0$，均有 $\lim\limits_{n\to\infty}P\left(\left|\dfrac{\mu_n}{n}-p\right|>\varepsilon\right)$ (　　).

(A) $=0$　　(B) $=1$

(C) >0　　(D) 不存在

(2) 设

$$X_i=\begin{cases}0, & \text{事件 } A \text{ 不发生},\\ 1, & \text{事件 } A \text{ 发生}\end{cases}\quad (i=1,2,\cdots,10\,000),$$

且 $P(A)=0.8$，$X_1,X_2,\cdots,X_{10\,000}$ 相互独立. 令 $Y=\sum\limits_{i=1}^{10\,000}X_i$，则由中心极限定理知 Y 近似服从的分布是(　　).

(A) $N(0,1)$　　(B) $N(8\,000,40)$

(C) $N(1\,600,8\,000)$　　(D) $N(8\,000,1\,600)$

(3) 设随机变量 $X\sim N(\mu,\sigma^2)$，则随 σ 的增大，$P(|X-\mu|<\sigma)$ 的值(　　)

(A) 单调增大　　(B) 单调减小

(C) 保持不变　　(D) 增减不定

3. 设 $X_1,X_2,\cdots,X_n$ 是来自总体 $N(\mu,\sigma^2)$ 的样本，对任意的 $\varepsilon>0$，写出样本均值 $\overline{X}$ 所满足的切比雪夫不等式.

4. $X_1, X_2, \cdots, X_9$ 是相互独立同分布的随机变量，$EX_i = 1$，$DX_i = 1$ $(i = 1, 2, \cdots, 9)$，则对于 $\overline{X} = \frac{1}{n}\sum_{i=1}^{n} X_i$，写出满足的切比雪夫不等式，并估计 $P\left(|\overline{X} - 1| < 4\right)$.

5. 设 X_n 是 n 次独立重复试验中事件 A 出现的次数，$P(A) = p$，$q = 1 - p$，则对任意区间$[a, b]$，求 $\lim\limits_{n \to \infty} P(a < X_n \leqslant b)$.

6. 在 n 重伯努利试验中，若已知每次试验 A 出现的概率为 0.75，试利用切比雪夫不等式估计 n，使 A 出现的频率在 0.74 ～ 0.76 之间的概率不小于 0.90.

7. 设某产品的不合格率为 0.005，任取 10 000，求不合格品不多于 70 件的概率.

8. 某单位内部有 260 架电话分机，每个分机有 4% 的时间要用外线通话. 可以认为各个电话分机用不同外线是相互独立的. 问：总机需备多少条外线才能以 95% 的把握保证各个分机在使用外线时不必等候？

第九章

数理统计的基本概念

数理统计是具有广泛应用的一个数学分支，它以概率论为理论基础，研究如何有效地对试验或观察得到的数据进行收集、整理及分析，由此对研究的随机现象的规律性作出科学的推断与决策. 本书只讲述推断的基本内容.

在概率论中，我们所研究的随机变量，它们的分布通常是已知的或者假设为已知的，在这一前提下去研究它的性质、特点和规律性. 而在数理统计中，我们研究的随机变量，往往它的分布是未知的，或者是知道分布类型但其分布函数中含有未知参数，于是人们通过对所研究的随机变量进行重复独立的观察，得到许多观察值，而后对这些数据进行分析，从而对所研究的随机变量的分布作出种种推断. 本章我们介绍总体、随机样本及统计量等数理统计的一些基本概念，并着重介绍几个常用统计量及正态总体抽样分布的一些重要结果.

9.1 总体和个体

一个数理统计问题中总有它明确的研究对象，我们将研究对象的全体称为**总体**(**母体**)，而把组成总体的每个成员称为**个体**.

例如，研究一批灯泡的质量，则该批灯泡构成了研究问题的总体，其中每个灯泡就是个体. 在实际问题中，总体中的每个个体都有很多侧面，而我们所关心的仅仅是每个个体的一项或几项数量指标，如上面的例子中，每个灯泡有许多特征，如颜色、大小、瓦数、寿命等，而我们关心的是灯泡的使用寿命情况，其他特性暂不考虑. 这样一来，一个个体对应一个数，那么总体就是一堆数，并且这堆数中有大有小，有的出现机会大，有的出现机会小，取值具有随机性且服从某种分布. 由此可见，总体可以用一个分布 $F(x)$ 表示，也可以用一个随机变量 X 表示，今后将统称为总体 X 或某分布 $F(x)$.

总体中所包含个体的数目称为**总体容量**. 按照总体容量是有限还是无限

将总体分为有限总体与无限总体. 例如，某厂生产的所有灯泡的寿命所构成的总体是一个无限总体. 在实际问题中，当总体容量很大以至于很难数清时，可以把该总体看成是无限总体.

总体按照考查数量指标的项数分为一维总体、二维总体和多维总体. 例如，研究某地区中学生的营养状况时，若关心的数量指标是身高 X 和体重 Y，则每个个体对应一个二维数组 (X,Y)，此种二维数组全体就组成二维总体，可用二维随机变量 (X,Y) 或二维联合分布 $F(x,y)$ 来描述. 本书主要介绍一维总体，有时也会涉及二维总体.

9.2 随机样本

总体是一个具有确定分布的随机变量，研究总体的分布及其数字特征，常用两种方法：

(1) 普查：对总体中的每个个体进行检查或观察. 如 10 年进行一次的人口普查，但普查费用高，耗时长，另外有些试验具有破坏性也不可能逐一试验，普查仅对少数重要场合才使用.

(2) 抽样：从总体中抽取部分个体进行检查或观察，然后根据抽样观察所得到的数据对总体进行推断. 在实际中，由于抽样费用低，耗时短，故频繁使用.

从总体 X 中抽出的部分个体组成的集合称为**样本**，组成样本的个体称为**样品**，一个样本中所含样品的个数称为**样本容量**. 例如，从国产轿车中抽 100 辆进行耗油量试验，样本容量是 100，抽到哪 100 辆是随机的，样本是随机变量. 从总体中抽出的样本容量为 n 的样本记为 $(X_1,X_2,\cdots,X_n)$，这里每个 X_i 都看成是随机变量，样本的观察值记为 $(x_1,x_2,\cdots,x_n)$，简称**样本值**.

抽样的目的是为了对总体进行统计推断，为了使推断结果更合理科学，必须考虑抽样方法. 抽样时应避免人为干扰，在统计学中，最常用的一种抽样方法是"简单随机抽样"，它对抽样有如下两点要求：

(1) 代表性：总体的每一个体有同等机会被选入样本；

(2) 独立性：样品 $X_1,X_2,\cdots,X_n$ 是相互独立的随机变量.

这样得到的样本称为**独立同分布的样本**，又称为**简单随机样本**. 今后若无特殊声明，提到的样本都是简单随机样本.

若总体的分布函数为 $F(x)$，则其样本容量为 n 的样本 $(X_1,X_2,\cdots,X_n)$ 的联合分布函数为

$$F(x_1,x_2,\cdots,x_n)=F(x_1)F(x_2)\cdots F(x_n)=\prod_{i=1}^{n}F(x_i).$$

习　题　9.2

1. 什么是简单随机样本？试举例进行说明.

2. 设总体 X 服从参数为 λ 的泊松分布，求来自总体 X 的样本$(X_1, X_2,\cdots,X_n)$的联合概率函数. 设总体 X 服从参数为 λ 的泊松分布，试求来自总体 X 的样本$(X_1,X_2,\cdots,X_n)$的联合分布律.

3. 设总体 $X\sim N(\mu,\sigma^2)$，试求来自总体 X 的样本$(X_1,X_2,\cdots,X_n)$的联合概率密度函数.

9.3　统计量与抽样分布

9.3.1　统计量的概念

样本来自于总体，是总体的反映，但实际上我们不是直接利用样本进行推断，而是需要对样本进行适当的加工与提炼，将分散在样本中的总体信息浓缩集中起来，这在数理统计中常常是借助于构造适当的样本函数 —— 统计量来实现这一目的的.

定义 9.1　设$(X_1,X_2,\cdots,X_n)$是来自总体 X 的一个样本，$g(X_1, X_2,\cdots,X_n)$是样本函数，且 g 中不含有任何未知参数，则称 $g(X_1,X_2,\cdots, X_n)$是一个**统计量**.

注　(ⅰ) 样本是随机变量，而统计量是样本的函数，故统计量是随机变量的函数，也说明统计量 $g(X_1,X_2,\cdots,X_n)$也是随机变量，将统计量的分布称为**抽样分布**.

(ⅱ) 统计量中可以含有参数，但是不能含有未知参数.

例 9.1　设$(X_1,X_2,\cdots,X_n)$是来自总体 $X\sim N(\mu,\sigma^2)$的一个样本，其中 μ 已知，σ 未知，指出下列样本函数中哪些是统计量，哪些不是：

(1) $g_1(X_1,X_2,\cdots,X_n)=X_1+1$；

(2) $g_2(X_1,X_2,\cdots,X_n)=\max\{X_1,X_2,\cdots,X_n\}$；

(3) $g_3(X_1,X_2,\cdots,X_n)=\dfrac{1}{n}\sum_{i=1}^{n}(X_i-\mu)^2$；

(4) $g_4(X_1,X_2,\cdots,X_n)=\frac{1}{n}\sum_{i=1}^{n}\left(\frac{X_i-\mu}{\sigma}\right)^2$.

解 统计量是不含未知参数的样本函数，故(1),(2),(3) 均是统计量，而(4) 不是统计量，因为含有未知参数 σ.

下面列出几个常用的统计量.

设$(X_1,X_2,\cdots,X_n)$是来自总体 X 的一个样本，$(x_1,x_2,\cdots,x_n)$是该样本的观察值，定义以下统计量：

样本平均值(均值) $\overline{X}=\frac{1}{n}\sum_{i=1}^{n}X_i$；

样本方差 $S^2=\frac{1}{n-1}\sum_{i=1}^{n}(X_i-\overline{X})^2=\frac{1}{n-1}\left(\sum_{i=1}^{n}X_i^2-n\overline{X}^2\right)$；

样本标准差

$$S=\sqrt{S^2}=\sqrt{\frac{1}{n-1}\sum_{i=1}^{n}(X_i-\overline{X})^2}=\sqrt{\frac{1}{n-1}\left(\sum_{i=1}^{n}X_i^2-n\overline{X}^2\right)};$$

样本 k 阶(原点)矩 $A_k=\frac{1}{n}\sum_{i=1}^{n}X_i^k \quad (k=1,2,\cdots)$；

样本 k 阶中心矩 $B_k=\frac{1}{n}\sum_{i=1}^{n}(X_i-\overline{X})^k \quad (k=1,2,\cdots)$.

它们的观察值分别为

$$\overline{x}=\frac{1}{n}\sum_{i=1}^{n}x_i;$$

$$s^2=\frac{1}{n-1}\sum_{i=1}^{n}(x_i-\overline{x})^2=\frac{1}{n-1}\left(\sum_{i=1}^{n}x_i^2-n\overline{x}^2\right);$$

$$s=\sqrt{\frac{1}{n-1}\sum_{i=1}^{n}(x_i-\overline{x})^2};$$

$$a_k=\frac{1}{n}\sum_{i=1}^{n}x_i^k \quad (k=1,2,\cdots);$$

$$b_k=\frac{1}{n}\sum_{i=1}^{n}(x_i-\overline{x})^k \quad (k=1,2,\cdots).$$

这些观察值仍分别称为**样本均值**、**样本方差**、**样本标准差**、**样本 k 阶(原点)矩**、**样本 k 阶中心矩**. 以上这些统计量统称为**样本矩**.

例 9.2 从某工厂的产品中随机抽取 5 只产品，测得其直径分别为(单位:mm)：97，104，102，99，103.

(1) 写出总体、样本、样本容量.

(2) 求样本观察值的均值、方差.

解 (1) 总体为该工厂生产的所有产品，样本为(X_1,X_2,X_3,X_4,X_5)，样本值为(97,104,102,99,103)，样本容量为 5.

(2) 样本均值为

$$\overline{x}=\frac{1}{n}\sum_{i=1}^{n}x_i=\frac{1}{5}(97+104+102+99+103)=101,$$

样本方差为

$$s^2=\frac{1}{n-1}\sum_{i=1}^{n}(x_i-\overline{x})^2=\frac{1}{4}(4^2+3^2+1^2+2^2+2^2)=8.5.$$

设总体 X 的分布函数为$F(x)$，类似定义**总体的 k 阶(原点)矩**、**k 阶中心矩**(假设其存在)如下：

$$\mu_k=E(X^k),\quad v_k=E((X-E(X))^k).$$

将其统称为**总体矩**.

需要指明的是，由辛钦大数定律，当总体 X 的 k 阶矩存在时，样本的 k 阶矩必依概率收敛于总体的 k 阶矩. 这也是下一章所要介绍的矩法估计的理论依据.

事实上，若总体 X 的 k 阶矩 $\mu_k=E(X^k)$ 存在，样本的 k 阶矩

$$A_k=\frac{1}{n}\sum_{i=1}^{n}X_i{}^k,$$

由于 $X_1,X_2,\cdots,X_n$ 是独立同分布总体 X 的分布，故 $X_1{}^k,X_2{}^k,\cdots,X_n{}^k$ 独立同分布于 X^k 的分布，由辛钦大数定律，对任意的 $\varepsilon>0$，有

$$\lim_{n\to\infty}P(|A_k-\mu_k|<\varepsilon)=1,$$

即 A_k 依概率收敛于 μ_k.

定理 9.1 设$(X_1,X_2,\cdots,X_n)$是来自总体 X 的一个样本. 若 X 的二阶矩存在，且 $E(X)=\mu$，$D(X)=\sigma^2$，则 $E(\overline{X})=\mu$，$D(\overline{X})=\frac{\sigma^2}{n}$.

证 由已知条件，有 $E(X_i)=\mu$，$D(X_i)=\sigma^2$，$i=1,2,\cdots,n$. 根据期望和方差的性质，得

$$E(\overline{X})=E\left(\frac{\sum_{i=1}^{n}X_i}{n}\right)=\frac{1}{n}\sum_{i=1}^{n}E(X_i)=\frac{1}{n}\sum_{i=1}^{n}E(X_i)$$

$$=\frac{1}{n}\sum_{i=1}^{n}\mu=\frac{1}{n}\cdot n\mu=\mu,$$

$$D(\overline{X})=D\left(\frac{\sum_{i=1}^{n}X_i}{n}\right)=\frac{1}{n^2}\sum_{i=1}^{n}D(X_i)=\frac{1}{n^2}\sum_{i=1}^{n}D(X_i)$$
$$=\frac{1}{n^2}\sum_{i=1}^{n}\sigma^2=\frac{1}{n^2}\cdot n\sigma^2=\frac{\sigma^2}{n}.$$ □

9.3.2 三大抽样分布

统计量是我们为获得总体信息而进行统计推断的重要基本概念，在使用统计量进行推断时常常需要知道其分布，然而求统计量的精确分布一般来说是困难的，但在实际问题中，大多的总体是服从正态分布的，本节就介绍来自正态总体的几个常用统计量的分布.

1. χ^2 分布

设$(X_1,X_2,\cdots,X_n)$是来自总体 $X\sim N(0,1)$ 的一个样本，则称统计量

$$\chi^2=X_1{}^2+X_2{}^2+\cdots+X_n{}^2$$

服从**自由度为** n **的** χ^2 **分布**，记为 $\chi^2\sim\chi^2(n)$. 这里自由度 n 指的是独立随机变量的个数.

$\chi^2(n)$ 分布的概率密度函数为

$$f(x)=\begin{cases}\dfrac{1}{2^{\frac{n}{2}}\Gamma\left(\dfrac{n}{2}\right)}x^{\frac{n}{2}-1}\mathrm{e}^{-\frac{x}{2}}, & x>0,\\ 0, & x\leqslant 0,\end{cases}$$

其中 $\Gamma(s)$ 是 Γ 函数，定义 $\Gamma(s)=\int_0^{+\infty}x^{s-1}\mathrm{e}^{-x}\,\mathrm{d}x$.

$\chi^2(n)$ 分布的概率密度曲线如图 9-1 所示.

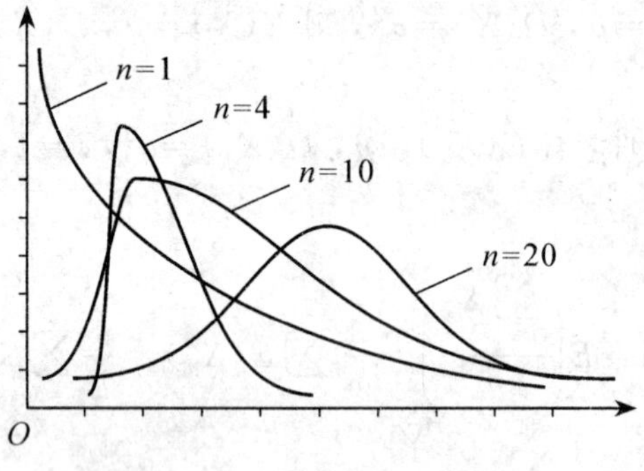

图 9-1

$\chi^2(n)$ 分布的性质和特点：

(1) $\chi^2(n)$ 分布的概率密度曲线形状与 n 有关，通常为不对称的右偏分布，但随着 n 的增大而逐渐趋于对称.

(2) 若 $\chi^2 \sim \chi^2(n)$，则 $E(\chi^2)=n$，$D(\chi^2)=2n$.

这是因为 $X_i \sim N(0,1)$，$i=1,2,\cdots,n$，故 $E(X_i)=0$，$D(X_i)=1$，而 $D(X_i)=E(X_i^2)-(E(X_i))^2$，所以 $E(X_i^2)=1$，

$$D(X_i^2)=E(X_i^4)-(E(X_i^2))^2=\frac{1}{\sqrt{2\pi}}\int_{-\infty}^{+\infty}x^4\mathrm{e}^{-\frac{x^2}{2}}\mathrm{d}x-1^2$$

$$=3-1=2.$$

再由 X_i 的独立性，可知 X_i^2 也是独立的($i=1,2,\cdots,n$)，于是

$$E(\chi^2)=E\left(\sum_{i=1}^{n}X_i^2\right)=\sum_{i=1}^{n}E(X_i^2)=n,$$

$$D(\chi^2)=D\left(\sum_{i=1}^{n}X_i^2\right)=\sum_{i=1}^{n}D(X_i^2)=2n.$$

(3) 若 $\chi_1^2 \sim \chi^2(n_1)$，$\chi_2^2 \sim \chi^2(n_2)$，且 χ_1^2,χ_2^2 相互独立，则

$$\chi_1^2+\chi_2^2 \sim \chi^2(n_1+n_2).$$

这一结果可以推广到有限个 χ^2 分布和的分布.

例 9.3 设$(X_1,X_2,\cdots,X_n)$是来自总体 $X \sim N(\mu,\sigma^2)$ 的一个样本，求 $\left(\frac{X_1-\mu}{\sigma}\right)^2+\left(\frac{X_2-\mu}{\sigma}\right)^2+\left(\frac{X_3-\mu}{\sigma}\right)^2$ 的分布.

解 由题意，知 X_i 相互独立，且 $X_i \sim N(\mu,\sigma^2)$，$i=1,2,3$，于是 $\frac{X_i-\mu}{\sigma}$ 也相互独立，且 $\frac{X_i-\mu}{\sigma} \sim N(0,1)$，$i=1,2,3$. 由 χ^2 分布的定义，得

$$\left(\frac{X_1-\mu}{\sigma}\right)^2+\left(\frac{X_2-\mu}{\sigma}\right)^2+\left(\frac{X_3-\mu}{\sigma}\right)^2 \sim \chi^2(3).$$

定义 9.2 若随机变量 $\chi^2 \sim \chi^2(n)$，对于给定的正数 α ($0<\alpha<1$)，称满足条件

$$P(\chi^2 \geqslant \chi_\alpha^2(n))=\int_{\chi_\alpha^2(n)}^{+\infty}f(x)\mathrm{d}x=\alpha$$

的点 $\chi_\alpha^2(n)$ 为 $\chi^2(n)$ **分布的上 α 分位点**. 如图 9-2 所示.

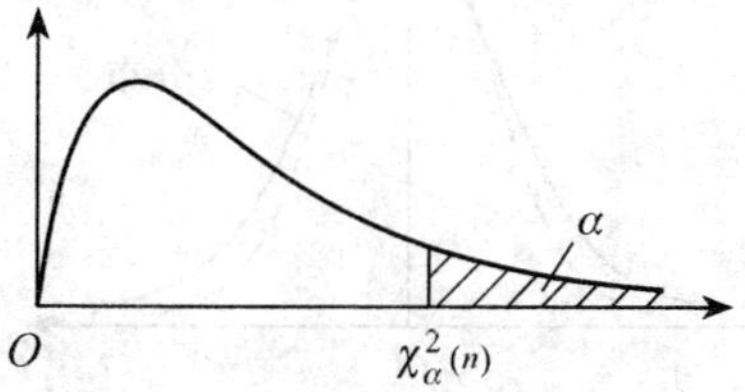

图 9-2

对于不同的 α,n，上 α 分位点

$\chi_{\alpha}^{2}(n)$ 可以查表，见附表 3，如 $\chi_{0.1}^{2}(25)=34.382$.

2. t 分布

设 $X \sim N(0,1)$，$Y \sim \chi^{2}(n)$，且 X 与 Y 相互独立，则称随机变量

$$T=\frac{X}{\sqrt{Y/n}}$$

服从**自由度为 n 的 t 分布**，记为 $T \sim t(n)$.

t 分布又称为学生氏(student) 分布，t 分布的概率密度函数为

$$f(t)=\frac{\Gamma\left(\frac{n+1}{2}\right)}{\sqrt{n\pi}\,\Gamma\left(\frac{n}{2}\right)}\left(1+\frac{t^{2}}{n}\right)^{-\frac{n+1}{2}},\quad -\infty<t<+\infty.$$

t 分布的概率密度曲线如图 9-3 所示.

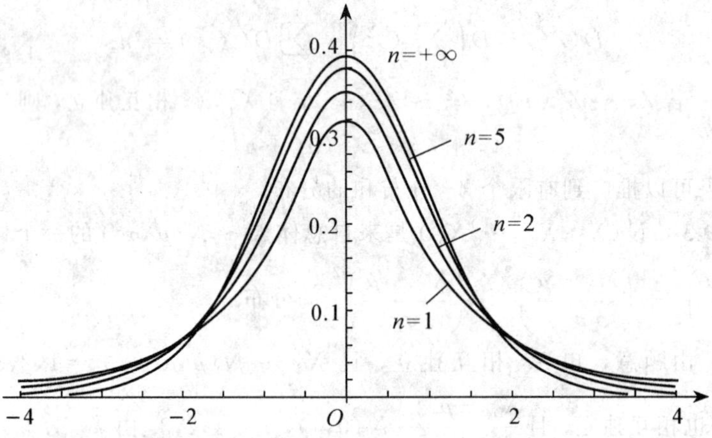

图 9-3

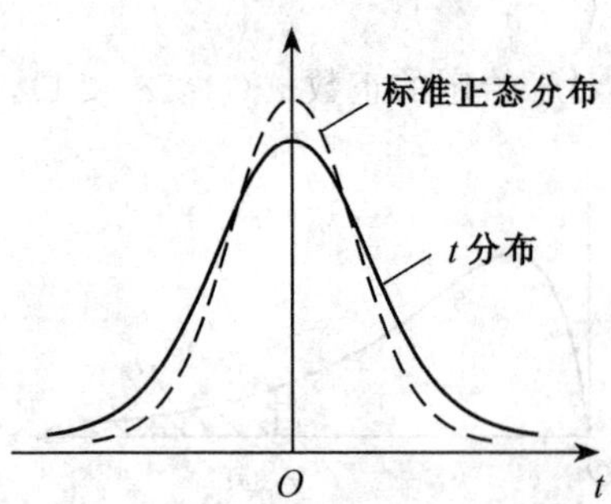

图 9-4

t 分布的性质：

(1) t 分布是类似正态分布的一种对称分布，$f(t)$ 关于 $t=0$ 对称，但它通常比正态分布平坦和分散，自由度为 1 的分布称为柯西分布，随着自由度增大，t 分布越来越接近 $N(0,1)$，实际应用中，当 $n \geqslant 30$ 时，t 分布与 $N(0,1)$ 就非常接近. 如图 9-4 所示.

(2) t 分布一般只用于小样本问题.

(3) 若 $T \sim t(n)$，则

$$E(T)=0\quad(n>1),\quad D(T)=\frac{n}{n-2}\quad(n>2).$$

定义 9.3 若随机变量 $T \sim t(n)$，对于给定的正数 α $(0<\alpha<1)$，称满足条件

$$P(T \geqslant t_\alpha(n))=\int_{t_\alpha(n)}^{+\infty} f(t)\mathrm{d}t=\alpha$$

的点 $t_\alpha(n)$ 为 **t 分布的上 α 分位点**. 如图 9-5 所示.

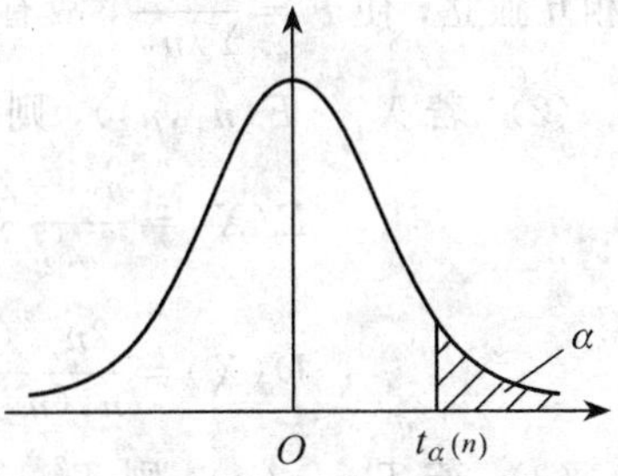

图 9-5

对于不同的 α, n，上 α 分位点 $t_\alpha(n)$ 可以查表，见附表 4，如 $t_{0.05}(9)=1.833$.

由 t 分布上 α 分位点的定义及 $f(t)$ 关于 $t=0$ 对称，得

$$t_\alpha(n)=-t_{1-\alpha}(n).$$

3. F 分布

设 $X \sim \chi^2(n_1)$，$Y \sim \chi^2(n_2)$，且 X 与 Y 相互独立，则称随机变量

$$F=\frac{X/n_1}{Y/n_2}$$

服从**第一自由度为 n_1、第二自由度为 n_2 的 F 分布**，记为 $F \sim F(n_1,n_2)$.

F 分布的概率密度函数为

$$f(x)=\begin{cases}\dfrac{\Gamma\left(\dfrac{n_1+n_2}{2}\right)}{\Gamma\left(\dfrac{n_1}{2}\right)\Gamma\left(\dfrac{n_2}{2}\right)\left(1+\dfrac{n_1}{n_2}x\right)^{\frac{n_1+n_2}{2}}}\left(\dfrac{n_1}{n_2}\right)^{\frac{n_1}{2}} x^{\frac{n_1}{2}-1}, & x>0,\\ 0, & x \leqslant 0.\end{cases}$$

F 分布的概率密度曲线如图 9-6 所示.

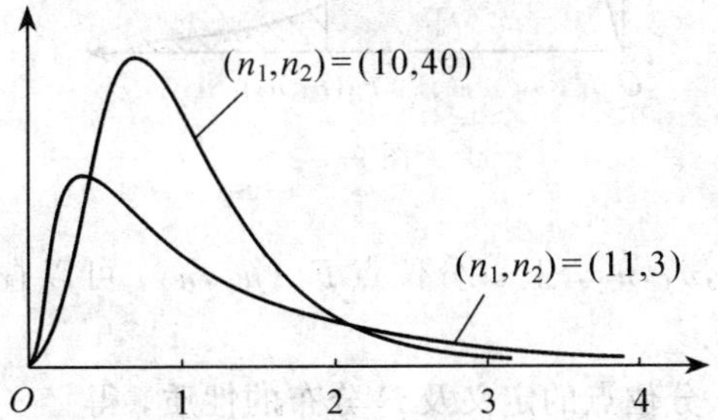

图 9-6

F 分布的性质：

(1) 若 $F \sim F(n_1,n_2)$，则$\frac{1}{F} \sim F(n_2,n_1)$.

这是因为由 F 分布的构造，知存在 $X \sim \chi^2(n_1)$，$Y \sim \chi^2(n_2)$，且 X 与 Y 相互独立，使 $F=\frac{X/n_1}{Y/n_2}$，故有$\frac{1}{F}=\frac{Y/n_2}{X/n_1} \sim F(n_2,n_1)$.

(2) 若 $X \sim F(n_1,n_2)$，则

$$E(X)=\frac{n_2-2}{n_2} \quad (n_2>2),$$

$$D(X)=\frac{2{n_2}^2(n_1+n_2-2)}{n_1(n_2-2)(n_2-4)} \quad (n_2>4).$$

(3) 若 $T \sim t(n)$，则 $T^2 \sim F(1,n)$.

这是因为由 t 分布的构造，知存在 $X \sim N(0,1)$，$Y \sim \chi^2(n)$，且 X 与 Y 相互独立，使 $T=\frac{X}{\sqrt{Y/n}}$，于是

$$T^2=\left(\frac{X}{\sqrt{Y/n}}\right)^2=\frac{X^2/1}{Y/n}.$$

而 $X \sim N(0,1)$，得 $X^2 \sim \chi^2(1)$，故由 F 分布的构造，知 $T^2 \sim F(1,n)$.

定义 9.4 若随机变量 $F \sim F(n_1,n_2)$，对于给定的正数 α $(0<\alpha<1)$，称满足条件

$$P(F \geqslant F_\alpha(n_1,n_2))=\int_{F_\alpha(n_1,n_2)}^{+\infty} f(t)\,\mathrm{d}t=\alpha$$

的点 $F_\alpha(n_1,n_2)$ 为 $F(n_1,n_2)$ **分布的上 α 分位点**. 如图 9-7 所示.

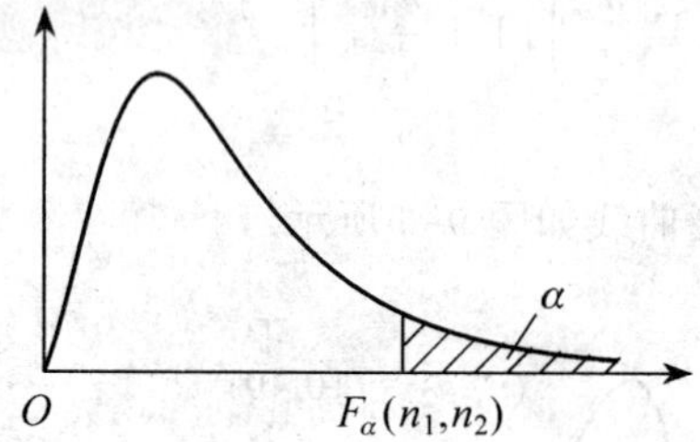

图 9-7

对于不同的 α,n_1,n_2，上 α 分位点 $F_\alpha(n_1,n_2)$ 可以查表，见附表 5，如 $F_{0.05}(12,9)=2.80$.

由 F 分布上 α 分位点的定义及 F 分布的性质，得

$$F_{1-\alpha}(n_1,n_2)=\frac{1}{F_\alpha(n_2,n_1)}.$$

事实上，

$$1-\alpha=P(F\geqslant F_{1-\alpha}(n_1,n_2))=P\left(\frac{1}{F}\leqslant\frac{1}{F_{1-\alpha}(n_1,n_2)}\right)$$

$$=1-P\left(\frac{1}{F}\geqslant\frac{1}{F_{1-\alpha}(n_1,n_2)}\right),$$

故 $\alpha=P\left(\frac{1}{F}\geqslant\frac{1}{F_{1-\alpha}(n_1,n_2)}\right)$. 而$\frac{1}{F}\sim F(n_2,n_1)$，即得到

$$P\left(\frac{1}{F}\geqslant F_\alpha(n_2,n_1)\right)=\alpha,$$

故 $F_{1-\alpha}(n_1,n_2)=\frac{1}{F_\alpha(n_2,n_1)}$.

9.3.3 正态总体样本均值与方差的分布

由于正态分布在数理统计中应用相当普遍，我们现在讨论总体为正态分布时的样本均值和方差的分布.

定理 9.2 设$(X_1,X_2,\cdots,X_n)$是来自正态总体$X\sim N(\mu,\sigma^2)$的一个样本，其样本均值为$\overline{X}=\frac{1}{n}\sum_{i=1}^{n}X_i$，样本方差为$S^2=\frac{1}{n-1}\sum_{i=1}^{n}(X_i-\overline{X})^2$，则

(1) $\overline{X}\sim N\left(\mu,\frac{\sigma^2}{n}\right)$；

(2) $\frac{\overline{X}-\mu}{\sigma/\sqrt{n}}\sim N(0,1)$；

(3) 样本均值$\overline{X}$与样本方差S^2相互独立；

(4) 统计量$\chi^2=\frac{(n-1)S^2}{\sigma^2}$服从自由度为$n-1$的$\chi^2$分布，即

$$\chi^2=\frac{(n-1)S^2}{\sigma^2}\sim\chi^2(n-1).$$

由定理 9.2 和三大抽样分布定义，不难推出下面结论：

推论 1 设$(X_1,X_2,\cdots,X_n)$是来自正态总体$X\sim N(\mu,\sigma^2)$的一个样本，则统计量$t=\frac{\overline{X}-\mu}{S/\sqrt{n}}$服从自由度为$n-1$的$t$分布，即$t=\frac{\overline{X}-\mu}{S/\sqrt{n}}\sim t(n-1)$.

证 由定理 9.2，知统计量

$$u=\frac{\overline{X}-\mu}{\sigma/\sqrt{n}}\sim N(0,1),\quad \chi^2=\frac{(n-1)S^2}{\sigma^2}\sim\chi^2(n-1),$$

且 $\overline{X}$ 与 S^2 相互独立，所以 u 与 χ^2 也相互独立，且

$$\frac{u}{\sqrt{\chi^2/(n-1)}}=\frac{(\overline{X}-\mu)/(\sigma/\sqrt{n})}{S/\sigma}=\frac{\overline{X}-\mu}{S/\sqrt{n}}\sim t(n-1). \qquad \square$$

推论 2 设 $(X_1,X_2,\cdots,X_{n_1})$ 与 $(Y_1,Y_2,\cdots,Y_{n_2})$ 是分别来自正态总体 $N(\mu_1,\sigma^2)$ 及 $N(\mu_2,\sigma^2)$ 的样本，并且这两个样本相互独立，则统计量

$$T=\frac{(\overline{X}-\overline{Y})-(\mu_1-\mu_2)}{S_\omega\sqrt{\dfrac{1}{n_1}+\dfrac{1}{n_2}}}\sim t(n_1+n_2-2),$$

其中 $S_\omega=\sqrt{\dfrac{(n_1-1)S_1{}^2+(n_2-1)S_2{}^2}{n_1+n_2-2}}$.

证 由定理 9.2，$\overline{X}\sim N\left(\mu_1,\dfrac{\sigma^2}{n_1}\right)$，$\overline{Y}\sim N\left(\mu_2,\dfrac{\sigma^2}{n_2}\right)$，于是 $E(\overline{X})=\mu_1$，$E(\overline{Y})=\mu_2$，$D(\overline{X})=\dfrac{\sigma^2}{n_1}$，$D(\overline{Y})=\dfrac{\sigma^2}{n_2}$，因此

$$E(\overline{X}-\overline{Y})=E(\overline{X})-E(\overline{Y})=\mu_1-\mu_2,$$

$$D(\overline{X}-\overline{Y})=D(\overline{X})+D(\overline{Y})=\frac{\sigma^2}{n_1}+\frac{\sigma^2}{n_2}=\left(\frac{1}{n_1}+\frac{1}{n_2}\right)\sigma^2,$$

故 $U=\dfrac{(\overline{X}-\overline{Y})-(\mu_1-\mu_2)}{\sigma\sqrt{\dfrac{1}{n_1}+\dfrac{1}{n_2}}}\sim N(0,1)$.

由定理 9.2 知

$$\frac{(n_1-1)S_1{}^2}{\sigma^2}\sim\chi^2(n_1-1),\quad \frac{(n_2-1)S_2{}^2}{\sigma^2}\sim\chi^2(n_2-1).$$

因为 $S_1{}^2$ 与 $S_2{}^2$ 相互独立，由 χ^2 分布的可加性知

$$V=\frac{(n_1-1)S_1{}^2+(n_2-1)S_2{}^2}{\sigma^2}\sim\chi^2(n_1+n_2-2).$$

由于 U 和 V 相互独立，所以由 t 分布的定义，得

$$T=\frac{U}{\sqrt{\dfrac{V}{n_1+n_2-2}}}=\frac{\dfrac{(\overline{X}-\overline{Y})-(\mu_1-\mu_2)}{\sigma\sqrt{\dfrac{1}{n_1}+\dfrac{1}{n_2}}}}{\dfrac{1}{\sigma}\sqrt{\dfrac{(n_1-1)S_1{}^2+(n_2-1)S_2{}^2}{n_1+n_2-2}}}$$

$$=\frac{(\overline{X}-\overline{Y})-(\mu_1-\mu_2)}{S_w\sqrt{\frac{1}{n_1}+\frac{1}{n_2}}}\sim t(n_1+n_2-2).\quad\square$$

推论 3 设$(X_1,X_2,\cdots,X_{n_1})$与$(Y_1,Y_2,\cdots,Y_{n_2})$是分别来自正态总体$N(\mu_1,{\sigma_1}^2)$及$N(\mu_2,{\sigma_2}^2)$的样本，并且这两个样本相互独立，则统计量$F=\frac{{S_1}^2/{\sigma_1}^2}{{S_2}^2/{\sigma_2}^2}$服从自由度为$(n_1-1,n_2-1)$的$F$分布，即

$$F=\frac{{S_1}^2/{\sigma_1}^2}{{S_2}^2/{\sigma_2}^2}\sim F(n_1-1,n_2-1).$$

证 由定理 9.2 知

$$\frac{(n_1-1){S_1}^2}{{\sigma_1}^2}\sim\chi^2(n_1-1),\quad \frac{(n_2-1){S_1}^2}{{\sigma_2}^2}\sim\chi^2(n_2-1).$$

由F分布的定义，得

$$F=\frac{\frac{(n_1-1){S_1}^2}{{\sigma_1}^2}\Big/(n_1-1)}{\frac{(n_2-1){S_2}^2}{{\sigma_2}^2}\Big/(n_2-1)}=\frac{{S_1}^2/{\sigma_1}^2}{{S_2}^2/{\sigma_2}^2}\sim F(n_1-1,n_2-1).\quad\square$$

例 9.4 已知总体$X\sim N(52,6.3^2)$，样本容量$n=36$.

(1) 求样本均值$\overline{X}$落在(50.8,53.8)内的概率.

(2) 若要以 99% 以上的概率保证$|\overline{X}-52|<2$，问样本容量至少要取多大？

解 (1) $X\sim N(52,6.3^2)$，于是

$$\overline{X}\sim N\left(52,\frac{6.3^2}{n}\right),$$

即$\overline{X}\sim N(52,1.05^2)$，所求概率为

$$\begin{aligned}P(50.8<\overline{X}<53.8)&=\Phi\left(\frac{53.8-52}{1.05}\right)-\Phi\left(\frac{50.8-52}{1.05}\right)\\&=\Phi(1.714)-\Phi(-1.143)\\&=0.956\,8-(1-0.873\,5)\\&=0.830\,3.\end{aligned}$$

(2) 设所求样本容量为n，则$\overline{X}\sim N\left(52,\frac{6.3^2}{n}\right)$，故要使

$$P(|\overline{X}-52|<2)=2\Phi\left(\frac{2\sqrt{n}}{6.3}\right)-1\geqslant 99\%,$$

则 $\Phi\left(\dfrac{2\sqrt{n}}{6.3}\right) \geqslant 0.995$. 查表得 $\dfrac{2\sqrt{n}}{6.3} \geqslant 2.58$，所以 $n \geqslant 66.05$.

故取 $n=67$ 可保证 $P(|\overline{X}-52|<2) \geqslant 99\%$.

习 题 9.3

1. 在某工厂生产的轴承中随机地选取 10 只，测得其重量(以 kg 计)为

2.36，2.42，2.38，2.34，2.40，2.42，2.39，2.43，2.39，2.37.

求样本均值、样本方差和样本标准差.

2. 设 $(X_1, X_2, \cdots, X_n)$ 是来自正态总体 $N(\mu, \sigma^2)$ 中的一个样本，其中 μ 已知，σ^2 是未知参数，判断下列哪些是统计量：

(1) $T_1 = \dfrac{1}{n}\sum\limits_{i=1}^{n}(X_i-\mu)^2$；

(2) $T_1 = \dfrac{1}{n}\sum\limits_{i=1}^{n}(X_i-\overline{X})^2$；

(3) $T_1 = \dfrac{1}{n}\sum\limits_{i=1}^{n}\left(\dfrac{X_i-\overline{X}}{\sigma}\right)^2$.

3. 设总体 $X \sim N(60, 15^2)$，从总体中抽取容量为 100 的样本，求样本均值与总体均值之差的绝对值大于 3 的概率.

4. 已知 $X \sim t(n)$，证明：$X^2 \sim F(1, n)$.

总习题九

1. 填空题

(1) 设总体 $X \sim B(1, p)$，则来自总体 X 的样本 $(X_1, X_2, \cdots, X_n)$ 的联合分布列为________.

(2) 设随机变量 $F \sim F(n_1, n_2)$，则 $\dfrac{1}{F} \sim$________.

(3) 设 $(X_1, X_2, \cdots, X_n)$ 为来自总体 $X \sim N(\mu, \sigma^2)$ 的样本，则 $\sum\limits_{i=1}^{20}\dfrac{(X_i-\mu)^2}{\sigma^2}$ 服从参数为________的 χ^2 分布.

(4) 当随机变量 $F \sim F(m, n)$ 时，对给定的 α $(0<\alpha<1)$，$P(F>F_\alpha(m, n))=\alpha$. 若 $F \sim F(10, 5)$，则 $P\left(F<\dfrac{1}{F_{0.95}(5, 10)}\right)=$________.

(5) 设随机变量 $X \sim N(\mu, 2^2)$，$Y \sim \chi^2(n)$，$T=\dfrac{X-\mu}{2\sqrt{Y}}\sqrt{n}$，则 T 服从

自由度为________的 t 分布.

2. 选择题

(1) 设总体 X 的分布律为 $P(X=1)=p$, $P(X=0)=1-p$, 其中 $0<p<1$. 设 $X_1,X_2,\cdots,X_n$ 为来自总体的样本, 则样本均值 $\overline{X}$ 的标准差为(　　).

(A) $\sqrt{\dfrac{p(1-p)}{n}}$　　(B) $\dfrac{p(1-p)}{n}$

(C) $\sqrt{np(1-p)}$　　(D) $np(1-p)$

(2) 设随机变量 $X\sim N(0,1)$, $Y\sim N(0,1)$, 且 X 与 Y 相互独立, 则 $X^2+Y^2\sim$(　　).

(A) $N(0,2)$　　(B) $\chi^2(2)$

(C) $t(2)$　　(D) $F(1,1)$

(3) 记 $F_{1-\alpha}(m,n)$ 为自由度 m 与 n 的 F 分布的 $1-\alpha$ 分位数, 则有(　　).

(A) $F_\alpha(n,m)=\dfrac{1}{F_{1-\alpha}(m,n)}$　　(B) $F_{1-\alpha}(n,m)=\dfrac{1}{F_{1-\alpha}(m,n)}$

(C) $F_\alpha(n,m)=\dfrac{1}{F_\alpha(m,n)}$　　(D) $F_\alpha(n,m)=\dfrac{1}{F_{1-\alpha}(n,m)}$

(4) 设 $X_1,X_2,\cdots,X_n$ 为来自正态总体 $X\sim N(\mu,\sigma^2)$ 的样本, 记 $S^2=\dfrac{1}{n-1}\sum\limits_{i=1}^{n}(X_i-\overline{X})^2$, 则下列选项中正确的是(　　).

(A) $\dfrac{(n-1)S^2}{\sigma^2}\sim\chi^2(n-1)$　　(B) $\dfrac{(n-1)S^2}{\sigma^2}\sim\chi^2(n)$

(C) $(n-1)S^2\sim\chi^2(n-1)$　　(D) $\dfrac{S^2}{\sigma^2}\sim\chi^2(n-1)$

3. 从某工人的产品中随机抽取 5 只产品, 测得其直径分别为(单位: mm) 13.70, 13.15, 13.08, 13.11, 13.11.

(1) 写出总体、样本、样本值、样本容量.

(2) 求样本观测值的均值、样本方差、样本二阶中心矩.

4. 设有 N 件产品, 其中有 M 件次品, 其余为正品. 现进行有放回抽样, 定义

$$X_i=\begin{cases}1, & \text{第 } i \text{ 次取到次品},\\ 0, & \text{第 } i \text{ 次取到正品},\end{cases}$$

求样本 $(X_1,X_2,\cdots,X_n)$ 的分布.

5. 设总体 $X\sim N(\mu,\sigma^2)$, 试求来自总体 X 的样本 $(X_1,X_2,\cdots,X_n)$ 的

联合概率密度.

6. 什么是统计量？若 X_1, X_2 是服从正态总体 $N(\mu, \sigma^2)$ 中抽取的样本，其中 μ 和 σ^2 是未知参数，判断下列哪些是统计量：

(1) $X_1 + X_2$；　　(2) $X_1 + 2\mu$；

(3) $X_1{}^2 + X_2{}^2$；　　(4) $\frac{1}{2}X_1 + \sigma^2$.

7. 设总体 $X \sim N(0,1)$，$(X_1, X_2, \cdots, X_n)$ 是来自总体 X 的样本. 令

$$Y = a(X_1 + X_2 + X_3)^2 + b(X_4 + X_5)^2,$$

试求常数 a, b，使随机变量 Y 服从 χ^2 分布.

8. 从正态总体 $N(4.2, 5^2)$ 中抽取样本容量为 n 的样本，若要求其样本均值位于区间(2.2,6.2)内的概率不小于0.95，则样本容量 n 至少取多大？

9. 设总体 $X \sim N(\mu, 4^2)$，$X_1, X_2, \cdots, X_{10}$ 是来自总体 X 的一个容量为10的简单随机样本，S^2 为其样本方差，且 $P(S^2 > a) = 0.1$，求 a 的值.

10. 设 $X_1, X_2, \cdots, X_n$ 是来自总体 X 的一个样本，在下列情况下分别求 $E(\overline{X}), D(\overline{X}), E(S^2)$：

(1) $X \sim B(n, p)$；　　(2) $X \sim E(\lambda)$；

(3) $X \sim U(0, 2\theta)$.

第十章 参数估计

数理统计的基本问题就是根据样本所提供的信息，对总体的分布及分布的数字特征等作出统计推断. 一般而言分为两类内容：一是参数估计问题，另一类是假设检验问题. 本章我们讨论参数估计问题，在这类问题中，假定总体分布形式或分布类型已知但其分布函数中含有未知参数. 设有一个统计总体，总体的分布函数为$F(X,\theta)$，其中θ为未知参数，现从该总体中抽取样本$X_1,X_2,\cdots,X_n$，依据该样本对参数θ作出推断，也就是对总体分布作出推断，这类问题称为**参数估计问题**. 参数估计有点估计和区间估计两种形式，下面分别来介绍.

10.1 参数的点估计

设总体X的分布函数形式已知，但其中有一个或多个未知参数θ，借助于总体X的一组样本$X_1,X_2,\cdots,X_n$，构造一个适当的统计量$\hat{\theta}(X_1,X_2,\cdots,X_n)$来估计总体未知参数的问题称为**点估计问题**. $\hat{\theta}(X_1,X_2,\cdots,X_n)$称为**未知参数$\theta$的估计量**，用它的观察值$\hat{\theta}(x_1,x_2,\cdots,x_n)$作为未知参数$\theta$的估计值. 估计量和估计值统称为**估计**，并简记为$\hat{\theta}$. 但必须注意，对于样本的不同观察值，估计值是不同的.

解决点估计问题，关键是要构造一个合适的统计量，下面介绍两种常用的点估计方法 —— 矩估计法和极大似然估计法.

10.1.1 矩估计法

在第八章由大数定律我们知道，样本矩依概率收敛于相应的总体矩，样本矩的连续函数依概率收敛于相应的总体矩的连续函数. 矩估计法是一种古老的估计方法，它是基于一种简单的"替换"思想建立起来的一种估计方法.

其基本思想是用样本矩估计相应的总体矩，用样本矩的连续函数来估计相应的总体矩的连续函数，从而得出参数估计，这种方法称为**矩估计法**.

若总体 X 的分布 $F(X,\theta)$ 已知，但分布函数中有 k 个未知参数 $\theta_1,\theta_2,\cdots,\theta_k$，设总体 X 的前 k 阶矩存在，则矩估计法的具体步骤如下：

(1) 求出 $\mu_l=E(X^l)=\mu(\theta_1,\theta_2,\cdots,\theta_k)$，$l=1,2,\cdots,k$.

(2) 令 $\mu_l=A_l$，$A_l=\frac{1}{n}\sum_{i=1}^{n}{X_i}^l$，$l=1,2,\cdots,k$，这是一个包含 k 个未知数 $\theta_1,\theta_2,\cdots,\theta_k$ 的 k 个方程组成的方程组.

(3) 解出其中的 $\theta_1,\theta_2,\cdots,\theta_k$，用 $\hat{\theta}_1,\hat{\theta}_2,\cdots,\hat{\theta}_k$ 表示.

(4) 用方程组的 $\hat{\theta}_1,\hat{\theta}_2,\cdots,\hat{\theta}_k$ 分别作为 $\theta_1,\theta_2,\cdots,\theta_k$ 的估计量，这个估计量称为**矩估计量**.

例 10.1 设总体 X 的均值 μ 和方差 σ^2 都存在，$(X_1,X_2,\cdots,X_n)$ 是总体 X 的一组样本，试求 μ 和 σ^2 的矩估计量.

解 因为分布中有两个未知参数，故令

$$\begin{cases}\mu_1=E(X)=\mu=\overline{X},\\ \mu_2=E(X^2)=D(X)+(E(X))^2=\sigma^2+\mu^2=\frac{1}{n}\sum_{i=1}^{n}{X_i}^2,\end{cases}$$

解得

$$\begin{cases}\hat{\mu}=\overline{X},\\ \hat{\sigma}^2=\frac{1}{n}\sum_{i=1}^{n}{X_i}^2-\overline{X}^2.\end{cases}$$

从这里可以看出矩估计的优缺点：当总体分布类型未知时仍可对总体各阶矩进行估计，但分布类型已知时，未能充分利用总体分布提供的信息.

例 10.2 设总体 $X\sim P(\lambda)$，求参数 λ 的矩估计.

解 由于 $E(X)=\lambda$，根据矩估计得 $E(X)=\lambda=\overline{X}$，解得

$$\hat{\lambda}=\overline{X}=\frac{1}{n}\sum_{i=1}^{n}X_i.$$

例 10.3 设总体 $X\sim U[a,b]$，试求未知参数 a,b 的矩估计量.

解 因为分布中有两个未知参数，故令

$$\begin{cases}\mu_1=E(X)=\frac{a+b}{2}=\overline{X},\\ \mu_2=E(X^2)=D(X)+(E(X))^2=\frac{(b-a)^2}{12}+\left(\frac{a+b}{2}\right)^2=\frac{1}{n}\sum_{i=1}^{n}{X_i}^2,\end{cases}$$

解方程组得

$$\begin{cases}\hat{a}=\overline{X}-\sqrt{\dfrac{3}{n}\sum\limits_{i=1}^{n}(X_i-\overline{X})^2},\\ \hat{b}=\overline{X}-\sqrt{\dfrac{3}{n}\sum\limits_{i=1}^{n}(X_i-\overline{X})^2}.\end{cases}$$

定理 10.1（矩估计的不变估计） 设$\hat{\theta}$是θ的矩估计，$g(\theta)$是θ的连续函数，则$g(\theta)$的矩估计是$g(\hat{\theta})$.

例 10.4 设样本$X_1,X_2,\cdots,X_n$来自总体$X\sim N(\mu,\sigma^2)$，μ和σ^2均未知，求$p=P(X<1)$的矩估计.

解 对于正态分布，$E(X)=\mu$，$D(X)=\sigma^2$. 由例 10.1 知，均值和方差的矩估计量分别为

$$\hat{\mu}=\overline{X},\quad \hat{\sigma}^2=\frac{1}{n}\sum_{i=1}^{n}X_i{}^2-\overline{X}^2.$$

而$p=P(X<1)=\Phi\left(\dfrac{1-\mu}{\sigma}\right)$，故其矩估计为

$$\hat{p}=\Phi\left(\frac{1-\overline{X}}{\sqrt{\dfrac{1}{n}\sum\limits_{i=1}^{n}X_i{}^2-\overline{X}^2}}\right).$$

10.1.2 极大似然估计

当总体分布类型已知时，矩估计法未能充分利用总体分布提供的信息，这时常考虑用极大似然估计，极大似然估计常用 MLE 缩写，它是利用总体的分布密度或者概率分布的表达式及其样本所提供的信息求未知参数的估计量. 它的直观想法我们用下面例子说明：

设甲箱中有 99 个白球，1 个黑球；乙箱中有 1 个白球，99 个黑球.现随机取出一箱，再从抽取的一箱中随机取出一球，结果是黑球，这一黑球从乙箱抽取的概率比从甲箱抽取的概率大得多，这时我们自然更多地相信这个黑球是取自乙箱的.一般来说，事件A发生的概率与某一未知参数θ有关，θ取值不同，则事件A发生的概率$P(A|\theta)$也不同，当我们在一次试验中事件A发生了，则认为此时的θ值应是θ的一切可能取值中使$P(A|\theta)$达到最大的那一个，极大似然估计法就是要选取这样的θ值作为参数θ的估计值，使所选取的样本在被选的总体中出现的可能性最大.

下面分离散型与连续型总体两种场合来阐述极大似然估计法.

若总体 X 为离散型，其概率分布为

$$P(X=x)=p(x;\theta),$$

其中 θ 为未知参数，从总体中抽取样本容量为 n 的样本 $(X_1,X_2,\cdots,X_n)$ 的一组观察值为 $(x_1,x_2,\cdots,x_n)$，则 $(X_1,X_2,\cdots,X_n)$ 的联合分布律为

$$\prod_{i=1}^{n} p(x_i;\theta).$$

易知样本 $X_1,X_2,\cdots,X_n$ 取到观察值 $x_1,x_2,\cdots,x_n$ 的概率为 $\prod\limits_{i=1}^{n} p(x_i;\theta)$，定义似然函数为

$$L(\theta)=L(x_1,x_2,\cdots,x_n;\theta)=\prod_{i=1}^{n} p(x_i;\theta),$$

这是一组观察值为 $(x_1,x_2,\cdots,x_n)$ 的概率. 现在就是寻找这样的一组观察值 $(x_1,x_2,\cdots,x_n)$ 的函数 $\hat{\theta}=\hat{\theta}(x_1,x_2,\cdots,x_n)$，使似然函数

$$L(\hat{\theta})=\max L(\theta),$$

则 $\hat{\theta}(x_1,x_2,\cdots,x_n)$ 称为**参数 θ 的极大似然估计值**，其相应的统计量 $\hat{\theta}(X_1,X_2,\cdots,X_n)$ 称为 **θ 的极大似然估计量**.

若总体 X 为连续型，其概率密度函数为 $f(x;\theta)$，其中 θ 为未知参数，同样定义似然函数为

$$L(\theta)=L(x_1,x_2,\cdots,x_n;\theta)=\prod_{i=1}^{n} f(x_i;\theta).$$

若 $\hat{\theta}(X_1,X_2,\cdots,X_n)$ 使得

$$L(x_1,x_2,\cdots,x_n;\hat{\theta})=\max L(x_1,x_2,\cdots,x_n;\theta),$$

则 $\hat{\theta}(x_1,x_2,\cdots,x_n)$ 称为**参数 θ 的极大似然估计值**，其相应的统计量 $\hat{\theta}(X_1,X_2,\cdots,X_n)$ 称为 **θ 的极大似然估计量**.

问题是如何把参数 θ 的极大似然估计 $\hat{\theta}$ 求出，更多场合是利用 $L(\theta)$ 或 $\ln L(\theta)$ 在同一点处达到最大值，于是利用微分学知识转化为求解对数似然方程 $\dfrac{\mathrm{d}\ln L(\theta)}{\mathrm{d}\theta}=0$，求解此方程就可以得到参数 θ 的极大似然估计.

例 10.5 设总体 $X\sim P(\lambda)$，$x_1,x_2,\cdots,x_n$ 为一样本观察值，求参数 λ 的极大似然估计值.

解 似然函数为

$$\begin{aligned}L(\lambda)&=P(X_1=x_1,\ X_2=x_2,\ \cdots,\ X_n=x_n)\\&=P(X_1=x_1)P(X_2=x_2)\cdots P(X_n=x_n)\end{aligned}$$

$$=\prod_{i=1}^{n}P(X_i=x_i)=\prod_{i=1}^{n}\left(\frac{\lambda^{x_i}}{x_i\,!}\mathrm{e}^{-\lambda}\right)=\frac{\lambda^{\sum_{i=1}^{n}x_i}}{\prod_{i=1}^{n}x_i\,!}\mathrm{e}^{-n\lambda}.$$

取对数得

$$\ln L(\lambda)=\left(\sum_{i=1}^{n}x_i\right)\ln\lambda-n\lambda-\sum_{i=1}^{n}\ln(x_i\,!).$$

令$\dfrac{\mathrm{d}(\ln L(\lambda))}{\mathrm{d}\lambda}=\dfrac{1}{\lambda}\sum_{i=1}^{n}x_i-n=0$，解得$\lambda=\dfrac{1}{n}\sum_{i=1}^{n}x_i=\overline{x}$.

故参数 λ 的极大似然估计为$\hat{\lambda}=\overline{x}$.

例 10.6　设总体 $X\sim N(\mu,\sigma^2)$，$x_1,x_2,\cdots,x_n$ 为一组样本观察值，求参数 μ,σ^2 的极大似然估计量.

解　似然函数为

$$L(\mu,\sigma^2)=\prod_{i=1}^{n}\left(\frac{1}{\sqrt{2\pi}\,\sigma}\mathrm{e}^{-\frac{(x_i-\mu)2}{2\sigma 2}}\right)=\left(\frac{1}{\sqrt{2\pi}}\right)^n\sigma^{-n}\mathrm{e}^{-\frac{1}{2\sigma^2}\sum_{i=1}^{n}(x_i-\mu)^2}.$$

取对数得

$$\ln L(\mu,\sigma^2)=-n\ln\sqrt{2\pi}-\frac{n}{2}\ln\sigma^2-\frac{1}{2\sigma^2}\sum_{i=1}^{n}(x_i-\mu)^2.$$

令

$$\begin{cases}\dfrac{\partial\ln L(\mu,\sigma^2)}{\partial\mu}=\dfrac{1}{\sigma^2}\displaystyle\sum_{i=1}^{n}(x_i-\mu)=0,\\[2ex]\dfrac{\partial\ln L(\mu,\sigma^2)}{\partial\sigma^2}=-\dfrac{n}{2}\cdot\dfrac{1}{\sigma^2}+\dfrac{\displaystyle\sum_{i=1}^{n}(x_i-\mu)^2}{2(\sigma^2)^2}=0,\end{cases}$$

解得 μ,σ^2 的极大似然估计值为$\hat{\mu}=\overline{x}$，$\hat{\sigma}^2=\dfrac{1}{n}\sum_{i=1}^{n}(x_i-\overline{x})^2$.

故 μ,σ^2 的极大似然估计量为

$$\hat{\mu}=\overline{X},\quad \hat{\sigma}^2=\frac{1}{n}\sum_{i=1}^{n}(X_i-\overline{X})^2.$$

例 10.7　设总体 $X\sim U[0,\theta]$，$x_1,x_2,\cdots,x_n$ 为一样本观察值，试求未知参数 θ 的极大似然估计值.

解　似然函数为

$$L(\theta)=\prod_{i=1}^{n}f(x_i;\theta)=\begin{cases}\dfrac{1}{\theta^n}, & 0\leqslant x_1,x_2,\cdots,x_n\leqslant\theta,\\ 0, & \text{其他}.\end{cases}$$

θ 满足的约束条件是 $0 \leqslant x_1, x_2, \cdots, x_n \leqslant \theta$，即

$$\theta \geqslant \max\{x_1, x_2, \cdots, x_n\}.$$

注意到当 θ 越小时，$L(\theta)$ 越大，当 θ 取 $\max\{x_1, x_2, \cdots, x_n\}$ 时，$L(\theta)$ 达到最大，故 θ 的极大似然估计值为 $\hat{\theta} = \max\{x_1, x_2, \cdots, x_n\}$.

注 通过求解对数似然方程求最大值的方法并不是总有效的，因此求最大值问题要具体问题具体分析.

定理 10.2 (极大似然估计的不变估计) 设 $\hat{\theta}$ 是 θ 的极大似然估计，$g(\theta)$ 是 θ 的连续函数，则 $g(\theta)$ 的极大似然估计是 $g(\hat{\theta})$.

例 10.8 设样本 $X_1, X_2, \cdots, X_n$ 来自总体 $X \sim N(\mu, \sigma^2)$，μ 和 σ^2 均未知，求 $p = P(X < 1)$ 的估计.

解 由例题 10.1 知，μ, σ^2 的极大似然估计量为

$$\hat{\mu} = \overline{X}, \quad \hat{\sigma}^2 = \frac{1}{n}\sum_{i=1}^{n}(X_i - \overline{X})^2,$$

而 $p = P(X < 1) = \Phi\left(\dfrac{1-\mu}{\sigma}\right)$，故其极大似然估计为

$$\hat{p} = \Phi\left(\frac{1-\overline{X}}{\sqrt{\dfrac{1}{n}\sum_{i=1}^{n}(X_i - \overline{X})^2}}\right).$$

10.1.3 对点估计量的评价

对于同一参数，用不同的估计方法求出的点估计量可能不同，比如 θ 有两个点估计量 $\hat{\theta}_1$ 与 $\hat{\theta}_2$，那么哪一个点估计量好？ 好坏的标准是什么？ 下面介绍常用的衡量点估计量好坏的三个标准：无偏性，有效性，一致性.

1. 无偏性

设 $\hat{\theta} = \hat{\theta}(X_1, X_2, \cdots, X_n)$ 是未知参数 θ 的点估计量，若

$$E(\hat{\theta}) = \theta,$$

则称 $\hat{\theta}$ 是 θ 的**无偏估计**，否则称为**有偏估计**.

注 使用无偏估计 $\hat{\theta}$ 估计 θ 时，由于样本的随机性，$\hat{\theta}$ 与 θ 的偏差总是存在的，且时大时小，时正时负，只是把这些偏差平均起来其值为零，这说明无偏估计的实际意义是指无系统偏差，也说明无偏性标准只在取多组观察值重复估计时才有意义. 另外，若 $\hat{\theta}$ 是 θ 的无偏估计量，并不能保证 $f(\hat{\theta})$ 也是 $f(\theta)$ 的无偏估计量.

例 10.9　证明：样本均值 $\overline{X}$ 是总体均值 μ 的无偏估计，样本方差 S^2 是总体方差 σ^2 的无偏估计.

证　由定理 9.1 有 $E(\overline{X})=\mu$，$D(\overline{X})=\dfrac{\sigma^2}{n}$，故样本均值 $\overline{X}$ 是总体均值 μ 的无偏估计.

由于 $D(X_i)=D(X)=\sigma^2\ (i=1,2,\cdots,n)$，得

$$E(X_i^2)=D(X_i)+(E(X_i))^2=\sigma^2+\mu^2\quad(i=1,2,\cdots,n),$$

$$E(\overline{X}^2)=D(\overline{X})+(E(\overline{X}))^2=\frac{\sigma^2}{n}+\mu^2,$$

所以

$$\begin{aligned}E(S^2)&=E\left[\frac{1}{n-1}\sum_{i=1}^{n}(X_i-\overline{X})^2\right]=\frac{1}{n-1}E\left(\sum_{i=1}^{n}X_i^2-n\overline{X}^2\right)\\&=\frac{1}{n-1}\left(\sum_{i=1}^{n}E(X_i^2)-nE(\overline{X}^2)\right)\\&=\frac{1}{n-1}\left[n(\mu^2+\sigma^2)-n\left(\mu^2+\frac{\sigma^2}{n}\right)\right]\\&=\frac{1}{n-1}(n-1)\sigma^2=\sigma^2,\end{aligned}$$

故样本方差 S^2 是总体方差 σ^2 的无偏估计.

不同的估计方法，参数 θ 的无偏估计量往往不止一个，那如何进一步作出评价呢？为保证 $\hat{\theta}$ 尽可能与 θ 接近，自然要求 $\hat{\theta}$ 的方差越小越好.

2. 有效性

设 $\hat{\theta}_1=\hat{\theta}_1(X_1,X_2,\cdots,X_n)$，$\hat{\theta}_2=\hat{\theta}_2(X_1,X_2,\cdots,X_n)$ 是未知参数 θ 的无偏估计量. 若 $D(\hat{\theta}_1)\leqslant D(\hat{\theta}_2)$，则称 $\hat{\theta}_1$ 比 $\hat{\theta}_2$ **有效**.

例 10.10　设总体 X 的期望 μ 和方差 σ^2 均存在，$X_1,X_2,\cdots,X_n$ 是 X 的一个样本，试证明：μ 的估计量 $\hat{\mu}_1=\dfrac{1}{3}(X_1+X_2+X_3)$ 比 $\hat{\mu}_2=\dfrac{1}{2}(X_1+X_2)$ 更有效.

证　由于

$$\begin{aligned}E(\hat{\mu}_1)&=E\left[\frac{1}{3}(X_1+X_2+X_3)\right]=\frac{1}{3}(E(X_1)+E(X_2)+E(X_3))\\&=\frac{1}{3}\cdot 3\mu=\mu,\end{aligned}$$

$$E(\hat{\mu}_2)=E\left[\frac{1}{2}(X_1+X_2)\right]=\frac{1}{2}(E(X_1)+E(X_2))=\frac{1}{2}\cdot 2\mu=\mu,$$

故 $\hat{\mu}_1$ 与 $\hat{\mu}_2$ 都是 μ 的无偏估计量. 由于

$$D(\hat{\mu}_1)=D\left[\frac{1}{3}(X_1+X_2+X_3)\right]=\frac{1}{9}(D(X_1)+D(X_2)+D(X_3))$$
$$=\frac{1}{9}\cdot 3\sigma^2=\frac{\sigma^2}{3},$$

$$D(\hat{\mu}_2)=D\left[\frac{1}{2}(X_1+X_2)\right]=\frac{1}{4}(D(X_1)+D(X_2))=\frac{1}{4}\cdot 2\sigma^2=\frac{\sigma^2}{2},$$

而 $D(\hat{\mu}_1)=\frac{\sigma^2}{3}<D(\hat{\mu}_2)=\frac{\sigma^2}{2}$，故 μ 的估计量 $\hat{\mu}_1=\frac{1}{3}(X_1+X_2+X_3)$ 比 $\hat{\mu}_2=\frac{1}{2}(X_1+X_2)$ 更有效.

这个例子说明，尽量用样本中所有的数据的平均去估计总体均值，这样可以提高估计的有效性.

随着样本容量的增大，一个好的估计应该会越来越接近其真实值，使其偏差大的概率越来越小，这一性质称为一致性.

3. 一致性

设对每个自然数 n，$\hat{\theta}_n=\hat{\theta}_n(X_1,X_2,\cdots,X_n)$ 都是未知参数 θ 的估计量. 如果对任意的 $\varepsilon>0$，都有

$$\lim_{n\to\infty}P(|\hat{\theta}_n-\theta|\geqslant\varepsilon)=0,$$

则称 $\hat{\theta}_n$ 是 θ 的**相合估计量(一致估计量)**.

注 一致性被认为是估计量的一个最基本的要求，因为大偏差 $|\hat{\theta}_n-\theta|\geqslant\varepsilon$ 发生的可能性应该随着样本容量的增大而越来越小，直至为零；另外一致性是对于极限性质而言的，它只在样本容量较大时才起作用，可以证明在大样本场合，矩法估计一般都具有一致性.

上面介绍了三种衡量估计量好坏的标准，对于一个统计量而言很难同时具有这三种标准. 在实际问题中，一致性要求样本很大，有时很难达到，但无偏性和有效性是经常被用到的，具体以哪条标准为主来衡量估计量的好坏要具体问题具体分析.

习 题 10.1

1. 设 $(X_1,X_2,\cdots,X_n)$ 是来自两点分布的一个样本，试求成功概率 p 的矩法估计量.

2. 设总体 X 具有密度函数 $f(x)=\begin{cases}\theta x^{\theta-1}, & 0<x<1,\\ 0, & \text{其他},\end{cases}$ 且 $\theta>0$，试求

(1) θ 的矩估计；

(2) θ 的极大似然估计.

3. 设 X_1,X_2,X_3,X_4 是来自均值为 θ 的指数分布总体的样本，其中 θ 未知，设有估计量

$$T_1=\frac{1}{6}(X_1+X_2)+\frac{1}{3}(X_3+X_4),$$

$$T_2=\frac{1}{5}(X_1+2X_2+3X_3+4X_4),$$

$$T_3=\frac{1}{4}(X_1+X_2+X_3+X_4).$$

(1) 指出 T_1,T_2,T_3 中哪几个是 θ 的无偏估计量.

(2) 从上述 θ 的无偏估计中指出哪一个较为有效.

4. 设 $X\sim N(\mu,\sigma^2)$，证明 $(X_1,X_2,\cdots,X_n)$ 是来自总体的一个样本，并证样本方差 S^2 是总体方差 σ^2 的一致性估计.

10.2 参数的区间估计

前面我们已经讨论了参数的点估计，而点估计量仅仅是未知参数的一个近似值，它没有反映这种近似值的精确度，又不能反映这个近似值的误差范围.为了弥补这些不足，统计学家提出了区间估计这一概念.本节将讨论区间估计概念，并重点介绍单个正态总体参数的置信区间.

10.2.1 置信区间的概念

定义 10.1 设 $X_1,X_2,\cdots,X_n$ 是来自总体 $X\sim F(X;\theta)$ 的一个样本，θ 为未知参数. 若对给定的 α $(0<\alpha<1)$，存在两个统计量 $\hat{\theta}_1=\hat{\theta}_1(X_1,X_2,\cdots,X_n)$ 与 $\hat{\theta}_2=\hat{\theta}_2(X_1,X_2,\cdots,X_n)$，对所有 θ 的可能取值均有

$$P(\hat{\theta}_1<\theta<\hat{\theta}_2)=1-\alpha,$$

则称随机区间 $(\hat{\theta}_1,\hat{\theta}_2)$ 为参数 θ 的**置信度为 $1-\alpha$ 的置信区间**，$\hat{\theta}_1$ 与 $\hat{\theta}_2$ 分别称为 $1-\alpha$ 的**置信下限与置信上限**，置信度 $1-\alpha$ 也称为**置信水平**.

参数 θ 是一个常数，没有随机性，而区间 $(\hat{\theta}_1,\hat{\theta}_2)$ 是随机的，置信水平 $1-\alpha$ 的含义是：随机区间 $(\hat{\theta}_1,\hat{\theta}_2)$ 以 $1-\alpha$ 的概率包含着参数 θ 的真实值，而不能说参数 θ 以 $1-\alpha$ 的概率落入随机区间 $(\hat{\theta}_1,\hat{\theta}_2)$. 进一步阐述是：当取得一组

样本观察值后，将其代入 $\hat{\theta}_1$ 与 $\hat{\theta}_2$ 的表达式，可得估计值 $\hat{\theta}_1(x_1,x_2,\cdots,x_n)$ 与 $\hat{\theta}_2(x_1,x_2,\cdots,x_n)$，这样得到一个置信区间

$$(\hat{\theta}_1(x_1,x_2,\cdots,x_n),\hat{\theta}_2(x_1,x_2,\cdots,x_n)),$$

但此时已不是随机区间，这个区间可能包含真实值 θ 也可能不包含真实值 θ，在多次观察和试验中，这些区间大约有 $100(1-\alpha)\%$ 的可能包含未知参数.

注 区间估计的两个要求：

(1) 要求 $P(\hat{\theta}_1<\theta<\hat{\theta}_2)$ 要尽可能大，即要求估计尽可能可靠；

(2) 估计的精度尽可能高，如要求区间长度 $\hat{\theta}_2-\hat{\theta}_1$ 尽可能短.

可靠度与精度是一对矛盾，一般是在保证可靠度的条件下尽可能提高精度.

例 10.11 设 $X_1,X_2,\cdots,X_n$ 是来自总体 $X\sim N(\mu,\sigma^2)$ 的一个样本，σ^2 为已知，μ 为未知，求 μ 的置信水平为 $1-\alpha$ 的置信区间.

解 我们知道 $\overline{X}$ 是 μ 的无偏估计，且有 $\dfrac{\overline{X}-\mu}{\sigma/\sqrt{n}}\sim N(0,1)$，于是

$$P\left(a<\frac{\overline{X}-\mu}{\sigma/\sqrt{n}}<b\right)=1-\alpha.$$

由标准正态分布的上 α 分位点的定义有

$$P\left(\left|\frac{\overline{X}-\mu}{\sigma/\sqrt{n}}\right|<u_{\frac{\alpha}{2}}\right)=1-\alpha,$$

故取 $a=-u_{\frac{\alpha}{2}}$，$b=u_{\frac{\alpha}{2}}$，即

$$P\left(\overline{X}-\frac{\sigma}{\sqrt{n}}u_{\frac{\alpha}{2}}<\mu<\overline{X}+\frac{\sigma}{\sqrt{n}}u_{\frac{\alpha}{2}}\right)=1-\alpha.$$

这样我们得到了 μ 的一个置信水平为 $1-\alpha$ 的置信区间

$$\left(\overline{X}-\frac{\sigma}{\sqrt{n}}u_{\frac{\alpha}{2}},\overline{X}+\frac{\sigma}{\sqrt{n}}u_{\frac{\alpha}{2}}\right).$$

当然，μ 的置信水平为 $1-\alpha$ 的置信区间并不是唯一的，上面取分点时，是按对称来取的，我们也可以不按对称来取. 但为保证可靠度的条件下尽可能提高精度，像标准正态分布这种单峰且对称的概率密度图形，固然按对称来取分点则区间长度最短，可以提高估计的精度.

通过上例可看到寻求参数 θ 的置信区间的一般步骤：

(1) 寻求一个样本 $X_1,X_2,\cdots,X_n$ 的函数 $Z=Z(X_1,X_2,\cdots,X_n;\theta)$，其中含有待估参数 θ，而不含有其他的任何未知参数，且 Z 有一个确定的不依赖于任何未知参数的分布.

(2) 对给定的 α $(0<\alpha<1)$，确定分位点 a,b，使

$$P(a < U(X_1, X_2, \cdots, X_n; \theta) < b) = 1 - \alpha,$$

一般要求区间按几何对称或概率对称.

(3) 由 $a < U(X_1, X_2, \cdots, X_n; \theta) < b$ 得到等价形式

$$(\hat{\theta}_1(x_1, x_2, \cdots, x_n) < \theta < \hat{\theta}_2(x_1, x_2, \cdots, x_n)),$$

则$(\hat{\theta}_1, \hat{\theta}_2)$是参数 θ 的一个置信度为 $1-\alpha$ 的置信区间.

10.2.2 单个正态总体参数的置信区间

在大多情况下，总体是服从正态分布或近似正态分布的，下面讨论单个正态总体 $N(\mu, \sigma^2)$ 的参数的区间估计问题.

1. 均值 μ 的置信区间

均值 μ 的置信区间要分 σ^2 已知和未知两种情况，下面分别讨论.

(1) σ^2 已知，求 μ 的置信区间

构造样本函数 $U = \dfrac{\overline{X} - \mu}{\sigma / \sqrt{n}}$，则 $U = \dfrac{\overline{X} - \mu}{\sigma / \sqrt{n}} \sim N(0,1)$，于是

$$P\left(\left|\frac{\overline{X} - \mu}{\sigma / \sqrt{n}}\right| < u_{\frac{\alpha}{2}}\right) = 1 - \alpha,$$

故 μ 的一个置信水平为 $1-\alpha$ 的置信区间为

$$\left(\overline{X} - \frac{\sigma}{\sqrt{n}} u_{\frac{\alpha}{2}}, \overline{X} + \frac{\sigma}{\sqrt{n}} u_{\frac{\alpha}{2}}\right).$$

例 10.12 包糖机某日开工包了 12 包糖，称得重量(单位：g) 分别为

506，500，495，488，504，486，505，513，521，520，512，485.

假设重量服从正态分布 $N(\mu, 10^2)$，试求糖包的平均重量 μ 的置信度为 95% 的置信区间.

解 σ^2 已知，μ 的置信水平为 $1-\alpha$ 的置信区间为

$$\left(\overline{X} - \frac{\sigma}{\sqrt{n}} u_{\frac{\alpha}{2}}, \overline{X} + \frac{\sigma}{\sqrt{n}} u_{\frac{\alpha}{2}}\right).$$

由题设，$\sigma = 10$，$n = 12$，$\overline{x} = 502.92$，$\alpha = 0.05$，查标准正态分布表，得 $u_{\frac{\alpha}{2}} = u_{0.025} = 1.96$，于是

$$\overline{X} - \frac{\sigma}{\sqrt{n}} u_{\frac{\alpha}{2}} = 502.92 - \frac{10}{\sqrt{12}} \times 1.96 = 497.26,$$

$$\overline{X} + \frac{\sigma}{\sqrt{n}} u_{\frac{\alpha}{2}} = 502.92 + \frac{10}{\sqrt{12}} \times 1.96 = 508.58.$$

故糖包的平均重量 μ 的置信度为 95% 的置信区间为(497.26,508.58).

(2) σ^2 未知，求 μ 的置信区间

构造样本函数 $t=\dfrac{\overline{X}-\mu}{S/\sqrt{n}}$，则 $t=\dfrac{\overline{X}-\mu}{S/\sqrt{n}}\sim t(n-1)$，于是

$$P\left(\left|\frac{\overline{X}-\mu}{S/\sqrt{n}}\right|<t_{\frac{\alpha}{2}}(n-1)\right)=1-\alpha,$$

故 μ 的一个置信水平为 $1-\alpha$ 的置信区间为

$$\left(\overline{X}-t_{\frac{\alpha}{2}}(n-1)\frac{S}{\sqrt{n}},\overline{X}+t_{\frac{\alpha}{2}}(n-1)\frac{S}{\sqrt{n}}\right).$$

例 10.13 包糖机某日开工包了 12 包糖，称得重量(单位：g)分别为

506，500，495，488，504，486，505，513，521，520，512，485.

假设重量服从正态分布 $N(\mu,\sigma^2)$，试求糖包的平均重量 μ 的置信度为 95% 的置信区间.

解 σ^2 未知，μ 的置信水平为 $1-\alpha$ 的置信区间为

$$\left(\overline{X}-t_{\frac{\alpha}{2}}(n-1)\frac{S}{\sqrt{n}},\overline{X}+t_{\frac{\alpha}{2}}(n-1)\frac{S}{\sqrt{n}}\right).$$

由题设，$n=12$，$\alpha=0.05$，$\overline{x}=502.92$，$s=12.35$，查表可知 $t_{\frac{\alpha}{2}}(n-1)=t_{0.025}(11)=2.201$，于是

$$\overline{X}-t_{\frac{\alpha}{2}}(n-1)\frac{S}{\sqrt{n}}=502.92-2.201\times\frac{12.35}{\sqrt{12}}=495.07,$$

$$\overline{X}+t_{\frac{\alpha}{2}}(n-1)\frac{S}{\sqrt{n}}=502.92-2.201\times\frac{12.35}{\sqrt{12}}=510.77.$$

故糖包的平均重量 μ 的置信度为 95% 的置信区间为(495.07,510.77).

2. *方差 σ^2 的置信区间*

方差 σ^2 的置信区间要分 μ 已知和未知两种情况，下面分别讨论.

(1) μ 已知，求 σ^2 的置信区间

构造样本函数 $\chi^2=\dfrac{\sum\limits_{i=1}^{n}(X_i-\mu)^2}{\sigma^2}$，则 $\chi^2=\dfrac{\sum\limits_{i=1}^{n}(X_i-\mu)^2}{\sigma^2}\sim\chi^2(n)$，注意到 χ^2 分布的概率密度函数图形是不对称的，于是

$$P\left(\chi^2_{1-\frac{\alpha}{2}}(n)<\frac{\sum\limits_{i=1}^{n}(X_i-\mu)^2}{\sigma^2}<\chi^2_{\frac{\alpha}{2}}(n)\right)=1-\alpha,$$

故 σ^2 的一个置信水平为 $1-\alpha$ 的置信区间为

$$\left(\frac{\sum_{i=1}^{n}(X_i-\mu)^2}{\chi^2_{\frac{\alpha}{2}}(n)},\frac{\sum_{i=1}^{n}(X_i-\mu)^2}{\chi^2_{1-\frac{\alpha}{2}}(n)}\right).$$

例 10.14　包糖机某日开工包了 12 包糖，称得重量(单位：g) 分别为

506，500，495，488，504，486，505，513，521，520，512，485.

假设重量服从正态分布 $N(500,\sigma^2)$，试求糖包总体方差 σ^2 的置信度为 95% 的置信区间.

解　μ 已知，σ^2 的置信水平为 $1-\alpha$ 的置信区间为

$$\left(\frac{\sum_{i=1}^{n}(X_i-\mu)^2}{\chi^2_{\frac{\alpha}{2}}(n)},\frac{\sum_{i=1}^{n}(X_i-\mu)^2}{\chi^2_{1-\frac{\alpha}{2}}(n)}\right).$$

由题设，$n=12$，$\mu=500$，$\alpha=0.05$，查 χ^2 分布表可知，$\chi^2_{\frac{\alpha}{2}}(n)=\chi^2_{0.025}(12)=23.337$，$\chi^2_{1-\frac{\alpha}{2}}(n)=\chi^2_{0.975}(12)=4.404$，于是

$$\frac{\sum_{i=1}^{n}(X_i-\mu)^2}{\chi^2_{\frac{\alpha}{2}}(n)}=\frac{1\,821}{23.337}=78.03,$$

$$\frac{\sum_{i=1}^{n}(X_i-\mu)^2}{\chi^2_{1-\frac{\alpha}{2}}(n)}=\frac{1\,821}{4.404}=413.49.$$

故糖包总体方差 σ^2 的置信度为 95% 的置信区间为(78.03,413.49).

(2) μ 未知，求 σ^2 的置信区间

构造样本函数 $\chi^2=\frac{(n-1)S^2}{\sigma^2}$，则 $\chi^2=\frac{(n-1)S^2}{\sigma^2}\sim\chi^2(n-1)$，注意到 χ^2 分布的概率密度函数图形是不对称的，于是

$$P\left(\chi^2_{1-\frac{\alpha}{2}}(n-1)<\frac{(n-1)S^2}{\sigma^2}<\chi^2_{\frac{\alpha}{2}}(n-1)\right)=1-\alpha.$$

故 σ^2 的一个置信水平为 $1-\alpha$ 的置信区间为

$$\left(\frac{(n-1)S^2}{\chi^2_{\frac{\alpha}{2}}(n-1)},\frac{(n-1)S^2}{\chi^2_{1-\frac{\alpha}{2}}(n-1)}\right).$$

例 10.15　包糖机某日开工包了 12 包糖，称得重量(单位：g) 分别为

506，500，495，488，504，486，505，513，521，520，512，485.

假设重量服从正态分布 $N(\mu,\sigma^2)$，试求糖包总体方差 σ^2 的置信度为 95% 的置信区间.

解 μ 未知，σ^2 的置信水平为 $1-\alpha$ 的置信区间为

$$\left(\frac{(n-1)S^2}{\chi^2_{\frac{\alpha}{2}}(n-1)},\frac{(n-1)S^2}{\chi^2_{1-\frac{\alpha}{2}}(n-1)}\right).$$

由题设，$n=12$，$\alpha=0.05$，$s=12.35$，查 χ^2 分布表可知，

$$\chi^2_{\frac{\alpha}{2}}(n-1)=\chi^2_{0.025}(11)=21.920,$$

$$\chi^2_{1-\frac{\alpha}{2}}(n-1)=\chi^2_{0.975}(11)=3.816,$$

于是

$$\frac{(n-1)S^2}{\chi^2_{\frac{\alpha}{2}}(n-1)}=\frac{11\times 12.35^2}{21.920}=76.54,$$

$$\frac{(n-1)S^2}{\chi^2_{1-\frac{\alpha}{2}}(n-1)}=\frac{11\times 12.35^2}{3.816}=439.66.$$

故糖包总体方差 σ^2 的置信度为 95% 的置信区间为(76.54,439.66).

习　题　10.2

1. 设滚珠的直径 $X\sim N(\mu,(\sqrt{0.05})^2)$，今随机地抽取 6 个滚珠测得直径为 14.70，15.21，14.90，14.91，15.32，15.32（单位：mm），求 μ 的置信度为 95% 的置信区间.

2. 有一大批糖果，现从中随机取 16 袋，称得重量如下(以 g 计)：

506，508，499，503，504，510，497，512，

514，505，493，496，506，502，509，496.

设袋装糖果的重量近似地服从正态分布，试求总体方差 σ^2 的置信水平为 0.95 的置信区间.

3. 测量零件尺寸产生的误差 $X\sim N(\mu,\sigma^2)$，今测量 10 个零件，得误差值：

2，1，−2，3，2，4，−2，5，3，4.

试在 $\alpha=0.01$ 下，求 μ 和 σ^2 的置信区间.

总习题十

1. 填空题

(1) 假设总体 X 服从参数为 λ 的泊松分布，0.8,1.3,1.1,0.6,1.2 是来自总体 X 的样本容量为 5 的简单随机样本，则 λ 的矩估计值为________.

(2) 设 $\hat{\theta}$ 是未知参数 θ 的一个估计量. 若 $E(\hat{\theta})=$________，则 $\hat{\theta}$ 是 θ

的无偏估计.

(3) 设总体 $X \sim N(\mu,1)$，(X_1,X_2,X_3) 为其样本. 若估计量 $\hat{\mu} = \frac{1}{2}X_1 + \frac{1}{3}X_2 + kX_3$ 为 μ 的无偏估计量，则 $k=$__________.

(4) 设总体 $X \sim N(\mu,1)$，(X_1,X_2,X_3) 是总体的简单随机样本，$\hat{\mu}_1$，$\hat{\mu}_2$ 是总体参数 μ 的两个估计量，且

$$\hat{\mu}_1 = \frac{1}{2}X_1 + \frac{1}{4}X_2 + \frac{1}{3}X_3,\quad \hat{\mu}_2 = \frac{1}{3}X_1 + \frac{1}{3}X_2 + \frac{1}{3}X_3,$$

其中较有效的估计量是__________.

(5) 由来自正态总体 $X \sim N(\mu,0.9^2)$ 容量为9的简单随机样本，得样本均值为5，则未知参数 μ 的置信度为0.95的置信区间是__________.（$\mu_{0.025}=1.96$，$\mu_{0.05}=1.645$）

2. 选择题

(1) 设总体 $X \sim N(\mu,\sigma^2)$，$X_1,X_2,\cdots,X_n$ 为来自总体 X 的样本，μ，σ^2 均未知，则 σ^2 的无偏估计是(　　).

(A) $\frac{1}{n-1}\sum_{i=1}^{n}(X_i-\overline{X})^2$　　(B) $\frac{1}{n-1}\sum_{i=1}^{n}(X_i-\mu)^2$

(C) $\frac{1}{n}\sum_{i=1}^{n}(X_i-\overline{X})^2$　　(D) $\frac{1}{n+1}\sum_{i=1}^{n}(X_i-\mu)^2$

(2) 在区间估计中，$P(\theta_1<\theta<\theta_2)=1-\alpha$ 的正确含义是(　　).

(A) θ 以 $1-\alpha$ 的概率落在(θ_1,θ_2)内

(B) θ 落在(θ_1,θ_2)以外的概率为 α

(C) θ 不落在(θ_1,θ_2)以内的概率为 α

(D) 随机区间(θ_1,θ_2)包含 θ 的概率为 $1-\alpha$

(3) 对于单个正态总体的区间估计，当 μ 已知，被估参数为 σ^2，此时用做估计的统计量为(　　).

(A) $U=\frac{\overline{X}-\mu}{\sigma/\sqrt{n}}$　　(B) $U=\frac{\overline{X}-\mu}{\sigma/\sqrt{n-1}}$

(C) $t=\frac{\overline{X}-\mu}{S/\sqrt{n}}$　　(D) $\chi^2=\sum_{i=1}^{n}\frac{(X_i-\mu)^2}{\sigma^2}$

3. 设 $X_1,X_2,\cdots,X_n$ 为来自总体 X 的样本，总体 X 服从$(0,\theta)$上的均匀分布，试求 θ 的矩估计 $\hat{\theta}$，并计算当样本值为0.2，0.3，0.5，0.1，0.6，0.3，0.2，0.2时，$\hat{\theta}$ 的估计值.

4. 设 $X_1,X_2,\cdots,X_n$ 是来自总体 $X \sim P(\lambda)$ 的一个样本，其中 λ 为未知，

求 λ 的矩估计与极大似然估计. 如得到一样本观测值

X	0	1	2	3	4	5	6
频数	7	10	12	8	3	2	0

求 λ 的矩估计值与极大似然估计值.

5. 设 $X_1, X_2, \cdots, X_n$ 是来自总体 X 的一个样本, X 的概率密度函数为

$$f(x)=\begin{cases}(\theta+1)x^{\theta}, & 0<x<1,\\ 0, & \text{其他},\end{cases}$$

其中 $\theta>-1$ 为未知参数, 求 θ 的矩估计和极大似然估计.

6. 设(X_1, X_2, X_3)是来自总体 X 的一个样本, 证明:

$$\mu_1=\frac{1}{6}X_1+\frac{1}{3}X_2+\frac{1}{2}X_3,\quad \mu_2=\frac{2}{5}X_1+\frac{1}{5}X_2+\frac{2}{5}X_3$$

都是总体均值的无偏估计, 并进一步判断哪一个估计更有效.

7. 设 $X_1, X_2, \cdots, X_n$ 是来自总体 X 的一个样本. 若 $\mu=\sum_{i=1}^{n}c_iX_i$,

(1) 系数 c_i 应该满足何条件, 可使 μ 成为总体均值的一个无偏估计?

(2) 系数 c_i 应该满足何条件, 可使 μ 成为总体均值的一个最有效估计?

8. 设 $X_1, X_2, \cdots, X_n$ 是来自总体 $X\sim N(0,\sigma^2)$ 的一个样本, 其中 $\sigma^2>0$ 未知. 令 $\sigma^2>0$, $\hat{\sigma}^2=\sum_{i=1}^{n}X_i{}^2$, 试证: $\hat{\sigma}^2$ 是 σ^2 的一致估计.

9. 设某地区幼儿园的幼儿身高服从正态分布 $N(\mu,7^2)$, 现从该地区一幼儿园大班中抽查了 9 名幼儿, 测得身高(单位: cm)为

115, 110, 120, 131, 115, 109, 115, 115, 105.

在 $\alpha=0.05$ 下, 求大班幼儿园身高均值 μ 的置信区间.

10. 某旅行团到某地旅游归来后, 随机调查了 16 名游客的购物消费情况, 得知平均消费额为 120 元, 标准差为 15 元. 设游客的消费额服从正态分布 $N(\mu,\sigma^2)$, 求游客平均消费额的 95% 的置信区间.

11. 设炮弹发射的速度服从正态分布 $N(\mu,\sigma^2)$, 随机抽取 9 发炮弹试验, 测得样本方差 $s^2=11$, 求炮弹发射的速度 σ^2 的置信度为 90% 的置信区间.

附表 1

标准正态分布函数数值表

$$\Phi(z)=\int_{-\infty}^{z}\frac{1}{\sqrt{2\pi}}e^{-\frac{x^2}{2}}\,dx=P(Z\leqslant z)$$

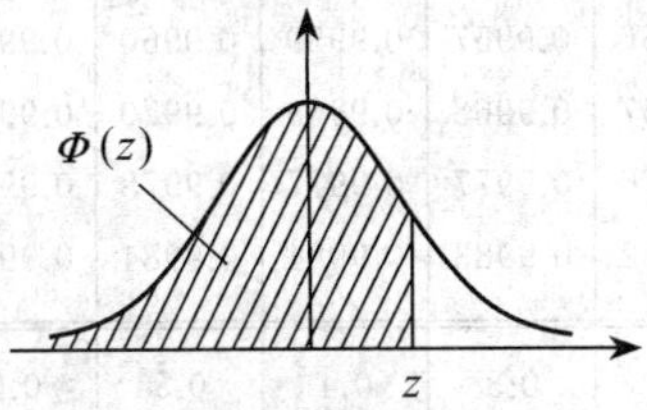

z	0.00	0.01	0.02	0.03	0.04	0.05	0.06	0.07	0.08	0.09
0.0	0.5000	0.5040	0.5080	0.5120	0.5160	0.5199	0.5239	0.5279	0.5319	0.5359
0.1	0.5398	0.5438	0.5478	0.5517	0.5557	0.5596	0.5636	0.5675	0.5714	0.5753
0.2	0.5793	0.5832	0.5871	0.5910	0.5948	0.5987	0.6026	0.6064	0.6103	0.6141
0.3	0.6179	0.6217	0.6255	0.6293	0.6331	0.6368	0.6406	0.6443	0.6480	0.6517
0.4	0.6554	0.6591	0.6628	0.6664	0.6700	0.6736	0.6772	0.6808	0.6844	0.6879
0.5	0.6915	0.6950	0.6985	0.7019	0.7054	0.7088	0.7123	0.7157	0.7190	0.7224
0.6	0.7257	0.7291	0.7324	0.7357	0.7389	0.7422	0.7454	0.7486	0.7517	0.7549
0.7	0.7580	0.7611	0.7642	0.7673	0.7703	0.7734	0.7764	0.7794	0.7823	0.7852
0.8	0.7881	0.7910	0.7939	0.7967	0.7995	0.8023	0.8051	0.8078	0.8106	0.8133
0.9	0.8159	0.8186	0.8212	0.8238	0.8264	0.8289	0.8315	0.8340	0.8365	0.8389
1.0	0.8413	0.8438	0.8461	0.8485	0.8508	0.8531	0.8554	0.8577	0.8599	0.8621
1.1	0.8643	0.8665	0.8686	0.8708	0.8729	0.8749	0.8770	0.8790	0.8810	0.8830
1.2	0.8849	0.8869	0.8888	0.8907	0.8925	0.8944	0.8962	0.8980	0.8997	0.9015
1.3	0.9032	0.9049	0.9066	0.9082	0.9099	0.9115	0.9131	0.9147	0.9162	0.9177
1.4	0.9192	0.9207	0.9222	0.9236	0.9251	0.9265	0.9278	0.9292	0.9306	0.9319
1.5	0.9332	0.9345	0.9357	0.9370	0.9382	0.9394	0.9406	0.9418	0.9430	0.9441
1.6	0.9452	0.9463	0.9474	0.9484	0.9495	0.9505	0.9515	0.9525	0.9535	0.9545
1.7	0.9554	0.9564	0.9573	0.9582	0.9591	0.9599	0.9608	0.9616	0.9625	0.9633
1.8	0.9641	0.9648	0.9656	0.9664	0.9671	0.9678	0.9686	0.9693	0.9700	0.9706
1.9	0.9713	0.9719	0.9726	0.9732	0.9738	0.9744	0.9750	0.9756	0.9762	0.9767

续表

z	0.00	0.01	0.02	0.03	0.04	0.05	0.06	0.07	0.08	0.09
2.0	0.9772	0.9778	0.9783	0.9788	0.9793	0.9798	0.9803	0.9808	0.9812	0.9817
2.1	0.9821	0.9826	0.9830	0.9834	0.9838	0.9842	0.9846	0.9850	0.9854	0.9857
2.2	0.9861	0.9864	0.9868	0.9871	0.9874	0.9878	0.9881	0.9884	0.9887	0.9890
2.3	0.9893	0.9896	0.9898	0.9901	0.9904	0.9906	0.9909	0.9911	0.9913	0.9916
2.4	0.9918	0.9920	0.9922	0.9925	0.9927	0.9929	0.9931	0.9932	0.9934	0.9936
2.5	0.9938	0.9940	0.9941	0.9943	0.9945	0.9946	0.9948	0.9949	0.9951	0.9952
2.6	0.9953	0.9955	0.9956	0.9957	0.9959	0.9960	0.9961	0.9962	0.9963	0.9964
2.7	0.9965	0.9966	0.9967	0.9968	0.9969	0.9970	0.9971	0.9972	0.9973	0.9974
2.8	0.9974	0.9975	0.9976	0.9977	0.9977	0.9978	0.9979	0.9979	0.9980	0.9981
2.9	0.9981	0.9982	0.9982	0.9983	0.9984	0.9984	0.9985	0.9985	0.9986	0.9986

z	0.0	0.1	0.2	0.3	0.4	0.5	0.6	0.7	0.8	0.9
3.0	0.9987	0.9990	0.9993	0.9995	0.9997	0.9998	0.9998	0.9999	0.9999	1.0000

附表 2

泊松分布的数值表

$$P(X=x)=\frac{\lambda^k}{k!}e^{-\lambda}$$

k \ λ	0.1	0.2	0.3	0.4	0.5	0.6	0.7	0.8	0.9	1.0
0	0.9048	0.8187	0.7408	0.6703	0.6065	0.5488	0.4966	0.4493	0.4066	0.3679
1	0.0905	0.1637	0.2223	0.2681	0.3033	0.3293	0.3476	0.3595	0.3659	0.3679
2	0.0045	0.0164	0.0333	0.0536	0.0758	0.0988	0.1216	0.1438	0.1647	0.1839
3	0.0002	0.0011	0.0033	0.0072	0.0126	0.0198	0.0284	0.0383	0.0494	0.0613
4		0.0001	0.0003	0.0007	0.0016	0.0030	0.0050	0.0077	0.0111	0.0153
5				0.0001	0.0002	0.0003	0.0007	0.0012	0.0020	0.0031
6							0.0001	0.0002	0.0003	0.0005
7										0.0001

k \ λ	1.5	2.0	2.5	3.0	3.5	4.0	4.5	5	6	7
0	0.2231	0.1353	0.0821	0.0498	0.0302	0.0183	0.0111	0.0067	0.0025	0.0009
1	0.3347	0.2707	0.2052	0.1494	0.1057	0.0733	0.0500	0.0337	0.0149	0.0064
2	0.2510	0.2707	0.2565	0.2240	0.1850	0.1465	0.1125	0.0842	0.0446	0.0223
3	0.1255	0.1805	0.2138	0.2240	0.2158	0.1954	0.1687	0.1404	0.0892	0.0521
4	0.0471	0.0902	0.1336	0.1681	0.1888	0.1954	0.1898	0.1755	0.1339	0.0912
5	0.0141	0.0361	0.0668	0.1008	0.1322	0.1563	0.1708	0.1755	0.1606	0.1277
6	0.0035	0.0120	0.0278	0.0504	0.0771	0.1042	0.1281	0.1462	0.1606	0.1490
7	0.0008	0.0034	0.0099	0.0216	0.0385	0.0595	0.0824	0.1044	0.1377	0.1490
8	0.0002	0.0009	0.0031	0.0081	0.0169	0.0298	0.0463	0.0653	0.1033	0.1304
9		0.0002	0.0009	0.0027	0.0065	0.0132	0.0232	0.0363	0.0688	0.1014
10			0.0002	0.0008	0.0023	0.0053	0.0104	0.0181	0.0413	0.0710
11			0.0001	0.0002	0.0007	0.0019	0.0043	0.0082	0.0225	0.0452
12				0.0001	0.0002	0.0006	0.0015	0.0034	0.0113	0.0264
13					0.0001	0.0002	0.0006	0.0013	0.0052	0.0142
14						0.0001	0.0002	0.0005	0.0023	0.0071
15							0.0001	0.0002	0.0009	0.0033
16								0.0001	0.0003	0.0015
17									0.0001	0.0006
18										0.0002
19										0.0001

续表

k \ λ	8	9	10	11	12	13	14	15
0	0.0003	0.0001						
1	0.0027	0.0011	0.0004	0.0002	0.0001			
2	0.0107	0.0050	0.0023	0.0010	0.0004	0.0002	0.0001	
3	0.0286	0.0150	0.0076	0.0037	0.0018	0.0008	0.0004	0.0002
4	0.0573	0.0337	0.0189	0.0102	0.0053	0.0027	0.0013	0.0006
5	0.0916	0.0607	0.0378	0.0224	0.0127	0.0071	0.0037	0.0019
6	0.1221	0.0911	0.0631	0.0411	0.0255	0.0151	0.0087	0.0048
7	0.1396	0.1171	0.0901	0.0646	0.0437	0.0281	0.0174	0.0104
8	0.1396	0.1318	0.1126	0.0888	0.0655	0.0457	0.0304	0.0195
9	0.1241	0.1318	0.1251	0.1085	0.0874	0.0660	0.0473	0.0324
10	0.0993	0.1186	0.1251	0.1194	0.1048	0.0859	0.0663	0.0486
11	0.0722	0.0970	0.1137	0.1194	0.1144	0.1015	0.0843	0.0663
12	0.0481	0.0728	0.0948	0.1094	0.1144	0.1099	0.0984	0.0828
13	0.0296	0.0504	0.0729	0.0926	0.1056	0.1099	0.1061	0.0956
14	0.0169	0.0324	0.0521	0.0728	0.0905	0.1021	0.1061	0.1025
15	0.0090	0.0194	0.0347	0.0533	0.0724	0.0885	0.0989	0.1025
16	0.0045	0.0109	0.0217	0.0367	0.0543	0.0719	0.0865	0.0960
17	0.0021	0.0058	0.0128	0.0237	0.0383	0.0551	0.0713	0.0847
18	0.0010	0.0029	0.0071	0.0145	0.0255	0.0397	0.0554	0.0706
19	0.0004	0.0014	0.0037	0.0084	0.0161	0.0272	0.0408	0.0557
20	0.0002	0.0006	0.0019	0.0046	0.0097	0.0177	0.0286	0.0418
21	0.0001	0.0003	0.0009	0.0024	0.0055	0.0109	0.0191	0.0299
22		0.0001	0.0004	0.0013	0.0030	0.0065	0.0122	0.0204
23			0.0002	0.0006	0.0016	0.0036	0.0074	0.0133
24			0.0001	0.0003	0.0008	0.0020	0.0043	0.0083
25				0.0001	0.0004	0.0011	0.0024	0.0050
26					0.0002	0.0005	0.0013	0.0029
27					0.0001	0.0002	0.0007	0.0017
28						0.0001	0.0003	0.0009
29							0.0002	0.0004
30							0.0001	0.0002
31								0.0001

附表 3

χ^2 分布表

$$P(\chi^2(n) > \chi^2_\alpha(n)) = \alpha$$

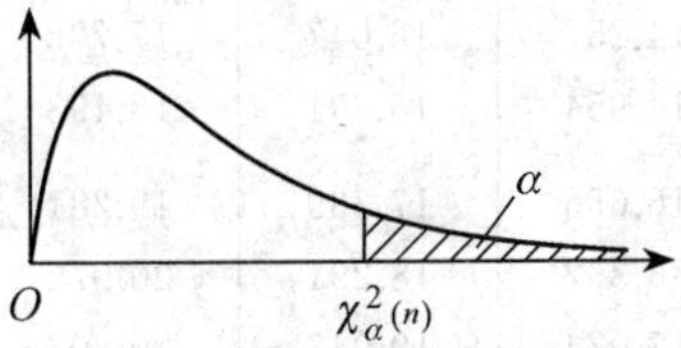

n \ α	0.995	0.990	0.975	0.95	0.90	0.75
1	—	—	0.001	0.004	0.016	0.102
2	0.010	0.020	0.051	0.103	0.211	0.575
3	0.072	0.115	0.216	0.352	0.584	1.213
4	0.207	0.297	0.484	0.711	1.064	1.923
5	0.412	0.554	0.831	1.145	1.610	2.675
6	0.076	0.872	1.237	1.635	2.204	3.455
7	0.989	1.239	1.690	2.167	2.833	4.255
8	1.344	1.646	2.180	2.733	3.490	5.071
9	1.735	2.088	2.700	3.325	4.168	5.899
10	2.156	2.558	3.247	3.940	4.865	6.737
11	2.603	3.053	3.816	4.575	5.578	7.584
12	3.074	3.571	4.404	5.226	6.304	8.438
13	3.565	4.107	5.009	5.892	7.042	9.299
14	4.075	4.660	5.629	6.571	7.790	10.165
15	4.601	5.229	6.262	7.261	8.547	11.037
16	5.142	5.812	6.908	7.962	9.312	11.912
17	5.697	6.408	7.564	8.672	10.085	12.792
18	6.265	7.015	8.231	9.390	10.865	13.675
19	6.844	7.633	8.907	10.117	11.651	14.562
20	7.434	8.260	9.591	10.851	12.443	15.452
21	8.034	8.897	10.283	11.591	13.240	16.344
22	8.643	9.542	10.982	12.338	14.042	17.240
23	9.260	10.196	11.689	13.091	14.848	18.137

续表

n \ α	0.995	0.990	0.975	0.95	0.90	0.75
24	9.886	10.856	12.401	13.848	15.659	19.037
25	10.520	11.524	13.120	14.611	16.473	19.939
26	11.160	12.198	13.844	15.349	17.292	20.843
27	11.808	12.879	14.573	16.151	18.114	21.749
28	12.461	13.565	15.308	16.928	18.939	22.657
29	13.121	14.257	16.047	17.708	19.768	23.567
30	13.787	14.954	16.791	18.493	20.599	24.478
31	14.458	16.656	17.539	19.281	21.434	25.390
32	15.134	16.362	18.291	20.072	22.271	26.304
33	15.815	17.074	19.047	20.807	23.110	27.219
34	16.501	17.789	19.806	21.664	23.952	28.136
35	17.192	18.509	20.569	22.465	24.797	29.054
36	17.877	19.233	21.336	23.269	25.613	29.973
37	18.586	19.960	22.106	24.075	26.492	30.893
38	19.289	20.691	22.878	24.884	27.343	31.815
39	19.996	21.426	23.654	25.695	28.196	32.737
40	20.707	22.164	24.433	26.509	29.051	33.660
41	21.421	22.906	25.215	27.326	29.907	34.585
42	22.168	23.650	25.999	27.144	30.765	35.510
43	22.859	24.398	26.785	28.965	31.625	36.430
44	23.584	25.143	27.575	27.787	32.487	37.363
45	24.311	25.901	28.366	30.612	33.350	38.291

n \ α	0.25	0.10	0.05	0.03	0.01	0.005
1	1.323	2.706	3.841	5.024	6.635	7.789
2	2.773	4.605	5.991	7.378	9.210	10.597
3	4.108	6.251	7.815	9.348	11.345	12.838
4	5.385	7.779	9.488	11.143	13.277	14.860
5	6.626	9.236	11.071	12.833	15.086	16.750
6	7.841	10.645	12.592	14.449	16.812	18.548
7	9.037	12.017	14.067	16.013	18.475	20.278
8	10.219	13.362	15.507	17.535	20.090	21.955
9	11.389	14.684	16.919	19.023	21.666	23.589
10	12.549	15.987	18.307	20.483	23.209	25.188

续表

n \ α	0.25	0.10	0.05	0.03	0.01	0.005
11	13.701	17.275	19.675	21.920	24.725	26.757
12	14.845	18.549	21.026	23.337	26.217	28.299
13	15.984	19.812	22.363	24.736	27.688	29.819
14	17.117	21.064	23.685	26.119	29.141	31.319
15	18.245	22.307	24.996	27.488	30.578	32.801
16	19.369	23.542	26.296	28.845	32.000	34.267
17	20.489	24.769	27.587	30.191	33.409	35.718
18	21.605	35.989	28.869	31.526	34.805	37.156
19	22.718	27.204	30.144	32.852	36.191	38.582
20	23.828	28.412	31.410	34.479	37.566	39.997
21	24.935	29.615	32.671	35.479	38.932	41.401
22	26.039	30.813	33.924	36.781	40.289	42.796
23	27.141	32.007	35.172	38.076	41.638	44.181
24	28.241	33.196	36.415	39.364	42.980	45.559
25	29.339	34.382	37.652	40.646	44.314	46.928
26	30.435	35.563	38.885	41.923	45.642	48.290
27	31.528	36.741	40.113	43.194	46.963	49.645
28	32.620	37.916	41.337	44.461	48.278	50.993
29	33.711	39.087	42.557	45.722	49.588	52.336
30	34.800	40.256	43.773	46.979	50.892	53.672
31	35.887	41.422	44.985	48.232	52.191	55.003
32	36.973	42.585	46.194	49.480	53.486	56.328
33	38.053	43.745	47.400	50.725	54.776	57.648
34	39.141	44.903	48.602	51.966	56.061	58.964
35	40.223	46.059	49.802	53.203	57.342	60.275
36	41.304	47.212	50.998	54.437	58.619	61.581
37	42.383	48.363	52.192	55.668	59.892	62.883
38	43.462	49.513	53.384	56.896	61.162	64.181
39	44.539	50.660	54.572	58.120	62.428	65.476
40	45.616	51.805	55.758	59.342	63.691	66.766
41	46.962	52.949	53.942	60.561	64.950	68.053
42	47.766	54.090	58.124	61.777	66.206	69.336
43	48.840	55.230	59.304	62.990	67.459	70.606
44	49.913	56.369	60.481	64.201	68.710	71.893
45	50.985	57.505	61.656	65.410	69.957	73.166

附表 4

t 分布表

$$P(t(n)>t_{\alpha}(n))=\alpha$$

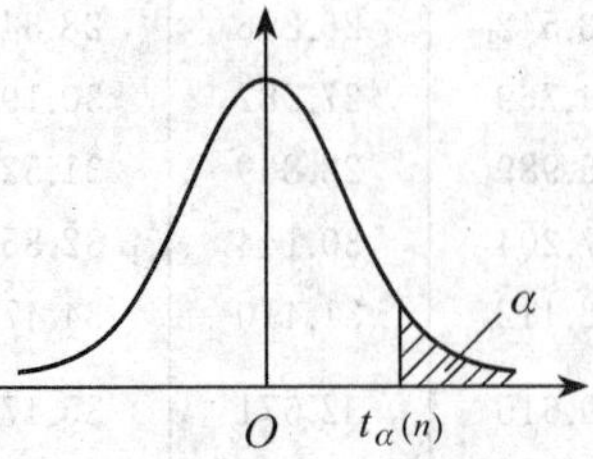

n \ α	0.25	0.100	0.050	0.025	0.01	0.005
1	1.000	3.078	6.314	12.706	31.821	63.660
2	0.817	1.886	2.920	4.303	6.965	9.925
3	0.765	1.638	2.353	3.182	4.541	5.841
4	0.741	1.533	2.132	2.776	3.747	4.604
5	0.727	1.476	2.015	2.571	3.365	4.032
6	0.718	1.440	1.943	2.447	3.143	3.707
7	0.711	1.415	1.895	2.365	2.998	3.499
8	0.706	1.397	1.860	2.306	2.896	3.355
9	0.703	1.383	1.833	2.262	2.821	3.250
10	0.700	1.372	1.812	2.228	2.764	3.169
11	0.697	1.363	1.796	2.201	2.718	3.106
12	0.695	1.356	1.782	2.179	2.681	3.055
13	0.694	1.350	1.771	2.160	2.650	3.012
14	0.692	1.345	1.761	2.145	2.624	2.977
15	0.691	1.341	1.753	2.131	2.602	2.947
16	0.690	1.337	1.746	2.120	2.583	2.921
17	0.689	1.333	1.740	2.110	2.567	2.898
18	0.688	1.330	1.734	2.101	2.552	2.878
19	0.688	1.328	1.729	2.093	2.539	2.861
20	0.687	1.325	1.725	2.086	2.528	2.845

续表

n \ α	0.25	0.100	0.050	0.025	0.01	0.005
21	0.686	1.323	1.721	2.080	2.518	2.831
22	0.686	1.321	1.717	2.074	2.508	2.819
23	0.685	1.319	1.714	2.069	2.500	2.807
24	0.685	1.318	1.711	2.064	2.492	2.797
25	0.684	1.316	1.708	2.060	2.485	2.787
26	0.684	1.315	1.706	2.056	2.479	2.779
27	0.684	1.314	1.703	2.052	2.473	2.771
28	0.683	1.313	1.701	2.048	2.467	2.763
29	0.683	1.311	1.699	2.045	2.462	2.756
30	0.683	1.310	1.697	2.042	2.457	2.750
40	0.681	1.303	1.684	2.021	2.423	2.704
50	0.679	1.299	1.676	2.009	2.403	2.678
60	0.679	1.296	1.671	2.000	2.390	2.660
80	0.678	1.292	1.664	1.990	2.374	2.639
100	0.677	1.290	1.660	1.984	2.364	2.626
120	0.677	1.289	1.658	1.980	2.358	2.617
∞	0.674	1.282	1.645	1.960	2.326	2.576

附表 5

F 分布表

$$P(F(n_1,n_2)>F_\alpha(n_1,n_2))=\alpha$$

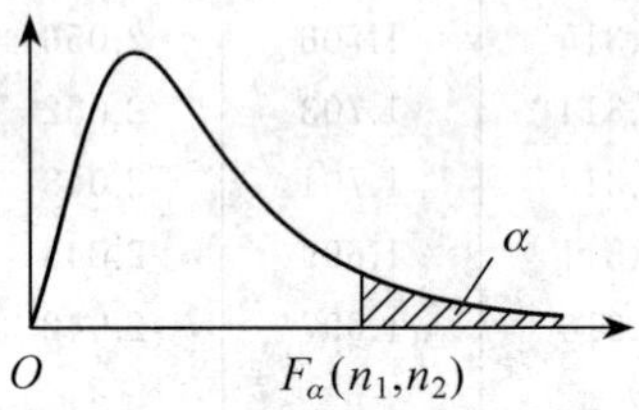

$\alpha=0.05$

n_1 \ n_2	1	2	3	4	5	6	7	8	9	10
1	161.4	199.5	215.7	224.6	230.2	234.0	236.8	238.9	240.5	241.9
2	18.51	19.00	19.20	19.30	19.30	19.30	19.40	19.40	19.40	19.40
3	10.1	9.55	9.28	9.12	9.01	8.94	8.89	8.85	8.81	8.79
4	7.71	6.94	6.59	6.39	6.26	6.16	6.09	6.04	6.00	5.96
5	6.61	5.79	5.41	5.19	5.05	4.95	4.88	4.82	4.77	4.74
6	5.99	5.14	4.76	4.53	4.39	4.28	4.21	4.15	4.10	4.06
7	5.59	4.74	4.35	4.12	3.97	3.87	3.79	3.73	3.68	3.64
8	5.32	4.46	4.07	3.84	3.69	3.58	3.50	3.44	3.39	3.35
9	5.12	4.26	3.86	3.63	3.48	3.37	3.29	3.23	3.18	3.14
10	4.96	4.10	3.71	3.48	3.33	3.22	3.14	3.07	3.02	2.98
11	4.84	3.98	3.59	3.36	3.20	3.09	3.01	2.95	2.90	2.85
12	4.75	3.89	3.49	3.26	3.11	3.00	2.91	2.85	2.80	2.75
13	4.67	3.81	3.41	3.18	3.03	2.92	2.83	2.77	2.71	2.67
14	4.60	3.74	3.34	3.11	2.96	2.85	2.76	2.70	2.65	2.60
15	4.54	3.68	3.29	3.06	2.90	2.79	2.71	2.64	2.59	2.54
16	4.49	3.63	3.24	3.01	2.85	2.74	2.66	2.59	2.54	2.49
17	4.45	3.59	3.20	2.96	2.81	2.70	2.61	2.55	2.49	2.45
18	4.41	3.55	3.16	2.93	2.77	2.66	2.58	2.51	2.46	2.41
19	4.38	3.52	3.13	2.90	2.74	2.63	2.54	2.48	2.42	2.38
20	4.35	3.49	3.10	2.87	2.71	2.60	2.51	2.45	2.39	2.35

续表

n_1 \ n_2	1	2	3	4	5	6	7	8	9	10
21	4.32	3.47	3.07	2.84	2.68	2.57	2.49	2.42	2.37	2.32
22	4.30	3.44	3.05	2.82	2.66	2.55	2.46	2.40	2.34	2.30
23	4.28	3.42	3.03	2.80	2.64	2.53	2.44	2.37	2.32	2.27
24	4.26	3.40	3.01	2.78	2.62	2.51	2.42	2.36	2.30	2.25
25	4.24	3.39	2.99	2.76	2.60	2.49	2.40	2.34	2.28	2.24
26	4.23	3.37	2.98	2.74	2.59	2.47	2.39	2.32	2.27	2.22
27	4.21	3.35	2.96	2.73	2.57	2.46	2.37	2.31	2.25	2.20
28	4.20	3.34	2.95	2.71	2.56	2.45	2.36	2.29	2.24	2.19
29	4.18	3.33	2.93	2.70	2.55	2.43	2.35	2.28	2.22	2.18
30	4.17	3.32	2.92	2.69	2.53	2.42	2.33	2.27	2.21	2.16
40	4.08	3.23	2.84	2.61	2.45	2.34	2.25	2.18	2.12	2.08
60	4.00	3.15	2.76	2.53	2.37	2.25	2.17	2.10	2.04	1.99
120	3.92	3.07	2.68	2.45	2.29	2.17	2.09	2.02	1.96	1.91
∞	3.84	3.00	2.60	2.37	2.21	2.10	2.01	1.94	1.88	1.83

n_1 \ n_2	12	15	20	24	30	40	60	120	∞
1	243.9	245.9	249.0	248.1	250.1	251.1	252.2	253.3	254.3
2	19.41	19.43	19.45	19.45	19.46	19.47	19.48	19.49	19.50
3	8.74	8.70	8.66	8.64	8.62	8.59	8.57	8.55	8.53
4	5.91	5.86	5.80	5.77	5.75	5.72	5.69	5.66	5.63
5	4.68	4.62	4.56	4.53	4.50	4.46	4.43	4.40	4.36
6	4.00	3.94	3.87	3.84	3.81	3.77	3.74	3.70	3.67
7	3.57	3.51	3.44	3.41	3.38	3.34	3.30	3.27	3.23
8	3.28	3.22	3.15	3.12	3.08	3.04	3.01	2.97	2.93
9	3.07	3.01	2.94	2.90	2.86	2.83	2.79	2.75	2.71
10	2.91	2.85	2.77	2.74	2.70	2.66	2.62	2.58	2.54
11	2.79	2.72	2.65	2.61	2.57	2.53	2.49	2.45	2.40
12	2.69	2.62	2.54	2.51	2.47	2.43	2.38	2.34	2.30
13	2.60	2.53	2.46	2.42	2.38	2.34	2.30	2.25	2.21
14	2.53	2.46	2.39	2.35	2.31	2.27	2.22	2.18	2.13
15	2.48	2.40	2.33	2.29	2.25	2.20	2.16	2.11	2.07
16	2.42	2.35	2.28	2.24	2.19	2.15	2.11	2.06	2.01
17	2.38	2.31	2.23	2.19	2.15	2.10	2.06	2.01	1.96
18	2.34	2.27	2.19	2.15	2.11	2.06	2.02	1.97	1.92

续表

n_2 / n_1	12	15	20	24	30	40	60	120	∞	
19	2.31	2.23	2.16	2.11	2.07	2.03	1.98	1.93	1.88	
20	2.28	2.20	2.12	2.08	2.04	1.99	1.95	1.90	1.84	
21	2.25	2.18	2.10	2.05	2.01	1.96	1.92	1.87	1.81	
22	2.23	2.15	2.07	2.03	1.98	1.94	1.89	1.84	1.78	
23	2.20	2.13	2.05	2.01	1.96	1.91	1.86	1.81	1.76	
24	2.18	2.11	2.03	1.98	1.94	1.89	1.84	1.79	1.73	
25	2.16	2.09	2.01	1.96	1.92	1.87	1.82	1.77	1.71	
26	2.15	2.07	1.99	1.95	1.90	1.85	1.80	1.75	1.69	
27	2.13	2.06	1.97	1.93	1.88	1.84	1.79	1.73	1.67	
28	2.12	2.04	1.96	1.91	1.87	1.82	1.77	1.71	1.65	
29	2.10	2.03	1.94	1.90	1.85	1.81	1.75	1.70	1.64	
30	2.09	2.01	1.93	1.89	1.84	1.79	1.74	1.68	1.62	
40	2.00	1.92	1.84	1.79	1.74	1.69	1.64	1.58	1.51	
60	1.92	1.84	1.75	1.70	1.65	1.59	1.53	1.47	1.39	
120	1.83	1.75	1.66	1.61	1.55	1.55	1.43	1.35	1.25	
∞	1.75	1.67	1.57	1.52	1.46	1.39	1.32	1.22	1.00	

$\alpha = 0.10$

n_2 / n_1	1	2	3	4	5	6	7	8	9	10
1	39.86	49.50	53.59	55.83	57.24	58.20	58.91	59.44	59.86	60.19
2	8.53	9.00	9.16	9.24	9.29	9.33	9.35	9.37	9.38	9.39
3	5.54	5.46	5.39	5.34	5.31	5.28	5.27	5.25	5.24	5.23
4	4.54	4.32	4.19	4.11	4.05	4.01	3.98	3.95	3.94	3.92
5	4.06	3.78	3.62	3.52	3.45	3.40	3.37	3.34	3.32	3.30
6	3.78	3.46	3.29	3.18	3.11	3.05	3.01	2.98	2.96	2.94
7	3.59	3.26	3.07	2.96	2.88	2.83	2.78	2.75	2.72	2.70
8	3.46	3.11	2.92	2.81	2.73	2.67	2.62	2.59	2.56	2.54
9	3.36	3.01	2.81	2.69	2.61	2.55	2.51	2.47	2.44	2.42
10	3.29	2.92	2.73	2.61	2.52	2.46	2.41	2.38	2.35	2.32
11	3.23	2.86	2.66	2.54	2.45	2.39	2.34	2.30	2.27	2.25
12	3.18	2.81	2.61	2.48	2.39	2.33	2.28	2.24	2.21	2.19
13	3.14	2.76	2.56	2.43	2.35	2.28	2.23	2.20	2.16	2.14

续表

n_1 \ n_2	1	2	3	4	5	6	7	8	9	10
14	3.10	2.73	2.52	2.39	2.31	2.24	2.19	2.15	2.12	2.10
15	3.07	2.70	2.49	2.36	2.27	2.21	2.16	2.12	2.09	2.06
16	3.05	2.67	2.46	2.33	2.24	2.18	2.13	2.09	2.06	2.03
17	3.03	2.64	2.44	2.31	2.22	2.15	2.10	2.06	2.03	2.00
18	3.01	2.62	2.42	2.29	2.20	2.13	2.08	2.04	2.00	1.98
19	2.99	2.61	2.40	2.27	2.18	2.11	2.06	2.02	1.98	1.96
20	2.97	2.59	2.38	2.25	2.16	2.09	2.04	2.00	1.96	1.94
21	2.96	2.57	2.36	2.23	2.14	2.08	2.02	1.98	1.95	1.92
22	2.95	2.56	2.35	2.22	2.13	2.06	2.01	1.97	1.93	1.90
23	2.94	2.55	2.34	2.21	2.11	2.05	1.99	1.95	1.92	1.89
24	2.93	2.54	2.33	2.19	2.10	2.04	1.98	1.94	1.91	1.88
25	2.92	2.53	2.32	2.18	2.09	2.02	1.97	1.93	1.89	1.87
26	2.91	2.52	2.31	2.17	2.08	2.01	1.96	1.92	1.88	1.86
27	2.90	2.51	2.30	2.17	2.07	2.00	1.95	1.91	1.87	1.85
28	2.89	2.50	2.29	2.16	2.06	2.00	1.94	1.90	1.87	1.84
29	2.89	2.50	2.28	2.15	2.06	1.99	1.93	1.89	1.86	1.83
30	2.88	2.49	2.28	2.14	2.03	1.98	1.93	1.88	1.85	1.82
40	2.84	2.44	2.23	2.09	2.00	1.93	1.87	1.83	1.79	1.76
60	2.79	2.39	2.18	2.04	1.95	1.87	1.82	1.77	1.74	1.71
120	2.75	2.35	2.13	1.99	1.90	1.82	1.77	1.72	1.68	1.65
∞	2.71	2.30	2.08	1.94	1.85	1.77	1.72	1.67	1.63	1.60

n_1 \ n_2	12	15	20	24	30	40	60	120	∞
1	60.71	61.22	61.74	62.00	62.26	62.53	62.79	63.06	63.33
2	9.41	9.42	9.44	9.45	9.46	9.47	9.47	9.48	9.49
3	5.22	5.20	5.18	5.18	5.17	5.16	5.15	5.14	5.13
4	3.90	3.87	3.84	3.83	3.82	3.80	3.79	3.78	4.76
5	3.27	3.24	3.21	3.19	3.17	3.16	3.14	3.12	3.10
6	2.90	2.87	2.84	2.82	2.80	2.78	2.76	2.74	2.72
7	2.67	2.63	2.59	2.58	2.56	2.54	2.51	2.49	2.47
8	2.50	2.46	2.42	2.40	2.38	2.36	2.34	2.32	2.29
9	2.38	2.34	2.30	2.28	2.25	2.23	2.21	2.18	2.16
10	2.28	2.24	2.20	2.18	2.16	2.13	2.11	2.08	2.06

续表

n_1 \ n_2	12	15	20	24	30	40	60	120	∞
11	2.21	2.17	2.12	2.10	2.08	2.05	2.03	2.00	1.97
12	2.15	2.10	2.06	2.04	2.01	1.99	1.96	1.93	1.90
13	2.10	2.05	2.01	1.98	1.96	1.93	1.90	1.88	1.85
14	2.05	2.01	1.96	1.94	1.91	1.89	1.86	1.83	1.80
15	2.02	1.97	1.92	1.90	1.87	1.85	1.82	1.79	1.76
16	1.99	1.94	1.89	1.87	1.84	1.81	1.78	1.75	1.72
17	1.96	1.91	1.86	1.84	1.81	1.78	1.75	1.72	1.69
18	1.93	1.89	1.84	1.81	1.78	1.75	1.72	1.69	1.66
19	1.91	1.86	1.81	1.79	1.76	1.73	1.70	1.67	1.63
20	1.89	1.84	1.79	1.77	1.74	1.71	1.68	1.64	1.61
21	1.87	1.83	1.78	1.75	1.72	1.69	1.66	1.62	1.59
22	1.86	1.81	1.76	1.73	1.70	1.67	1.64	1.60	1.57
23	1.84	1.80	1.74	1.72	1.69	1.66	1.62	1.59	1.55
24	1.83	1.78	1.73	1.70	1.67	1.64	1.61	1.57	1.53
25	1.82	1.77	1.72	1.69	1.66	1.63	1.59	1.56	1.52
26	1.81	1.76	1.71	1.68	1.65	1.61	1.58	1.54	1.50
27	1.80	1.75	1.70	1.67	1.64	1.60	1.57	1.53	1.49
28	1.79	1.74	1.69	1.66	1.63	1.59	1.56	1.52	1.48
29	1.78	1.73	1.68	1.65	1.62	1.58	1.55	1.51	1.47
30	1.77	1.72	1.67	1.64	1.61	1.57	1.54	1.50	1.46
40	1.71	1.66	1.61	1.57	1.54	1.51	1.47	1.42	1.38
60	1.66	1.60	1.54	1.51	1.48	1.44	1.40	1.35	1.29
120	1.60	1.55	1.48	1.45	1.41	1.37	1.32	1.26	1.19
∞	1.55	1.49	1.42	1.38	1.34	1.30	1.24	1.17	1.00

$\alpha = 0.025$

n_1 \ n_2	1	2	3	4	5	6	7	8	9	10
1	647.8	799.5	864.2	899.6	921.8	937.1	948.2	956.7	963.0	969.0
2	38.51	39.00	39.17	39.25	39.30	39.33	39.36	39.37	39.39	39.40
3	17.44	16.04	15.44	15.10	14.88	14.73	14.62	14.54	14.47	14.42
4	12.22	10.65	9.98	9.60	9.36	9.20	9.07	8.98	8.90	8.84
5	10.01	8.43	7.76	7.39	7.15	6.98	6.85	6.76	6.68	6.62

续表

n_1 \ n_2	1	2	3	4	5	6	7	8	9	10
6	8.81	7.26	6.60	6.23	5.99	5.82	5.70	5.60	5.52	5.46
7	8.07	6.54	5.89	5.52	5.29	5.12	4.99	4.90	4.82	4.76
8	7.57	6.06	5.42	5.05	4.82	4.65	4.53	4.43	4.36	4.30
9	7.21	5.71	5.08	4.72	4.48	4.32	4.20	4.10	4.03	3.96
10	6.94	5.46	4.83	4.47	4.24	4.07	3.95	3.85	3.78	3.72
11	6.72	5.26	4.63	4.28	4.04	3.88	3.76	3.66	3.59	3.53
12	6.55	5.10	4.47	4.12	3.89	3.73	3.61	3.51	3.44	3.37
13	6.41	4.97	4.35	4.00	3.77	3.60	3.48	3.39	3.31	3.25
14	6.30	4.86	4.24	3.89	3.66	3.50	3.38	3.29	3.21	3.15
15	6.20	4.77	4.15	3.80	3.58	3.41	3.29	3.20	3.12	3.06
16	6.12	4.69	4.08	3.73	3.50	3.34	3.22	3.12	3.05	2.99
17	6.04	4.62	4.01	3.66	3.44	3.28	3.16	3.06	2.98	2.92
18	5.98	4.56	3.95	3.61	3.38	3.22	3.10	3.01	2.93	2.87
19	5.92	4.51	3.90	3.56	3.33	3.17	3.05	2.96	2.88	2.82
20	5.87	4.46	3.86	3.51	3.29	3.13	3.01	2.91	2.84	2.77
21	5.83	4.42	3.82	3.48	3.25	3.09	2.97	2.87	2.80	2.73
22	5.79	4.38	3.78	3.44	3.22	3.05	2.93	2.84	2.76	2.70
23	5.75	4.35	3.75	3.41	3.18	3.02	2.90	2.81	2.73	2.67
24	5.72	4.32	3.72	3.38	3.15	2.99	2.87	2.78	2.70	2.64
25	5.69	4.29	3.69	3.35	3.13	2.97	2.85	2.75	2.68	2.61
26	5.66	4.27	3.67	3.33	3.10	2.94	2.82	2.73	2.65	2.59
27	5.63	4.24	3.65	3.31	3.08	2.92	2.80	2.71	2.63	2.57
28	5.61	4.22	3.63	3.29	3.06	2.90	2.78	2.69	2.61	2.55
29	5.59	4.20	3.61	3.27	3.04	2.88	2.76	2.67	2.59	2.53
30	5.57	4.18	3.59	3.25	3.03	2.87	2.75	2.65	2.57	2.51
40	5.42	4.05	3.46	3.13	2.90	2.74	2.62	2.53	2.45	2.39
60	5.29	3.93	3.34	3.01	2.79	2.63	2.51	2.41	2.33	2.27
120	5.15	3.80	3.23	2.89	2.67	2.52	2.39	2.30	2.22	2.16
∞	5.02	3.69	3.12	2.79	2.57	2.41	2.29	2.19	2.11	2.05

n_1 \ n_2	12	15	20	24	30	40	60	120	∞
1	977.0	985.0	993.0	997.0	1001	1006	1010	1014	1018
2	39.41	39.43	39.45	39.46	39.46	39.47	39.48	39.49	39.50
3	14.34	14.25	14.17	14.12	14.08	14.04	13.99	13.95	13.90

续表

n_1 \ n_2	12	15	20	24	30	40	60	120	∞
4	8.75	8.66	8.56	8.51	8.46	8.41	8.36	8.31	8.26
5	6.52	6.43	6.33	6.28	6.23	6.18	6.12	6.07	6.02
6	5.37	5.27	5.17	5.12	5.07	5.01	4.96	4.90	4.85
7	4.67	4.57	4.47	4.42	4.36	4.31	4.25	4.20	4.14
8	4.20	4.10	4.00	3.95	3.89	3.84	3.78	3.73	3.67
9	3.87	3.77	3.67	3.61	3.56	3.51	3.45	3.39	3.33
10	3.62	3.52	3.42	3.37	3.31	3.26	3.20	3.14	3.08
11	3.43	3.33	3.23	3.17	3.12	3.06	3.00	2.94	2.88
12	3.28	3.18	3.07	3.02	2.96	2.91	2.85	2.79	2.72
13	3.15	3.05	2.95	2.89	2.84	2.78	2.72	2.66	2.60
14	3.05	2.95	2.84	2.79	2.73	2.67	2.61	2.55	2.49
15	2.96	2.86	2.76	2.70	2.64	2.59	2.52	2.46	2.40
16	2.89	2.79	2.68	2.63	2.57	2.51	2.45	2.38	2.32
17	2.82	2.72	2.62	2.56	2.50	2.44	2.38	2.32	2.25
18	2.77	2.67	2.56	2.50	2.44	2.38	2.32	2.26	2.19
19	2.72	2.62	2.51	2.45	2.39	2.33	2.27	2.20	2.13
20	2.68	2.57	2.46	2.41	2.35	2.29	2.22	2.16	2.09
21	2.64	2.53	2.42	2.37	2.31	2.25	2.18	2.11	2.04
22	2.60	2.50	2.39	2.33	2.27	2.21	2.14	2.08	2.00
23	2.57	2.47	2.36	2.30	2.24	2.18	2.11	2.04	1.97
24	2.54	2.44	2.33	2.27	2.21	2.15	2.08	2.01	1.94
25	2.51	2.41	2.30	2.24	2.18	2.12	2.05	1.98	1.91
26	2.49	2.39	2.28	2.22	2.16	2.09	2.03	1.95	1.88
27	2.47	2.36	2.25	2.19	2.13	2.07	2.00	1.93	1.85
28	2.45	2.34	2.23	2.17	2.11	2.05	1.98	1.91	1.83
29	2.43	2.32	2.21	2.15	2.09	2.03	1.96	1.89	1.81
30	2.41	2.31	2.20	2.14	2.07	2.01	1.94	1.87	1.79
40	2.29	2.18	2.07	2.01	1.94	1.88	1.80	1.72	1.64
60	2.17	2.06	1.94	1.88	1.82	1.74	1.67	1.58	1.48
120	2.05	1.94	1.82	1.76	1.69	1.61	1.53	1.43	1.31
∞	1.94	1.83	1.71	1.64	1.57	1.48	1.39	1.27	1.00

$\alpha=0.01$

n_1 \ n_2	1	2	3	4	5	6	7	8	9	10
1	4052	4999.5	5403	5625	5764	5859	5928	5982	6022	6056
2	98.50	99.00	99.17	99.25	99.30	99.33	99.36	99.37	99.39	99.40
3	34.12	30.82	29.46	28.71	28.24	27.91	27.67	27.49	27.35	27.23
4	21.20	18.00	16.69	15.98	15.52	15.21	14.98	14.80	14.66	14.55
5	16.26	13.27	12.06	11.39	10.97	10.67	10.46	10.29	10.29	10.16
6	13.75	10.92	9.78	9.15	8.75	8.47	8.26	8.10	7.98	7.87
7	12.25	9.55	8.45	7.85	7.46	7.19	6.99	6.84	6.72	6.62
8	11.26	8.65	7.59	7.01	6.63	6.37	6.18	6.03	5.91	5.81
9	10.56	8.02	6.99	6.42	6.06	5.80	5.61	5.47	5.35	5.26
10	10.04	7.56	6.55	5.99	5.64	5.39	5.20	5.06	4.94	4.85
11	9.65	7.21	6.22	5.67	5.32	5.07	4.89	4.74	4.63	4.54
12	9.33	6.93	5.95	5.41	5.06	4.82	4.64	4.50	4.39	4.30
13	9.07	6.70	5.74	5.21	4.86	4.62	4.44	4.30	4.19	4.10
14	8.86	6.51	5.56	5.04	4.69	4.46	4.28	4.14	4.03	3.94
15	8.68	6.36	5.42	4.89	4.36	4.32	4.14	4.00	3.89	3.80
16	8.53	6.23	5.29	4.77	4.44	4.20	4.03	3.89	3.78	3.69
17	8.40	6.11	5.18	4.67	4.34	4.10	3.93	3.79	3.68	3.59
18	8.29	6.01	5.09	4.58	4.25	4.01	3.84	3.71	3.60	3.51
19	8.18	5.93	5.01	4.50	4.17	3.94	3.77	3.63	3.52	3.43
20	8.10	5.85	4.94	4.43	4.10	3.87	3.70	3.56	3.46	3.37
21	8.02	5.78	4.87	4.37	4.04	3.81	3.64	3.51	3.40	3.31
22	7.95	5.72	4.82	4.31	3.99	3.76	3.59	3.45	3.35	3.26
23	7.88	5.66	4.76	4.26	3.94	3.71	3.54	3.41	3.30	3.21
24	7.82	5.61	4.72	4.22	3.90	3.67	3.50	3.36	3.26	3.17
25	7.77	5.57	4.68	4.18	3.85	3.63	3.46	3.32	3.22	3.13
26	7.72	5.53	4.64	4.14	3.82	3.59	3.42	3.29	3.18	3.09
27	7.68	5.49	4.60	4.11	3.78	3.56	3.39	3.26	3.15	3.06
28	7.64	5.45	4.57	4.07	3.75	3.53	3.36	3.23	3.12	3.03
29	7.60	5.42	4.54	4.04	3.73	3.50	3.33	3.20	3.09	3.00
30	7.56	5.39	4.51	4.02	3.70	3.47	3.30	3.17	3.07	2.98
40	7.31	5.18	4.31	3.83	3.51	3.29	3.12	2.99	2.89	2.80
60	7.08	4.98	4.13	3.65	3.34	3.12	2.95	2.82	2.72	2.63
120	6.85	4.79	3.95	3.48	3.17	2.96	2.79	2.66	2.56	2.47
∞	6.63	4.61	3.78	3.32	3.02	2.80	2.64	2.51	2.41	2.32

续表

n_1 \ n_2	12	15	20	24	30	40	60	120	∞
1	6106	6157	6209	6235	6261	6287	6313	6339	6366
2	99.42	99.43	99.45	99.46	99.47	99.47	99.48	99.49	99.50
3	27.05	26.87	26.69	26.60	26.50	26.41	26.32	26.22	26.13
4	14.37	14.20	14.02	13.93	13.84	13.75	13.65	13.56	13.46
5	9.89	9.72	9.55	9.47	9.38	9.29	9.20	9.11	9.02
6	7.72	7.56	7.40	7.31	7.23	7.14	7.06	6.97	6.88
7	6.47	6.31	6.16	6.07	5.99	5.91	5.82	5.74	5.65
8	5.67	5.52	5.36	5.28	5.20	5.12	5.03	4.95	4.46
9	5.11	4.96	4.81	4.73	4.65	4.57	4.48	4.40	4.31
10	4.71	4.56	4.41	4.33	4.25	4.17	4.08	4.00	3.91
11	4.40	4.25	4.10	4.02	3.94	3.86	3.78	3.69	3.60
12	4.16	4.01	3.86	3.78	3.70	3.62	3.54	3.45	3.36
13	3.96	3.82	3.66	3.59	3.51	3.43	3.34	3.25	3.17
14	3.80	3.66	3.51	3.43	3.35	3.27	3.18	3.09	3.00
15	3.67	3.52	3.37	3.29	3.21	3.13	3.05	2.96	2.87
16	3.55	3.41	3.26	3.18	3.10	3.02	2.93	2.84	2.75
17	3.46	3.31	3.16	3.08	3.00	2.92	2.83	2.75	2.65
18	3.37	3.23	3.08	3.00	2.92	2.84	2.75	2.66	2.57
19	3.30	3.15	3.00	2.92	2.84	2.76	2.67	2.58	2.59
20	3.23	3.09	2.94	2.86	2.78	2.69	2.61	2.52	2.42
21	3.17	3.03	2.88	2.80	2.72	2.64	2.55	2.46	2.36
22	3.12	2.98	2.83	2.75	2.67	2.58	2.50	2.40	2.31
23	3.07	2.93	2.78	2.70	2.62	2.54	2.45	2.35	2.26
24	3.03	2.89	2.74	2.66	2.58	2.49	2.40	2.31	2.21
25	2.99	2.85	2.70	2.62	2.54	2.45	2.36	2.27	2.17
26	2.96	2.81	2.66	2.58	2.50	2.42	2.33	2.23	2.13
27	2.93	2.78	2.63	2.55	2.47	2.38	2.29	2.20	2.10
28	2.90	2.75	2.60	2.52	2.44	2.35	2.26	2.17	2.06
29	2.87	2.73	2.57	2.49	2.41	2.33	2.23	2.14	2.03
30	2.84	2.70	2.55	2.47	2.39	2.30	2.21	2.11	2.01
40	2.66	2.52	2.37	2.29	2.20	2.11	2.02	1.92	1.80
60	2.50	2.35	2.20	2.12	2.03	1.94	1.84	1.73	1.60
120	2.34	2.19	2.03	1.95	1.86	1.76	1.66	1.53	1.38
∞	2.18	2.04	1.88	1.79	1.70	1.59	1.47	1.32	1.00

参考答案

习题 1.1

1. (1) 1； (2) $ab(b-a)$； (3) x^3-x^2-1.

2. (1) 18； (2) 5； (3) $-2(x^3+y^3)$.

3. (1) 1； (2) $(-1)^{\frac{n(n-1)}{2}}a_{1n}a_{2,n-1}\cdots a_{n1}$.

4. $x=0$ 或 $x=2$.

习题 1.2

1. (1) 6 123 000； (2) 8； (3) $4abcdef$.

2. (1) 160； (2) -270.

3. 略. **4.** $x=\pm1$ 或 $x=\pm2$.

习题 1.3

1. 0，29. **2.** 略.

3. (1) x^2y^2； (2) -8.

习题 1.4

1. (1) $\begin{cases}x=3,\\y=-1;\end{cases}$ (2) $\begin{cases}x=-a,\\y=b,\\z=c;\end{cases}$ (3) $\begin{cases}x_1=3,\\x_2=-4,\\x_3=-1,\\x_4=1.\end{cases}$

2. 方程组仅有零解.

3. 当 $\mu=0$ 或 $\lambda=1$ 时，齐次线性方程组有非零解.

总习题一

1. (1) 1； (2) 9； (3) -12； (4) -4；

(5) 10； (6) $k=0$ 或 $k=\pm2$.

2. (1) D； (2) D； (3) C； (4) D.

3. (1) $4ab$； (2) $1+x+y+z$； (3) 0.

4. (1) $6\left(1-x^2-\frac{y^2}{2}-\frac{z^3}{3}\right)$； (2) 189；

(3) $abcd+ab+ad+cd+1$.

5. (1) $x=-3$ 或 $x=\pm\sqrt{3}$； (2) $x=a$ 或 $x=b$ 或 $x=c$.

6. 略.

7. (1) $D_n=a_1a_2\cdots a_n\left(1+\sum_{i=1}^{n}\frac{1}{a_i}\right)$； (2) $D_n=3^{n+1}-2^{n+1}$；

(3) $D_n=\cos n\alpha$.

8. (1) $\begin{cases}x_1=1,\\x_2=-1,\\x_3=1,\\x_4=-1,\\x_5=1;\end{cases}$ (2) $\begin{cases}x_1=1,\\x_2=0,\\x_3=2,\\x_4=-1.\end{cases}$

9. $\mu=4$. **10.** $\lambda=0$，或 $\lambda=2$，或 $\lambda=3$.

11. $t\neq-1$.

习题 2.1

	石头	剪刀	布
石头	0	1	−1
剪刀	−1	0	1
布	−1	−1	0

习题 2.2

1. (1) 错； (2) 错； (3) 错； (4) 错； (5) 对；
(6) 错； (7) 对.

2. (1) $\begin{pmatrix}7&12\\11&7\\3&2\end{pmatrix}$； (2) $\begin{pmatrix}0&0&0\\0&0&0\\0&0&0\end{pmatrix}$；

(3) $a_{11}x_1{}^2+a_{22}x_2{}^2+a_{33}x_3{}^2+2a_{12}x_1x_2+2a_{13}x_1x_3+2a_{23}x_2x_3$.

3. $3\boldsymbol{AB}-2\boldsymbol{A}=\begin{pmatrix}-2&13&22\\-2&-17&20\\4&29&-2\end{pmatrix}$，$\boldsymbol{A}^{\mathrm{T}}\boldsymbol{B}=\begin{pmatrix}0&5&8\\0&-5&6\\2&9&0\end{pmatrix}$.

4. (1) $\begin{pmatrix}1 & 0\\ n\lambda & 1\end{pmatrix}$； (2) $\begin{pmatrix}a^n & 0 & 0\\ 0 & b^n & 0\\ 0 & 0 & c^n\end{pmatrix}$；

(3) $\begin{pmatrix}\lambda^n & n\lambda^{n-1} & \dfrac{n(n-1)}{2}\lambda^{n-2}\\ 0 & \lambda^n & n\lambda^{n-1}\\ 0 & 0 & \lambda^n\end{pmatrix}$.

5. 略. 6. $|-m\boldsymbol{A}|=-m^4$.

习题 2.3

1. (1) 错； (2) 对； (3) 对； (4) 对； (5) 对；
(6) 对.

2. (1) $\begin{pmatrix}5 & -2\\ -2 & 1\end{pmatrix}$； (2) $\begin{pmatrix}-2 & 1 & 0\\ -\dfrac{13}{2} & 3 & -\dfrac{1}{2}\\ -16 & 7 & -1\end{pmatrix}$；

(3) $\begin{pmatrix}1 & -2 & 1 & 0\\ 0 & 1 & -2 & 1\\ 0 & 0 & 1 & -2\\ 0 & 0 & 0 & 1\end{pmatrix}$.

3. (1) $\boldsymbol{X}=\begin{pmatrix}2 & -23\\ 0 & 8\end{pmatrix}$； (2) $\boldsymbol{X}=\begin{pmatrix}1 & 1\\ \dfrac{1}{4} & 0\end{pmatrix}$；

(3) $\boldsymbol{X}=\begin{pmatrix}2 & -1 & 0\\ 1 & 3 & -4\\ 1 & 0 & -2\end{pmatrix}$.

4. $\boldsymbol{B}=\begin{pmatrix}0 & 3 & 3\\ -1 & 2 & 3\\ 1 & 1 & 0\end{pmatrix}$. 5. 9, 9, $\dfrac{8}{3}$.

6. $\boldsymbol{A}^n=\dfrac{1}{3}\begin{pmatrix}(-1)^{n+1}+2^{n+2} & (-1)^{n+1}4+2^{n+2}\\ (-1)^n-2^n & (-1)^{n+1}4-2^n\end{pmatrix}$.

7. (1) $\boldsymbol{A}^{-1}=\dfrac{1}{3}(2\boldsymbol{A}+\boldsymbol{I})$； (2) $(3\boldsymbol{I}-\boldsymbol{A})^{-1}=\dfrac{1}{18}(2\boldsymbol{A}+\boldsymbol{I})$.

8. 略.

习题 2.4

1. (1) 对； (2) 错； (3) 错； (4) 对.

2. (1) $\begin{pmatrix} 1 & 0 & 2 & 0 & -2 \\ 0 & 1 & -1 & 0 & 3 \\ 0 & 0 & 0 & 1 & 4 \\ 0 & 0 & 0 & 0 & 0 \end{pmatrix}$； (2) $\begin{pmatrix} 1 & 0 & 0 & 0 & 0 \\ 0 & 1 & 0 & 0 & 0 \\ 0 & 0 & 1 & 0 & 0 \\ 0 & 0 & 0 & 0 & 0 \end{pmatrix}$.

3. $\boldsymbol{A}^{-1}=\begin{pmatrix} 1 & -4 & -3 \\ 1 & -5 & -3 \\ -1 & 6 & 4 \end{pmatrix}$. **4.** $\boldsymbol{X}=\begin{pmatrix} 10 & 2 \\ -15 & -3 \\ 12 & 4 \end{pmatrix}$.

5. (1) $(\boldsymbol{A}-\boldsymbol{B})^{-1}=\boldsymbol{A}+\boldsymbol{I}$； (2) $\boldsymbol{B}=\begin{pmatrix} \frac{1}{2} & 0 & 0 \\ 0 & \frac{7}{2} & -\frac{3}{2} \\ 0 & 9 & 4 \end{pmatrix}$.

习题 2.5

1. (1) $\begin{pmatrix} -\boldsymbol{B}^{-1}\boldsymbol{C}\boldsymbol{A}^{-1} & \boldsymbol{B}^{-1} \\ \boldsymbol{A}^{-1} & \boldsymbol{O} \end{pmatrix}$； (2) $\begin{pmatrix} \boldsymbol{O} & \boldsymbol{B}^{-1} \\ \boldsymbol{A}^{-1} & -\boldsymbol{A}^{-1}\boldsymbol{C}\boldsymbol{B}^{-1} \end{pmatrix}$.

2. (1) $\frac{1}{24}\begin{pmatrix} 24 & 0 & 0 & 0 \\ -12 & 12 & 0 & 0 \\ -12 & -4 & 8 & 0 \\ 3 & -5 & -2 & 6 \end{pmatrix}$；

(2) $\begin{pmatrix} \frac{3}{4} & -\frac{1}{4} & 0 & 0 & 0 \\ \frac{1}{4} & \frac{1}{4} & 0 & 0 & 0 \\ 0 & 0 & -\frac{1}{2} & 0 & 0 \\ 0 & 0 & 0 & 1 & -2 \\ 0 & 0 & 0 & 0 & 1 \end{pmatrix}$.

3. (1) $\begin{pmatrix} 3 & 0 & -2 \\ 5 & -1 & -2 \\ 0 & 3 & 2 \end{pmatrix}$； (2) $\begin{pmatrix} a & 0 & ac & 0 \\ 0 & a & 0 & ac \\ 1 & 0 & c+bd & 0 \\ 0 & 1 & 0 & c+bd \end{pmatrix}$.

习题 2.6

1. (1) 错；　(2) 对；　(3) 错；　(4) 对.

2. (1) $r=3$；　(2) $r=2$.

3. 当 $a=1$ 时，$\mathrm{r}(\boldsymbol{A})=1$；当 $a=\dfrac{1}{1-n}$ 且 $a\neq 1$ 时，$\mathrm{r}(\boldsymbol{A})=n-1$；当 $a\neq 1$ 且 $a\neq\dfrac{1}{1-n}$ 时，$\mathrm{r}(\boldsymbol{A})=n$.

4. $a=3$ 或 $a=5$.　　**5.** 略.

总习题二

1. (1) $k=3$；　(2) $\lambda=0$；　(3) $\boldsymbol{\alpha}^{\mathrm{T}}\boldsymbol{\alpha}=3$；　(4) 108.

2. (1) D；　(2) C；　(3) B；　(4) C；　(5) C；　(6) D.

3. $3\boldsymbol{AB}-2\boldsymbol{B}^{\mathrm{T}}=\begin{pmatrix}-2 & 17 & 24\\ -4 & -11 & 8\\ 0 & 19 & -2\end{pmatrix}$.

4. $\boldsymbol{A}^{-1}=\begin{pmatrix}\frac{3}{25} & \frac{4}{25} & 0 & 0\\ \frac{4}{25} & -\frac{3}{25} & 0 & 0\\ 0 & 0 & \frac{1}{2} & 0\\ 0 & 0 & -\frac{1}{2} & \frac{1}{2}\end{pmatrix}$.

5. 略.

6. (1) $\boldsymbol{X}=\begin{pmatrix}-3 & -2\\ 5 & 4\end{pmatrix}$；　(2) $\boldsymbol{X}=\begin{pmatrix}-2 & 2 & 1\\ -\frac{8}{3} & 5 & -\frac{2}{3}\end{pmatrix}$；

(3) $\boldsymbol{X}=\begin{pmatrix}4 & 5\\ -1 & -2\end{pmatrix}$.

7. $\boldsymbol{B}=\boldsymbol{A}+\boldsymbol{I}=\begin{pmatrix}2 & 0 & 1\\ 0 & 3 & 0\\ 1 & 0 & 2\end{pmatrix}$.

8. (1) $\dfrac{1}{3}\begin{pmatrix}0 & 1 & 1\\ 0 & 1 & -2\\ -3 & 2 & -1\end{pmatrix}$；　(2) $\begin{pmatrix}-\frac{1}{2} & -\frac{3}{2} & -\frac{5}{2}\\ \frac{1}{2} & \frac{1}{2} & \frac{1}{2}\\ 0 & 1 & 1\end{pmatrix}$.

9. 当 $x=1$ 时，$r(\boldsymbol{A})=1$；当 $x=-2$ 时，$r(\boldsymbol{A})=2$；当 $x\neq 1$ 且 $x\neq -2$ 时，$r(\boldsymbol{A})=3$.

10. $k=1$.　**11.** 略.　**12.** 略.　**13.** 略.

习题 3.1

1. $\boldsymbol{\alpha}_1-\boldsymbol{\alpha}_2=(1,0,-1)^{\mathrm{T}}$，$3\boldsymbol{\alpha}_1+\boldsymbol{\alpha}_2-\boldsymbol{\alpha}_3=(0,1,2)^{\mathrm{T}}$.

2. (1) $\boldsymbol{\beta}$ 能由 $\boldsymbol{\alpha}_1,\boldsymbol{\alpha}_2,\boldsymbol{\alpha}_3$ 线性表出；

(2) $\boldsymbol{\beta}$ 可以由 $\boldsymbol{\alpha}_1,\boldsymbol{\alpha}_2,\boldsymbol{\alpha}_3,\boldsymbol{\alpha}_4$ 线性表出.

3. (1) 当 $b\neq 2$ 时，$\boldsymbol{\beta}$ 不能由 $\boldsymbol{\alpha}_1,\boldsymbol{\alpha}_2,\boldsymbol{\alpha}_3$ 线性表出；

(2) 当 $b=2$，$a\neq 1$ 时，$\boldsymbol{\beta}$ 能由 $\boldsymbol{\alpha}_1,\boldsymbol{\alpha}_2,\boldsymbol{\alpha}_3$ 唯一线性表出；

(3) 当 $b=2$，$a=1$ 时，$\boldsymbol{\beta}$ 能由 $\boldsymbol{\alpha}_1,\boldsymbol{\alpha}_2,\boldsymbol{\alpha}_3$ 线性表出，但表达式不唯一.

习题 3.2

1. (1) 对；　(2) 对；　(3) 对；　(4) 错；　(5) 错；

(6) 错；　(7) 对；　(8) 错；　(9) 错；　(10) 错.

2. (1) 线性无关；　(2) 线性无关；　(3) 线性相关.

3. 当 $a=2$ 或 $a=-1$ 时，$\boldsymbol{\alpha}_1,\boldsymbol{\alpha}_2,\boldsymbol{\alpha}_3$ 线性相关.

4. 略.　**5.** 略.

习题 3.3

1. (1) 错；　(2) 对；　(3) 错；　(4) 对；　(5) 对.

2. (1) $\boldsymbol{\alpha}_1,\boldsymbol{\alpha}_2,\boldsymbol{\alpha}_3$ 是极大线性无关组，且 $\boldsymbol{\alpha}_4=-3\boldsymbol{\alpha}_1+5\boldsymbol{\alpha}_2-\boldsymbol{\alpha}_3$；

(2) $\boldsymbol{\alpha}_1,\boldsymbol{\alpha}_2$ 是极大无关组，且 $\boldsymbol{\alpha}_3=\frac{3}{2}\boldsymbol{\alpha}_1-\frac{7}{2}\boldsymbol{\alpha}_2$，$\boldsymbol{\alpha}_4=\boldsymbol{\alpha}_1+2\boldsymbol{\alpha}_2$.

3. (1) $r(\boldsymbol{A})=2$；　(2) $r(\boldsymbol{A})=3$.

4. $a=2$，$b=5$.

习题 3.4

1. (1) 错；　(2) 错；　(3) 错.

2. (1) $\begin{cases} x_1=-2t, \\ x_2=t, \\ x_3=0 \end{cases}$ $(t\in\mathbf{R})$；　(2) $\begin{cases} x_1=\frac{4}{3}t, \\ x_2=-3t, \\ x_3=\frac{4}{3}t, \\ x_4=t \end{cases}$ $(t\in\mathbf{R})$.

3. (1) 无解；

(2) $\begin{pmatrix} x_1 \\ x_2 \\ x_3 \\ x_4 \end{pmatrix} = k_1 \begin{pmatrix} -\frac{1}{2} \\ 1 \\ 0 \\ 0 \end{pmatrix} + k_2 \begin{pmatrix} \frac{1}{2} \\ 0 \\ 1 \\ 0 \end{pmatrix} + \begin{pmatrix} \frac{1}{2} \\ 0 \\ 0 \\ 0 \end{pmatrix}$ $(k_1, k_2 \in \mathbf{R})$.

4. 当 $a=1$ 或 $a=-2$ 时，原方程组有非零解. 当 $a=1$ 时，$\begin{cases} x_1 = -t_1 - t_2, \\ x_2 = t_1, \\ x_3 = t_2 \end{cases}$ $(t_1, t_2 \in \mathbf{R})$；当 $a=-2$ 时，$\begin{cases} x_1 = t_1, \\ x_2 = t_1, \\ x_3 = t_1 \end{cases}$ $(t_1 \in \mathbf{R})$.

5. 当 $\lambda \neq 1$ 且 $\lambda \neq -2$ 时有唯一解；当 $\lambda = -2$ 时无解；当 $\lambda = 1$ 时有无穷多解，其通解为 $\begin{cases} x_1 = -t_1 - t_2 + 1, \\ x_2 = t_1, \\ x_3 = t_2 \end{cases}$ $(t_1, t_2 \in \mathbf{R})$.

习题 3.5

1. (1) 错；(2) 对；(3) 错；(4) 对；(5) 对.

2. (1) $\boldsymbol{\eta}_1 = \begin{pmatrix} -16 \\ 3 \\ 4 \\ 0 \end{pmatrix}$，$\boldsymbol{\eta}_2 = \begin{pmatrix} 0 \\ 1 \\ 0 \\ 4 \end{pmatrix}$；(2) $\boldsymbol{\eta}_1 = \begin{pmatrix} -2 \\ -14 \\ 19 \\ 0 \end{pmatrix}$，$\boldsymbol{\eta}_2 = \begin{pmatrix} 1 \\ 7 \\ 0 \\ 19 \end{pmatrix}$.

3. 略.

4. (1) $\boldsymbol{\xi} = \begin{pmatrix} -8 \\ 13 \\ 0 \\ 2 \end{pmatrix}$，$\boldsymbol{\eta} = \begin{pmatrix} -1 \\ 1 \\ 1 \\ 0 \end{pmatrix}$；(2) $\boldsymbol{x} = k \begin{pmatrix} 3 \\ -3 \\ 1 \\ -2 \end{pmatrix} + \begin{pmatrix} -2 \\ 3 \\ 0 \\ 2 \end{pmatrix}$ $(k \in \mathbf{R})$.

5. $\boldsymbol{x} = \boldsymbol{\eta}_1 + c_1(\boldsymbol{\eta}_2 - \boldsymbol{\eta}_1) + c_2(\boldsymbol{\eta}_3 - \boldsymbol{\eta}_1)$ $(c_1, c_2 \in \mathbf{R})$.

6. 略.

总习题三

1. (1) $\boldsymbol{\alpha}_1, \boldsymbol{\alpha}_2, \boldsymbol{\alpha}_4$；(2) 无穷多个，1；(3) $a \neq \pm 4$ 且 $a \neq 0$；(4) 3.

2. (1) D；(2) A；(3) C；(4) C.

3. 当 $a=4$ 时，向量组的秩为 3，$\boldsymbol{\alpha}_4 = \frac{3}{2}\boldsymbol{\alpha}_1 + \frac{5}{2}\boldsymbol{\alpha}_2 - \frac{1}{2}\boldsymbol{\alpha}_3$，$\boldsymbol{\alpha}_5 = \boldsymbol{\alpha}_1 + \boldsymbol{\alpha}_2$.

4. 当 $a=1$ 且 $b=-1$ 时，原方程组有无穷多解，

$$\begin{cases} x_1=-4t_2, \\ x_2=1+t_1+t_2, \\ x_3=t_1, \\ x_4=t_2 \end{cases} \quad (t_1,t_2\in\mathbf{R}).$$

5. (1) $\boldsymbol{x}=k\begin{pmatrix}7\\-1\\2\end{pmatrix}\quad(k\in\mathbf{R})$；

(2) $\boldsymbol{x}=k_1\begin{pmatrix}2\\-1\\0\\0\\0\end{pmatrix}+k_2\begin{pmatrix}4\\0\\1\\-1\\0\end{pmatrix}+k_3\begin{pmatrix}3\\0\\1\\0\\1\end{pmatrix}\quad(k_1,k_2,k_3\in\mathbf{R})$.

6. (1) 当 $\lambda\neq-1$ 或 $\lambda\neq-2$ 时，原方程组只有零解；

(2) 当 $\lambda=-1$ 时，$\boldsymbol{x}=c_1\begin{pmatrix}-2\\1\\0\end{pmatrix}+c_2\begin{pmatrix}1\\0\\1\end{pmatrix}$ (c_1,c_2 为任意实数)；当 $\lambda=-2$ 时，$\boldsymbol{x}=c_3\begin{pmatrix}0\\-1\\1\end{pmatrix}$ (c_3 为任意实数).

7. (1) 无解；　(2) $\boldsymbol{x}=k\begin{pmatrix}-7\\3\\1\end{pmatrix}+\begin{pmatrix}3\\-1\\0\end{pmatrix}\quad(k\in\mathbf{R})$；

(3) $\boldsymbol{x}=\begin{pmatrix}-2\\0\\3\\0\end{pmatrix}+k_1\begin{pmatrix}1\\2\\0\\0\end{pmatrix}+k_2\begin{pmatrix}1\\0\\-2\\1\end{pmatrix}\quad(k_1,k_2\in\mathbf{R})$.

8. (1) 当 $k\neq0$ 且 $k\neq2$ 时，原方程组有唯一解；

(2) 当 $k=0$ 时，原方程组无解；

(3) 当 $k=2$ 时，原方程组有无穷多解，

$$\boldsymbol{x}=k\begin{pmatrix}-\frac{21}{8}\\\frac{1}{8}\\1\end{pmatrix}+\begin{pmatrix}-\frac{1}{2}\\\frac{1}{2}\\0\end{pmatrix}\quad(k\in\mathbf{R}).$$

9. $x=k_1\begin{pmatrix}1\\3\\2\end{pmatrix}+k_2\begin{pmatrix}0\\2\\4\end{pmatrix}+\frac{1}{2}\begin{pmatrix}1\\2\\3\end{pmatrix}$ $(k_1,k_2\in\mathbf{R})$.

习题 4.1

1. (1) 错； (2) 错； (3) 错； (4) 对； (5) 对.

2. (1) A 的特征值为 $\lambda_1=0,\lambda_2=-1,\lambda_3=9$，而 $k_1\boldsymbol{\xi}_1=k_1(-1,-1,1)^T(k_1\neq0)$，$k_2\boldsymbol{\xi}_2=k_2(-1,1,0)^T(k_2\neq0)$，$k_3\boldsymbol{\xi}_3=k_3(1,1,2)^T(k_3\neq0)$ 为其所对应的所有特征向量；

(2) A 的特征值为 $\lambda_1=\lambda_2=1,\lambda_3=10$，而 $k_1\boldsymbol{\xi}_1+k_2\boldsymbol{\xi}_2=k_1(-2,1,0)^T+k_2(2,0,1)^T$ (k_1,k_2 不全为零)，$k_3\boldsymbol{\xi}_3=k_3(1,2,-2)^T$ $(k_3\neq0)$ 为其所对应的特征向量.

3. 略. **4.** 144.

5. (1) $1,\frac{1}{2},\frac{1}{3}$； (2) 18.

习题 4.2

1. (1) 对； (2) 对； (3) 错； (4) 错； (5) 错； (6) 错.

2. $A=\begin{pmatrix}-2&3&-3\\-4&5&-3\\-4&4&-2\end{pmatrix}$.

3. $x=3$. **4.** $x=4,\ y=5$.

5. $P=\begin{pmatrix}1&2&0\\-1&-1&0\\-1&0&1\end{pmatrix}$，$\Lambda=\begin{pmatrix}-2&0&0\\0&1&0\\0&0&1\end{pmatrix}$.

总习题四

1. (1) $|A|=24$； (2) 1 或 2； (3) $x=0,\ y=-2$；

(4) $|A|=6$； (5) $a=-3,\ b=1$.

2. (1) A； (2) C； (3) D； (4) C.

3. (1) A 的特征值为 $\lambda_1=7,\lambda_2=-2$，而 $k_1\boldsymbol{\xi}_1=k_1(1,1)^T(k_1\neq0)$，

$k_2\boldsymbol{\xi}_2=k_2\left(-\frac{4}{5},1\right)^T$ $(k_2\neq0)$ 为其所对应的所有特征向量；

(2) $\boldsymbol{A}$ 的特征值为 $\lambda_1=1$, $\lambda_2=\lambda_3=2$, 而 $k_1\boldsymbol{\xi}_1=k_1(1,1,1)^{\mathrm{T}}(k_1\neq 0)$, $k_2\boldsymbol{\xi}_2=k_2(2,1,-1)^{\mathrm{T}}(k_2\neq 0)$ 为其所对应的所有特征向量.

4. -4, -6, -12.

5. 不能相似对角化, 因为 $\boldsymbol{A}$ 的特征值 $\lambda_1=\lambda_2=3$ 只有一个线性无关的特征向量.

6. (1) $a=5$, $b=6$; (2) $\boldsymbol{P}=\begin{pmatrix}1 & 1 & 1\\ -1 & 0 & -2\\ 0 & 1 & 3\end{pmatrix}$.

7. $a=0$.

习题 5.1

1. (1) $\Omega=\{0,1,2,\cdots\}$, $A=\{0,1,2,3,4\}$;

(2) $\Omega=(-\infty,+\infty)$, $A=(-\infty,28]$;

(3) $\Omega=\{$(正$_1$, 正$_2$), (正$_1$, 正$_3$), …, (正$_1$, 正$_9$), (正$_2$, 正$_1$), (正$_2$, 正$_3$), …, (正$_8$, 正$_9$), (正$_1$, 次), (正$_2$, 次), …, (正$_9$, 次)$\}$, $A=\{$(正$_1$, 次), (正$_2$, 次), …, (正$_9$, 次)$\}$;

(4) $\Omega=\{$(男, 男), (男, 女), (女, 男), (女, 女)$\}$, $A=\{$(男, 女), (女, 男), (女, 女)$\}$.

2. (1) $\bigcap\limits_{i=1}^{n} A_i$; (2) $\bigcup\limits_{i=1}^{n} \overline{A_i}$; (3) $\bigcup\limits_{i=1}^{n}[\overline{A_i}(\bigcap\limits_{\substack{j=1\\ j\neq i}}^{n} A_j)]$;

(4) $\bigcup\limits_{\substack{i,j=1\\ i\neq j}}^{n} \overline{A_i}\,\overline{A_j}$.

3. (1) 被选学生是三年级的男生但不是运动员;

(2) $C\subset AB$, 全系运动员都是三年级的男生;

(3) 全系运动员都是三年级学生;

(4) 全系女生都在三年级且三年级学生都是女生时.

4. $AB=\varnothing$, $A\cup B=\left\{x \mid \dfrac{1}{2}<x\leqslant 3\right\}$, $A\overline{B}=\{x\mid 1<x\leqslant 3\}$, $\overline{AB}=\{x\mid 0\leqslant x\leqslant 3\}$, $B-A=\left\{x \mid \dfrac{1}{2}<x\leqslant 1\right\}$.

习题 5.2

1. $\dfrac{41}{81}$. **2.** $\dfrac{1\,508}{2\,011}$. **3.** $1-\dfrac{365!}{365^n(365-n)!}$.

4. (1) $\frac{28}{45}$; (2) $\frac{1}{45}$; (3) $\frac{16}{45}$; (4) $\frac{1}{5}$.

5. (1) 0.30; (2) 0.07; (3) 0.73; (4) 0.14;
(5) 0.90; (6) 0.10.

习题 5.3

1. $P(A|B)=\frac{3}{14}$, $P(B|A)=\frac{3}{8}$, $P(A\cup B)=\frac{19}{30}$.

2. 0.61. 3. 0.003 8.

4. 此人乘火车来的可能性最大.

习题 5.4

1. (1) 0.56; (2) 0.24; (3) 0.14.

2. A,B,C 两两独立但是不相互独立.

3. $\frac{15}{2^9}$, $\frac{291}{2^9}$. 4. $\frac{80}{81}$. 5. 0.84, 6.

总习题五

1. (1) $\frac{3}{5}$; (2) $\frac{2}{5}$; (3) 0.3; (4) 1, 0.6; (5) $\frac{1}{6}$;
(6) 0.5; (7) $\frac{1}{3}$.

2. (1) C; (2) D; (3) D; (4) B;
(5) C; (6) A; (7) A.

3. (1) $\Omega=\{x \mid 0\leqslant x\leqslant 100)\}$;
(2) $\Omega=\{0,1,2,\cdots\}$, $A=\{0,1,2,3,4,5\}$;
(3) $\Omega=\{t \mid t>0\}$, $A=\{t \mid 1\,000<t<2\,000\}$;
(4) $A=\{(1,2),(1,4),(1,6),(2,1),(2,3),(2,5),(3,2),(3,4),(3,6),(4,1),(4,3),(4,5),(5,2),(5,4),(5,6),(6,1),(6,3),(6,5)\}$, $B=\{(1,1),(2,2)(3,3)(4,4),(5,5),(6,6)\}$, $C=\{(1,1),(1,2),\cdots,(1,6),(2,1),(2,2),\cdots,(2,6),(3,1),(3,2),\cdots,(3,6),(4,1),(4,2),\cdots,(4,5),(5,1),(5,2),\cdots,(5,4),(6,1),(6,2),(6,3)\}$.

4. (1) $A\overline{B}\,\overline{C}$; (2) $A\cup B\cup C$; (3) $AB\overline{C}+A\overline{B}C+\overline{A}BC$;
(4) $\overline{A}\,\overline{B}\,\overline{C}+AB\overline{C}+A\overline{B}C+\overline{A}BC$; (5) $\overline{ABC}$;

(6) $AB \cup AC \cup BC$.

5. $P(A)=0.7$, $P(\overline{A})=0.3$, $P(B|A)=0.95$, $P(B|\overline{A})=0.85$.

6. $A \cap B=\varnothing$, $B \cup C=\{1,4,6\}$, $A \cup (B \cap C)=\{1,3,4,5\}$, $\overline{A \cup B}=\{2\}$, $C-A=\{4\}$.

7. 否.

8. (1) $\frac{1}{2}$; (2) $\frac{5}{6}$.

9. (1) 0.8, 0.7; (2) 0.2; (3) 0.3; (4) 0.1;
(5) 0.

10. (1) $\frac{1}{2}$, $\frac{1}{5}$; (2) $\frac{3}{10}$, 0; (3) $\frac{2}{5}$, $\frac{1}{10}$.

11. (1) $B \subset A$, 0.6; (2) $A \cup B=\Omega$, 0.3.

12. (1) $\frac{5}{8}$; (2) $\frac{3}{8}$.

13. $\frac{1}{3}$.

14. (1) 0.027; (2) $\frac{8}{27}$.

15. 0.004 5.

16. (1) 0.30; (2) 0.8; (3) $\frac{3}{4}$.

17. (1) $\frac{9^3}{10^4}$; (2) $1-\frac{9^5}{10^5}$.

18. $\frac{1}{n!}$.

习题 6.1

1. (1) 否; (2) 是; (3) 否.

2. $c=1$. **3.** $P(X=N)=\frac{6}{\pi^2 N^2}$, $N=1,2,\cdots$.

4.

X	3	4	5
P	0.1	0.3	0.6

5. $P(X=k)=C_4^k\left(\frac{1}{2}\right)^4$, $k=0,1,\cdots,4$.

6. $\frac{2}{3}e^{-2}$. **7.** $1-\frac{5}{2e} \approx 0.080\ 3$.

习题 6.2

1. (1) 是； (2) 否.

2. (1) $a=1$, $b=-1$； (2) $1-e^{-2\lambda}$, $e^{-\lambda}$.

3. $F(x)=\begin{cases}0, & x<1,\\ 0.5, & 1\leqslant x<2,\\ 0.8, & 2\leqslant x<3,\\ 1, & x\geqslant 3.\end{cases}$

4. (1) $P(X=k)=C_6^k\left(\frac{1}{3}\right)^k\left(\frac{2}{3}\right)^{6-k}$, $k=0,1,\cdots,6$； (2) $1-\frac{2^6}{3^6}$.

5. (1)

X	−2	1
P	0.4	0.6

(2) 0.6, 0.6.

习题 6.3

1. (1) $A=1$； (2) $\frac{1}{4}$, $\frac{8}{9}$； (3) $f(x)=\begin{cases}2x, & 0\leqslant x<1,\\ 0, & \text{其他}.\end{cases}$

2. (1) $a=\frac{1}{2}$； (2) $F(x)=\begin{cases}0, & x<0,\\ \frac{x^2}{4}, & 0\leqslant x\leqslant 2,\\ 1, & x>2;\end{cases}$ (3) $\frac{9}{16}$.

3. (1) 0.532 8, 0.999 6, 0.5, 0.501 3； (2) $d\leqslant 0.44$.

4. (1) 0.158 7； (2) 0.819 0.

习题 6.4

1. (1)

X	−3	−1	1	3
P	0.2	0.3	0.1	0.4

(2)

X	0	1	4
P	0.3	0.3	0.4

2. $f_Y(y)=\begin{cases}\frac{1}{2}, & 1<y<3,\\ 0, & \text{其他}.\end{cases}$

3. (1) $f_Y(y)=\begin{cases}\frac{1}{y^2}, & y>1,\\ 0, & y\leqslant 1;\end{cases}$ (2) $f_Y(y)=\begin{cases}\frac{1}{2\sqrt{y}}e^{-\sqrt{y}}, & y>0,\\ 0, & y\leqslant 0.\end{cases}$

4. (1) $f_Y(y)=\begin{cases}\dfrac{1}{\sqrt{2\pi}\sqrt{y-1}}e^{-\frac{y-1}{2}}, & y>1,\\ 0, & y\leqslant 1;\end{cases}$

(2) $f_Y(y)=\begin{cases}\dfrac{2}{\sqrt{2\pi}}e^{-\frac{y^2}{2}}, & y>0,\\ 0, & y\leqslant 0.\end{cases}$

总习题六

1. (1) $\dfrac{19}{27}$; (2) $\dfrac{3}{5}$; (3) $\dfrac{1}{4}$; (4) $\dfrac{2}{3}$; (5) 0.66;

(6) $\dfrac{2}{9}$; (7) 0.5.

2. (1) B; (2) D; (3) C; (4) D.

3. (1) $c=1$; (2) $c=e^{-\lambda}$.

4. $P(X=k)=(1-p)^{k-1}p,\ k=1,2,\cdots$.

5. (1) $a=\dfrac{5}{16},\ b=\dfrac{7}{16}$; (2) $\dfrac{5}{16},\ \dfrac{13}{32}$.

6. (1) $A=3$; (2) $F(x)=\begin{cases}0, & x<0,\\ 1-e^{-3x}, & x\geqslant 0;\end{cases}$

(3) $1-e^{-9},\ 1-e^{-6}$.

7. (1) $k=1$; (2) $f(x)=\begin{cases}1, & 0<x<1,\\ 0, & \text{其他};\end{cases}$ (3) 0.5.

8. (1) $\dfrac{9^3}{10^4}$; (2) $\dfrac{856}{10^5}$.

9. $\sum\limits_{k=0}^{5}\dfrac{5^k}{k!}e^{-5}$.

10. (1) $\dfrac{2^5}{5!}e^{-2}$; (2) $1-\sum\limits_{k=0}^{10}\dfrac{2^k}{k!}e^{-2}\approx 0.014\,0$.

11. $\dfrac{4}{5}$.

12. $P(Y=k)=C_5^k(e^{-2})^k(1-e^{-2})^{5-k},\ k=0,1,\cdots,5$;

$P(Y\geqslant 1)=1-(1-e^{-2})^5$.

13. (1) 0.532 8, 0.5, 0.697 7; (2) 3; (3) 0.436.

14. (1)

X	-1	1	3	5
P	0.2	0.3	0.4	0.1

(2)

X	0	1	4
P	0.3	0.6	0.1

15. (1) $f_Y(y)=\begin{cases}\frac{1}{2}e^{-\frac{y}{2}}, & y>0,\\ 0, & y\leqslant 0;\end{cases}$

(2) $f_Y(y)=\begin{cases}\frac{1}{2\sqrt{y}}, & 0<y<1,\\ 0, & \text{其他}.\end{cases}$

16. (1) $f_Y(y)=\begin{cases}\frac{1}{\sqrt{2\pi}\,y}e^{-\frac{(\ln y)^2}{2}}, & y>0,\\ 0, & y\leqslant 0;\end{cases}$

(2) $f_Y(y)=\begin{cases}\frac{2}{2\sqrt{2\pi}\sqrt{\frac{y+1}{2}}}e^{-\frac{y+1}{4}}, & y>-1,\\ 0, & y\leqslant -1;\end{cases}$

(3) $f_Y(y)=\begin{cases}\frac{2}{\sqrt{2\pi}}e^{-\frac{y^2}{2}}, & y>0,\\ 0, & y\leqslant 0.\end{cases}$

习题 7.1

1. 3.5.

2.

X	2	3	4	9
P	$\frac{1}{8}$	$\frac{5}{8}$	$\frac{1}{8}$	$\frac{1}{8}$

$E(X)=\frac{15}{4}$.

3. 1 500.　　**4.** −0.2，2.8，13.4.

5. $\frac{2}{\pi}$.　　**6.** 2，$\frac{1}{3}$.　　**7.** 1.

习题 7.2

1. 6，0.4.　　**2.** 2.76.　　**3.** $\frac{1}{6}$.

4. 0.432.　　**5.** 1 200，1 125.

总习题七

1. (1) $\frac{11}{16}$; (2) 1, 3; (3) 2, 2, 6; (4) -3, 4;

(5) 16, 17; (6) 1.

2. (1) C; (2) D; (3) B; (4) D.

3. $\frac{17}{9}$.

4. (1) 0.95, 1.647 5;

(2)

X	2	4	10	20
P	0.15	0.45	0.3	0.1

(3) 略.

5. 0, $\frac{1}{6}$. **6.** 1, $\frac{1}{2}$. **7.** $\frac{7\pi}{4}$.

8. (1) 5, 9; (2) -1, 9; (3) 12, 36.

9. 1.

10. (1) 2, 2; (2) $\frac{1}{3}$, $\frac{4}{45}$.

习题 8.1

1. $p > \frac{39}{40}$. **2.** $n \geqslant 18\,750$.

习题 8.2

1. 略. **2.** 是.

习题 8.3

1. 0.022 8. **2.** 0.863 4, 0.136 6. **3.** 69.

总习题八

1. (1) $\frac{2}{3}$; (2) $\frac{1}{4}$; (3) 0.866 4.

2. (1) A; (2) D; (3) C.

3. $\forall \varepsilon > 0$, $P(|\overline{X} - \mu| \geqslant \varepsilon) \leqslant \frac{\sigma^2}{n\varepsilon^2}$.

4. $\forall \varepsilon > 0$, $P(|\overline{X} - 1| \geqslant \varepsilon) \leqslant \frac{1}{n\varepsilon^2}$, $P(|\overline{X} - 1| < 4) \leqslant 1 - \frac{1}{16n}$.

5. $\int_{\frac{a-np}{\sqrt{npq}}}^{\frac{b-np}{\sqrt{npq}}} \frac{1}{\sqrt{2\pi}} e^{-\frac{t^2}{2}} dt$.　　**6.** 18 750.　　**7.** 0.998.　　**8.** 16.

习题 9.2

1. 略.　　**2.** 略.　　**3.** 略.

习题 9.3

1. 2.39，0.000 822 2，0.028 67.

2.（1），（2）.　　**3.** 0.045 6.　　**4.** 略.

总习题九

1.（1）$p^{\sum_{i=1}^{n} x_i}(1-p)^{n-\sum_{i=1}^{n} x_i}$；　（2）$F(n_2, n_1)$；　（3）20；

（4）0.95；　（5）n.

2.（1）A；　（2）B；　（3）A；　（4）A.

3.（1）总体是所有工人生产的产品，样本为$(X_1, X_2, X_3, X_4, X_5,)$，样本值为 13.70，13.15，13.08，13.11，13.11，样本容量为 5；

（2）13.23，0.069 5，0.055 7.

4. $P(x_1, x_2, \cdots, x_n) = \left(\frac{m}{N}\right)^{\sum_{i=1}^{n} x_i}\left(1-\frac{m}{N}\right)^{n-\sum_{i=1}^{n} x_i}$.

5. $f(x_1, x_2, \cdots, x_n) = \left(\frac{1}{\sqrt{2\pi}\sigma}\right)^n e^{-\frac{\sum_{i=1}^{n}(x_i-\mu)2}{2\sigma 2}}$.

6.（1），（3）.　　**7.** $a=\frac{1}{3}$，$b=\frac{1}{2}$.

8. 25.　　**9.** 26.105.

10.（1）$p, \frac{pq}{n}, pq$；　（2）$\frac{1}{\lambda}, \frac{1}{n\lambda^2}, \frac{1}{\lambda^2}$；　（3）$\theta, \frac{\theta^2}{3n}, \frac{\theta^2}{3}$.

习题 10.1

1. $\hat{p}=\overline{X}$.

2.（1）$\hat{\theta}=\frac{\overline{x}}{1-\overline{x}}$；　（2）$\hat{\theta}=-\frac{n}{\sum_{i=1}^{n}\ln x_i}$.

3.（1）T_1, T_2, T_3；　（2）T_3.

4. 略.

习题 10.2

1. (14.864,15.256).　　**2.** (20.990 7,92.141 1).

3. μ 的置信水平为 0.90 的置信区间为(0.606 6,3.393 4)，σ^2 的置信水平为 0.90 的置信区间为(3.073 5,15.639 1).

总习题十

1. (1) 1；　(2) θ；　(3) $\frac{1}{6}$；　(4) $\hat{\mu}_2$；

(5) (4.412,5.588).

2. (1) A；　(2) D；　(3) D.

3. $\hat{\theta}=2\overline{X}$，$\theta$ 的矩估计值为 0.6.

4. λ 的矩估计和极大似然估计均为 $\hat{\lambda}=\overline{X}$，$\lambda$ 的矩估计值和极大似然估计值均为 1.905.

5. 矩估计 $\hat{\theta}=\dfrac{2\overline{X}-1}{1-\overline{X}}$，极大似然估计 $\hat{\theta}=-1-\dfrac{n}{\sum\limits_{i=1}^{n}\ln X_i}$.

6. $\hat{\mu}_2$ 更有效.

7. (1) $\sum\limits_{i=1}^{n}c_i=1$；　(2) $c_1=c_2=\cdots=c_n=\dfrac{1}{n}$.

8. 略.　**9.** (110.43,119.53).

10. (112.007,127.993).　**11.** (5.018 5,40.367).